U0274464

载人航天出版工程
总 主 编：周建平
总 策 划：邓宁丰

"十三五"国家重点出版物出版规划项目

运载火箭控制系统最佳实践

宋征宇　胡海峰　刘继忠　编著

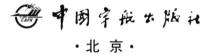
中国宇航出版社

·北京·

图书在版编目（CIP）数据

运载火箭控制系统最佳实践 / 宋征宇，胡海峰，刘继忠编著. --北京：中国宇航出版社，2019.11

ISBN 978 - 7 - 5159 - 1722 - 1

Ⅰ.①运… Ⅱ.①宋… ②胡… ③刘… Ⅲ.①运载火箭－飞行控制系统－研究 Ⅳ.①V475.1

中国版本图书馆 CIP 数据核字（2019）第 253853 号

责任编辑 侯丽平　　　　**封面设计** 宇星文化

出　版
发　行　　中国宇航出版社

社　址　北京市阜成路 8 号　　　　邮　编　100830
　　　　　(010)60286808　　　　　　(010)68768548
网　址　www.caphbook.com
经　销　新华书店
发行部　(010)60286888　　　　　　(010)68371900
　　　　　(010)60286887　　　　　　(010)60286804(传真)
零售店　读者服务部
　　　　　(010)68371105
承　印　天津画中画印刷有限公司
版　次　2019 年 11 月第 1 版　　　2019 年 11 月第 1 次印刷
规　格　880×1230　　　　　　　　开　本　1/32
印　张　11.375　**彩　插** 6 面　　　**字　数** 327 千字
书　号　ISBN 978 - 7 - 5159 - 1722 - 1
定　价　98.00 元

《载人航天出版工程》 总序

　　中国载人航天工程自 1992 年立项以来，已经走过了 20 多年的发展历程。经过载人航天工程全体研制人员的锐意创新、刻苦攻关、顽强拼搏，共发射了 10 艘神舟飞船和 1 个目标飞行器，完成了从无人飞行到载人飞行、从一人一天到多人多天、从舱内实验到出舱活动、从自动交会对接到人控交会对接、从单船飞行到组合体飞行等一系列技术跨越，拥有了可靠的载人天地往返运输的能力，实现了中华民族的千年飞天梦想，使中国成为世界上第三个独立掌握载人航天技术的国家。我国载人航天工程作为高科技领域最具代表性的科技实践活动之一，承载了中国人民期盼国家富强、民族复兴的伟大梦想，彰显了中华民族探索未知世界、发现科学真理的不懈追求，体现了不畏艰辛、大力协同的精神风貌。航天梦是中国梦的重要组成部分，载人航天事业的成就，充分展示了伟大的中国道路、中国精神、中国力量，坚定了全国各族人民实现中华民族伟大复兴中国梦的决心和信心。

　　载人航天工程是十分复杂的大系统工程，既有赖于国家的整体科学技术发展水平，也起到了影响、促进和推动着科学技术进步的重要作用。载人航天技术的发展，涉及系统工程管理，自动控制技术，计算机技术，动力技术，材料和结构技术，环控生保技术，通信、遥感及测控技术，以及天文学、物理学、化学、生命科学、力学、地球科学和空间科学等诸多科学技术领域。在我国综合国力不断增强的今天，载人航天工程对促进中国科学技术的发展起到了积极的推动作用，是中国建设创新型国家的标志性工程之一。

　　我国航天事业已经进入了承前启后、继往开来、加速发展的关键时期。我国载人航天工程已经完成了三步走战略的第一步和第二步第一阶段的研制和飞行任务，突破了载人天地往返、空间出舱和空间交会对接技术，建立了比较完善的载人航天研发技术体系，形成了完整配套的研制、生产、试验能力。现在，我们正在进行空间站工程的研制工作。2020 年前后，我国将建造由 20 吨级舱段为基本模块构成的空间站，这将使我国载人航天工程进入一个新的发展阶段。建造具有中国特色和时代特征的中国空间站，和平开发和利用太空，为人类文明发展和进步做出新的贡献，是我们航天人肩负的责任和历史使命。要实现这一宏伟目标，无论是在科学技术方面，还是在工程组织方面，都对我们提出了新的挑战。

以图书为代表的文献资料既是载人航天工程的经验总结，也是后续任务研发的重要支撑。为了顺利实施这项国家重大科技工程，实现我国载人航天三步走的战略目标，我们必须充分总结实践成果，并充分借鉴国际同行的经验，形成具有系统性、前瞻性和实用性的，具有中国特色的理论与实践相结合的载人航天工程知识文献体系。

《载人航天出版工程》的编辑和出版就是要致力于建设这样的知识文献体系。书目的选择是在广泛听取参与我国载人航天工程的各专业领域的专家意见和建议的基础上确定的，其中专著内容涉及我国载人航天科研生产的最新技术成果，译著源于世界著名的出版机构，力图反映载人航天工程相关技术领域的当前水平和发展方向。

《载人航天出版工程》凝结了国内外载人航天专家学者的智慧和成果，具有较强的工程实用性和技术前瞻性，既可作为从事载人航天工程科研、生产、试验工作的参考用书，亦可供相关专业领域人员学习借鉴。期望这套丛书有助于载人航天工程的顺利实施，有利于中国航天事业的进一步发展，有益于航天科技领域的人才培养，为促进航天科技发展、建设创新型国家做出贡献。

2013 年 10 月

前　言

进入 21 世纪，航天技术得到了迅猛的发展，每年火箭的发射数量也大幅度地增加，但航天发射仍然是一件高风险的事件。造成这种高风险的原因，主要体现在以下几个方面。首先，航天技术的成熟度与其他行业相比，仍处在一个相对较低的水平。"地球是人类的摇篮，但人类不可能永远生活在摇篮中"，人类首先要解决在地球上的生存问题，然后才会逐步考虑进入太空，进入太空所涉及的技术比一般地面的工程技术面临的挑战更大，为此工程师研发了许多先进的技术。这些技术越先进，说明其得到广泛应用的场合越少，其技术的成熟度也相对较低，非常容易发生故障。其次，空间环境条件复杂、恶劣，不确定因素众多，这增加了航天飞行产品设计的难度。例如，上升段飞行中大量级的振动，白天与夜晚交替的极限高温与低温条件、严酷的辐射环境，以及未知的空间环境等，这些对设计人员均是挑战。再次，在地面试验中难以真实地模拟飞行中的工况。这一方面是由于空间环境不确定因素多，另一方面，即使在一定程度上了解这些因素，也因手段或设施的限制而难以开展验证。例如，火箭箭体结构的模态特性，在地面试验中就无法模拟双端自由状态下的条件。这些都影响了地面试验验证的有效性。

除了技术因素外，还有一些其他因素会对安全产生显著的影响。航天技术目前仅掌握在少数国家和机构手中，并没有像其他工业（例如汽车等）技术形成广泛的应用，从事这项工作的人员相对较少，这影响了航天技术的发展。此外，航天界似乎并没有真正地吸取过去的经验教训，重复性的问题还是时有发生。这些通过实践获取的知识，没有能够被系统性地进行总结。事实上，由于故障案例往往非常具体且零散，系统总结的难度也较大，而成功的经验也由于容易被忽视而导致"成功之后的失败"。

本书是作者结合数十年的工程经验，期望形成较为全面而实用、针对运载火箭控制系统的"最佳实践"。运载火箭的控制系统和发动机的故障，曾经是火箭飞行失败的主要原因。而随着控制技术的快速发展及控制设备整体水平的提高，以及在经验教训方面有效的总结和举一反三，控制系统的故障率呈显著下降的趋势；这不仅在国外，在国内也成为非常明显的趋势。控制系统还逐渐被要求能够在其他系统出现故障的情况下，尽可能适应或者弥补损失。因此，对控制系统最佳实践的总结，有利于火箭的其他分系统借鉴参考。

世界各国的航天界均非常重视最佳实践，各国所遵循的标准，可以理解为最佳实践的总结和提炼。中国航天界针对产品在系统级测试至飞行中暴露出来的故障而制定的"故障归零五条标准"，是对国际航天界的重大贡献，且已形成国际标准。"故障归零五条标准"中的举一反三，就是要求全体设计和管理队伍要针对某具体问题的原因查找是否也存在于自身负责的项目中。在美国，NASA 以及空军均有经验教训（lessons learned）和最佳实践（best practice）的总结，有些总结是随着新案例的出现而持续增加的，也有一些是针对某个具体项目而进行的专项总结；美国的航天公司也有类似的管理方法。此外，欧洲空间局（ESA）、日本宇宙航空研究开发机构（JAXA）等也都有相应的质量检查活动。尽管如此，在大多数的总结中，或者问题十分具体，使得读者难以触类旁通；或者是高度提炼的描述，难以形成启发性的思考和共鸣。

本书共分为 5 章。在第 1 章的概述中，主要对世界范围内航天发射失效问题的分布和发展趋势进行了统计分析，并简要介绍了国外同行在最佳实践方面所开展的工作和部分成果。从近年来的各种故障案例看，火箭的整体可靠性在提升，控制系统的故障比例也逐渐下降；但低层次问题，例如极性错误等，仍时有发生。由于控制系统的重要性，这些低层次质量问题也可能造成任务彻底失败，因此值得关注。

第 2 章介绍航天系统工程技术。航天系统工程，是在航天项目实践中总结出来的一整套从管理到开发、生产、运营、维护等全生命周期的各类活动的行为规范。由于各个国家在航天系统工程的开发中几乎都处于相对独立的状态，因此各国的系统工程技术不尽相同。本章首先简要介绍了航天系统工程的基本概念；随后将基于模型的航天系统工程作为最具特色的系统工程活动之一进行了介绍；接下来讨论了新形势下商业航天对系统工程技术的影响；最后对中国在航天系统工程方面的最新实践情况进行了简要介绍，包括载人航天运载火箭软件研发过程中的最佳实践。之所以介绍航天系统工程技术，是因为这项技术本身就可以作为顶层设计的最佳实践。

从第3章到第5章，分别就控制系统的系统设计、产品实现、验证与确认这三个方面的最佳实践进行总结。每个章节的结构布局基本类似，首先介绍这一阶段工作的基本流程，随后总结出系统性的基本要素，这些要素中包含作者总结出的针对这一阶段工作的最佳实践；随后选择了一些案例进行分析，可以看作是对最佳实践中部分内容进行的扩展和例化的详细介绍。这些案例均是作者在工作中所遇到问题的提炼，看上去并非是复杂的技术问题，但均可小中见大，不仅问题本身容易被人忽略，其背后蕴含的经验教训也常被轻视，进而给项目带来不期望的烦扰。

本书期望在高度概括的设计准则和详细具体的案例分析之间做好平衡，通过简洁而启发性的介绍，使得读者真正汲取经验教训。由于作者水平有限，同时技术的发展可能使得问题的倾向和层次发生不断的变化，因此对最佳实践的总结必然不是十分完善。但读者若能从中真正避免类似问题的发生，或者若干年后重新回顾，发现本书的内容已成为公认的常识，此类问题发生的情况已经越来越少或几乎不再发生，这也将是本书的价值所在。

宋征宇

2018 年小暑

目　录

第 1 章　概述 ……………………………………………………………… 1

 1.1　航天发射的风险 ……………………………………………………… 3

  1.1.1　失效原因和失效模式 ………………………………………… 3

  1.1.2　世界范围内失效问题的统计和趋势 ………………………… 6

 1.2　国外最佳实践的研究成果 …………………………………………… 20

  1.2.1　美国航天机构和企业的研究成果 …………………………… 20

  1.2.2　欧洲空间局的经验教训系统 ………………………………… 30

  1.2.3　日本宇宙航空研究开发机构的风险控制与经验教训

     系统 ……………………………………………………………… 32

 参考文献 …………………………………………………………………… 34

第 2 章　航天系统工程技术 …………………………………………… 39

 2.1　航天系统工程简介 …………………………………………………… 40

  2.1.1　系统工程的基本概念及其在 GNC 中的应用 ……………… 40

  2.1.2　GNC 技术在项目管理中的应用 …………………………… 46

 2.2　基于模型的系统工程 ………………………………………………… 49

  2.2.1　MBSE 的基本概念 …………………………………………… 49

  2.2.2　MBSE 的实现 ………………………………………………… 52

 2.3　商业航天的挑战 ……………………………………………………… 58

 2.4　中国航天系统工程的实践 …………………………………………… 61

  2.4.1　双五条归零 …………………………………………………… 61

  2.4.2　载人航天运载火箭软件工程化实践 ………………………… 65

 参考文献 …………………………………………………………………… 81

第 3 章　系统设计 ……………………………………………………… 84

 3.1　系统设计的基本流程 ………………………………………………… 85

  3.1.1　需求的分解 …………………………………………………… 85

  3.1.2　设计迭代 ……………………………………………………… 88

 3.2　系统设计的基本要素 ………………………………………………… 92

3.2.1　最佳实践　·························· 92

3.2.2　基于风险的设计与风险控制　·········· 96

3.3　案例分析　·································· 101

3.3.1　迭代制导对故障的适应性　············ 101

3.3.2　姿控系统的鲁棒性设计　·············· 112

3.3.3　电气系统设计　···················· 131

参考文献　································· 153

第4章　产品实现　······························ 155

4.1　产品实现的基本流程　····················· 156

4.2　产品实现的基本要素　····················· 159

4.2.1　最佳实践　·························· 159

4.2.2　供电系统的设计考虑　·············· 161

4.2.3　面向制造的设计　·················· 163

4.3　案例分析　·································· 168

4.3.1　抗干扰设计　······················ 168

4.3.2　瞬态过程的控制　·················· 199

4.3.3　潜通路的分析　···················· 228

4.3.4　工艺的优化设计　·················· 243

参考文献　································· 267

第5章　验证与确认　···························· 275

5.1　验证与确认的基本流程　··················· 276

5.2　验证与确认的基本要素　··················· 278

5.2.1　最佳实践　·························· 278

5.2.2　产品检查/检验　···················· 282

5.2.3　像飞行一样测试　·················· 285

5.3　案例分析　·································· 287

5.3.1　试验方案的确定　·················· 287

5.3.2　数据的分析　······················ 313

参考文献　································· 333

附录　NASA GNC 最佳实践　······················ 336

参考文献　································· 354

第 1 章 概 述

"地球是人类的摇篮，但人类不可能永远生活在摇篮中。"然而进入太空并非易事，运载火箭为了克服重力不断提高技术水平以满足太空探索对效能的需求，这使得其性能对系统参数及其不确定度、制造能力等有着前所未有的挑战，其中也包含了很大的风险。进入21 世纪，航天技术得到了迅猛发展，每年火箭的发射数量也大幅度增加，但火箭发射仍然是一件高风险的事件。以长征系列运载火箭为例，长征五号运载火箭的第二次飞行（2017 年）没能进入预定轨道，星箭坠入太平洋海域。其他发射失利或部分失利的案例还包括：2013 年某火箭发射由于三级发动机分机推力异常偏低（多余物造成燃料主路堵塞），导致卫星直接坠落于南极洲附近海域；2016 年，某火箭发射，由于三级发动机二次点火后工作异常（夹气造成推力不足），卫星直接坠落于南极洲附近；2016 年某火箭在 146.7 s 因发动机副系统异常导致提前关机，半长轴偏差约 157 km；2017 年某火箭飞行过程中，由于三级滑行段喷管故障，在三级二次起控时出现大姿态初值，导致有效载荷未能正常入轨等。此外，2018 年 1 月 25日，阿里安（Ariane）5 运载火箭在连续多年成功发射后，也遭遇了一次"部分失利"[1]。2018 年 10 月 11 日，世界上比较可靠的运载火箭之一——俄罗斯联盟号火箭发射后不久出现故障，航天员借助飞船紧急迫降，发射任务失败。

如何提高航天产品质量与可靠性，确保飞行成功，是航天人必须面对的重要课题。伴随着航天事业不断发展壮大，中国航天科技集团有限公司逐步形成了具有鲜明特色的系统工程管理方法，拥有了一系列型号科研生产和质量管理办法，航天"双五条归零"就是其中重要的成果，包括"技术归零"和"管理归零"两个方面。"双五条归零"作为航天系统的一项行业质量标准，孕育于航天领域质量形势严峻的 20 世纪 90 年代初期，诞生于航天领域的发展陷入低谷徘徊的 90 年代中期，成长于航天领域发展走出困境并跃上蓬勃发展轨道的 90 年代中后期。它的基本内涵是针对航天产品在设计、生产、试验、服务中出现的质量问题，从技术和管理上分析产生的原因和机理，并采取纠正和预防措施，以避免问题重复发生。技术归零是指针对发生的质量问题，从技术上按"定位准确、机理清楚、问题复现、措施有效、举一反三"的五条要求逐项落实，并形成技术归零报告或技术文件的活动。管理归零是指针对发生的质量问题，从管理上按"过程清楚、责任明确、措施落实、严肃处理、完善规章"的五条要求逐项落实，并形成管理归零报告和相关文件的活动。在"双五条归零"中，举一反三就是要从教训中汲取营养，对某个质量问题的处理不能就事论事，也不能只局限于本型号、本单位，通过举一反三，起到全系统警示、预防作用，从根本上防止质量问题重复发生。在这一点上与国外航天领域的经验教训系统（lessons learned system）的目的相同。

　　但是仅仅组建一个部门，制定一个流程，创建一个数据库，并不能保证举一反三工作或经验教训系统能真正发挥效用。如果我们能从中得到启示，是否就可以避免故障的发生？这一问题很难得到满意的答案。虽然没有人想从"错误中"学习成长，但我们从"成功中"所学到的并不足以让我们超越现状。尽管这些故障经常会被遗忘，但相同故障的重复会不断提醒我们。事实上，由于故障案例往往非常具体且零散，系统总结的难度较大，而成功的经验由于容易被忽视而导致"成功之后的失败"。忘记过去的教训和发生重复性故障，将给一个机构或组织带来十分昂贵甚至付出生命的代价。是否能够方便地收集案例、实现共享、动态管理等，对项目的成功非常关键。如果能够真正地继承成功的经验，吸取失败的教训，进而减少或避免类似故障的发生，则必将有利于提升火箭研制和飞行的成功率。

本章首先对航天领域内的风险和失效进行梳理和统计分析，然后介绍国际上在经验教训系统（lesson learned）或最佳实践（best practice）方面的相应成果。

1.1 航天发射的风险

1.1.1 失效原因和失效模式

纵观航天发展史上各国的火箭发射活动，可以总结出以下特点：

1）经常用新的方式来重复旧的失效原因。

在一些专家看来，航天界并没有真正从失败中汲取教训。专家认为，1987—2007 年，在大约 20 年的时间内，人们仅仅是在用新的方式来重复旧的失效原因。当然，情况并不总是这样，在航天技术发展的早期，失败比成功更普遍，因此每一个案例都会提供丰富的失效原因。

大约 10 年前，美国航天界认为发现了一个新的失效原因，即雷击会导致任务失败[2]。其实早在 1987 年，宇宙神半人马（Atlas Centaur）火箭在助推飞行段就受到雷击而坠毁，其原因是制导计算机程序中的一个"字"被重编程。这样的情况在更早的 1969 年阿波罗 12 号任务中也曾出现，但并没有产生实际的失败；甚至在更早期的阿波罗 1～11 号的任务中，也已经明确了与雷击有关的发射实施准则，并且在阿波罗 12 号（即 1969 年）后，在发射场的一些要求中也逐渐明确了要对电场进行测量。但上述工作的成果似乎被其他一次性使用的火箭忽略了，直到再次重复这样的故障。

2）失效原因往往归类为更一般性的失效模式，这减弱了案例的指导性。

在许多情况下，像遭受雷击这样的失效原因，往往会归类为更大、更一般性的失效模式，例如"制导/导航"失效模式，但无法区分是制导计算机的失效还是惯性导航系统的失效。

又如，在 2007 年 6 月宇宙神（Atlas）V 的一次发射任务中，其二级推进剂消耗完也没能达到需要的速度。其原因是此次 RL10 发动机工作（燃烧）时间较长，导致一个阀门泄漏，使得液氢排放到太空中。没有人知道这个阀门在这么长时间的燃烧后会泄漏，因为工程师对这个阀门进行测试采用的是液氮，尽管相似且安全，但不完全反映真实工况。这个失效模式定义为"液体发动机推力丧失"，这一种失效模式涵盖了大量的失效原因，包括由于计算错误提前耗尽推进剂，加注量的失误或非致命的发动机失效。因此，尽管失效原因是新的，但仍归类到已有的失效模式内。

在最近的 10 年，随着各国发射频率的增加，以及私营航天企业的介入，新的失效原因也有所增多。2015 年 6 月 28 日，美国太空探索技术公司（SpaceX）的猎鹰 9 火箭在上升段飞行过程中失败。这是由于安装支柱的结构失效引发了高压容器的结构失效，进而导致火箭二级结构失效。以往失败与这次不同的是，所有其他结构的失效至少可以回溯到 1975 年，基本与整流罩有关，比如整流罩在上升过程中坍塌。因此，尽管从过去 40 年的经验来看，这次失败具体的失效原因是新的，但通用的失效模式，即结构失效可能并不是新的。

3）新的失效模式也开始出现。

2010 年 12 月 6 日，一枚新版的质子号火箭从拜科努尔起飞，并配备了新的上面级 DM - 03。该上面级可以多加注一些推进剂，从而可以工作更长时间。所有数据显示火箭的基础级飞行正常，但有效载荷未能到达轨道，共损失了三颗格洛纳斯（GLONASS）卫星。

导致故障发生的最大可能性是俄罗斯工程人员没有仔细衡量推进剂加注量，他们只是将其填满，但该加注量导致上面级对本次任务而言过重了。如果弹道能够重新规划，充分利用上面级新增的推进剂，则仍有可能完成任务。但此次质子号火箭的轨迹设计并非如此，并没能匹配上面级可用的推进剂量，尽管一切看上去很正常，但有效载荷就是没能入轨。

至少可以说，这是一种不寻常的失败模式。问题是制导程序与火箭的配置不匹配，但它不是程序中的错误。这就产生了一种新的失效模式，即"不正确的质量特性"，这是航天历史上第一次，虽然有一个日本 M-5 助推器故障也可能属于这个失效模式。

4）即使知道隐患，但难以有效避免。

以复合材料压力容器为例，特别是使用碳纤维材料的压力容器，不管应用在何种场合，仍然有一些未知隐患。但这样的隐患没有清晰的指向，这导致了 2016 年 9 月 1 日 SpaceX 公司在发射场对猎鹰（Falcon）9 火箭贮箱测试时（静态点火）发生爆炸。

早在几年前，美国肯尼迪航天中心（Kennedy Space Center, KSC）在一个实验室里遭遇了复合材料压力容器的失效，并委托进行了一项研究，以期了解这种容器会有何种类型的失效。在大多数情况下，私营企业拒绝参加 KSC 研究，担心研究结果会反映在他们的产品上，同时还拒绝参加美国国防技术信息中心委托进行的类似研究。一些规模较小的公司同意为 KSC 研究提供数据，但除非 KSC 说他们没有任何这样的问题。

按 SpaceX 公司报道，其氦气压力容器浸泡在液氧中。氦气压力容器在低温液体中浸泡以使更多的气体被泵入，这一方法已经被沿用几十年了。宇宙神 E/F 火箭也曾使用这种技术，氦气压力容器在液氧罐外，并有一个夹层在发射前充满液氮。但将压力容器浸泡在液氧中是一个创新的想法，如今也被证明有意外风险和灾难性的后果——液氧和氦气压力容器的碳纤维可以由各种不同的引爆源引爆。这个起始引爆源是什么？考虑到上文所说的私营企业的态度，很可能永远不会被发现。

事实上，即使有了明确的结论，也很难下决定更改。例如，一直到 1980 年，美国火箭发射部门发现一些与液氧接触的材料，尽管已经使用了近 10 年，但并不是十分兼容。可是无论对于螺栓或焊料，大家还是可以接受这样的风险，因为采用纠正措施会十分昂贵，对计划的冲击也非常大以致不可接受。

5) 商业竞争导致了数据的共享困难。

商业公司拒绝提供他们的产品数据，因为这样可能有损产品声誉，或者让竞争对手了解底细。在纯粹的商业领域，美国联邦航空管理局（FAA）和美国国家运输安全委员会（NTSB）也不像对待飞机那样，他们不提供航天发射事故的故障信息。即使是美国空军或 NASA，也失去了他们曾经拥有的监督能力。

在这样的背景下，如何降低风险提高火箭发射的成功率？尽管各火箭的技术诀窍难以充分了解，但若能更好地分享关于失败的信息（发射失利在当今已无法隐瞒），并且深入剖析故障的直接原因、根本原因，以及分享那些以前没有与航空航天应用相关的信息，我们可能会更加自信地面对未知的情况。

1.1.2　世界范围内失效问题的统计和趋势

1.1.2.1　故障的趋势与分布

准确地分析和统计故障案例是一件十分艰巨的工作，因为数据不仅分散，而且还有许多处于未公开状态。本节的数据主要参考了已经公开发表的论文以及相关网站的介绍内容，从中力求梳理出对我们的启示。

进入 21 世纪的第一个 10 年，美国航天部门对本国航天工业 50 年的发展进行了总结，那时谁也没有预料到今天商业航天蓬勃发展的局面。选取 1960 年作为总结的起点，因为更早期的火箭很难谈得上可靠；也是从 1960 年开始，美国开始忙着把航天员送入太空，以求赶超苏联在太空竞赛中的领先地位。图 1-1 体现了在发射费用、运载火箭性能、发射可靠性以及 1960—2010 年 50 年间的成功和失利记录的比较[3]。

图 1-1 仅是美国火箭发射的统计。图 1-2 给出了 1957—2007 年全球范围内火箭失利按分系统的统计，同样是 50 年的时间。从图 1-2（a）可以看出，发动机的故障约占 51%，是发射失利的主要原因；而制导与导航系统（20%）、电气系统（8%）、软件和计算机系

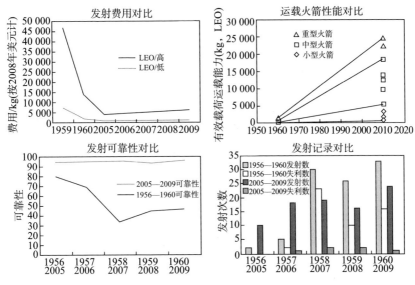

图 1-1 美国 1960—2010 年火箭发射统计对比

统（4％）、通信（1％）等占到了故障的 33％，这些子系统也经常被统称为控制系统或电子系统，是造成飞行失利的第二个主要因素。从图 1-2（b）1980 年之后的统计数据看，发动机的占比增加到 54％，而电子系统略有下降，为 31％，其中制导与导航系统的故障占比大幅减小，电气系统基本维持，而软件的占比则从 4％增加到 9％，这与软件的使用越来越广有关[4]。

而进入 80 年代末期[5]，随着多级火箭、助推捆绑火箭等的使用越来越多，在失效的系统中显著增加了"分离系统"，如图 1-3 所示。图 1-3（a）统计了 1989—2017 年全球范围内火箭发射失利按分系统统计的情况。从图中可以看出发动机占 26％，仍然是故障率最高的单一子系统；电子系统占 19％，而分离系统占 14％，非常显著；而对比这期间美国故障的情况，如图 1-3（b）所示，前三名故障占比的子系统排名恰好颠倒了顺序，发动机约占 19％，低于全球平均水平，说明其发动机的水平较高；电子系统约占 28％，也许与其大量使用最新的电子产品有关；而分离系统故障高居首位，约占 31％。

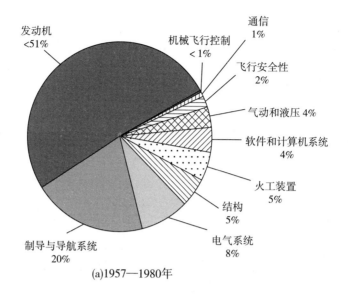

(a)1957—1980年

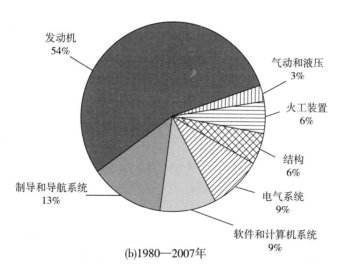

(b)1980—2007年

图 1-2　全球范围内 1957—2007 年运载火箭发射失利统计

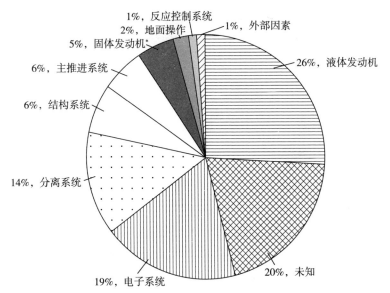

*并非所有的发射均包含固体发动机

(a)按分系统统计的全球故障（1989—2017年）

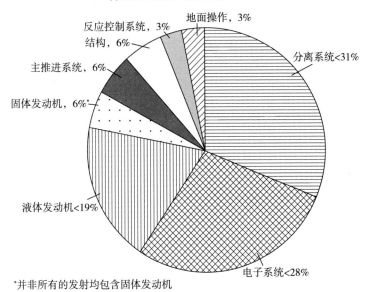

*并非所有的发射均包含固体发动机

(b)按分系统统计的美国故障（1989—2017年）

图 1 - 3　全球范围内 1989—2017 年运载火箭发射失利统计

对比美国、俄罗斯两国在年发射量和年失效率的统计，如图 1 - 4 所示。从图中可以看出，美国的总失效率呈缓慢下降的趋势，而俄罗斯则有缓慢上升的趋势。

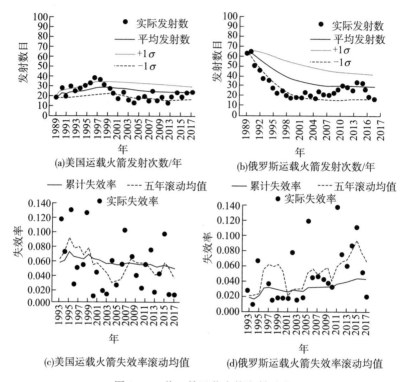

图 1 - 4　美、俄运载火箭发射对比

根据收集的数据对失效率的发展进行了预计，如图 1 - 5 所示，未来失效率仍将可能维持在 1/25～1/14 之间。

通过上述分析得出如下趋势：

1）火箭发射仍然是一项有风险的事业。

a）目前，十三个航天国家中只有四个国家发射失效率低于 1/10；

b）分析表明，全球发射成功率并没有显著提高，在某些国家可能还会有所下降。

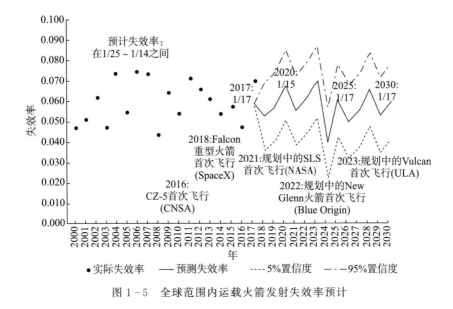

图 1-5 全球范围内运载火箭发射失效率预计

2）全球火箭年发射量持续增长。

a）能发射火箭的国家越来越多；

b）行业合作伙伴正在准备商业载人、补给和深空任务。

3）到 2030 年，全球火箭发射失效率预计不会优于 1/25。

当然，上述数据统计也可能不太准确，可通过获取更多的数据、考虑季节性、火箭的可靠性增长、火箭的类别和发射组织等进行预计。此外，影响发射可靠性的还包括有效载荷的种类和运载能力等。

1.1.2.2 欧美主流运载火箭的发射成功率

欧美主流运载火箭包括宇宙神（Atlas）Ⅴ、德尔它（Delta）Ⅳ、猎鹰（Falcon）9、安塔瑞斯（Antares）、阿里安（Ariane）5 等，都毫无例外地发生过飞行失利。图 1-6 是美国一次性使用运载火箭的发射数量及失利情况统计[6]。

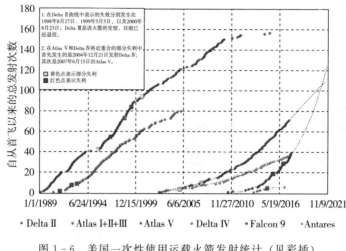

图 1-6　美国一次性使用运载火箭发射统计（见彩插）

Atlas Ⅴ：

有一次部分失利的案例。2007 年 6 月 15 日，Atlas Ⅴ 发射两颗 NRO 侦察卫星，由于阀门的故障导致上面级提前关机。所有卫星通过自己的轨道调整进入了最终的轨道，但是卫星的寿命受到了影响。

Delta Ⅳ：

有一次部分失利的案例。2004 年 12 月 21 日，其芯级并联的重型火箭首次飞行。由于推进剂管路的汽蚀，导致传感器认为推进剂耗尽，致使捆绑的助推器和随后芯级的发动机提前关机，即使贮箱内还有足够的推进剂。火箭二级试图弥补一级工作时间的不足，直到推进剂耗尽。

Falcon 9：

有两次失利的案例。2015 年 6 月 28 日，SpaceX 公司的 Falcon 9 火箭在上升段飞行过程中失利；2016 年 9 月 1 日，Falcon 9 火箭贮箱测试时发生爆炸。

Antares：

有一次失利的案例。2014 年 10 月 28 日，该火箭向国际空间站（ISS）运送补给，并搭载了两颗卫星。在点火 6 s 后液氧涡轮泵失效，火箭坠落在发射台爆炸。

在上述五次案例中，涉及动力系统（含发动机、阀门、管路、气瓶）的故障有 4 例，还有一例是结构破损。其电子系统（或控制系统）均未发生故障。

图 1 - 7 是 Ariane 5 系列火箭发射数量及失利的统计[7]。

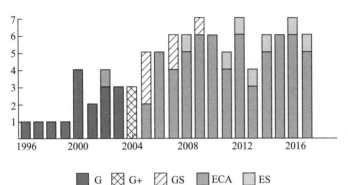

(a) Ariane 5 不同火箭配置的发射次数

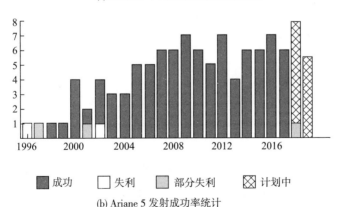

(b) Ariane 5 发射成功率统计

图 1 - 7　欧洲 Ariane 5 系列运载火箭发射统计

Ariane 5：

该系列共有两次失利，以及两次部分失利。

1996 年 6 月 4 日，Ariane 5 首飞失利，按照调查委员会的结论，其原因是飞行软件故障。

1997 年 10 月 30 日，Ariane 5 第二次飞行部分失利，最重要的异常是在低温主级飞行时出现过大的滚转力矩。其可能原因有两个：火神（Vulcain）发动机内表面粗糙度发散导致主喷流边界层形成螺旋形，或连接 Vulcain 发动机涡轮排气管路的一根杆折断。

2001 年 7 月 12 日，Ariane 5 第 10 次飞行部分失利。上面级未能达到完全的推力且提前关机，将两颗卫星送到了错误的轨道上。原因可能是推进剂泄漏导致推进剂耗尽。

2002 年 12 月 11 日，Ariane 5 ECA 型首飞失利。火箭飞行 3 min 后因偏离轨道而自毁，故障是由于 Vulcain 2 喷嘴的冷却回路发生泄漏，随后喷嘴严重过热，最终导致其破损，造成推力重大失衡。然而造成这一故障的根本原因是两个相互加重的因素：冷却管内的裂纹使喷嘴承受的热工况恶化，以及飞行中 Vulcain 2 发动机所承受的载荷未能详尽地定义。

除首飞故障外，绝大部分问题发生在动力系统。

1.1.2.3　载人航天飞行任务的成功率

2003 年，是国际载人航天具有象征意义的一年，也发生了多起具有深远影响的航天事件。这一年，中国的神舟五号飞船首次实现了载人飞行，而美国的航天飞机则发生了灾难性的事故，在返回着陆的途中空中解体，航天飞机上的航天员全部遇难。截止到 2007 年，国际载人航天飞行任务的成功率统计如图 1-8 所示，在这个舞台上，只有俄、美、中三个国家具有载人航天飞行的能力，而中国才刚刚起步[8]。

在美国的载人航天飞行任务中，共有 10 次飞行失利，其失利原因统计如图 1-9 所示，分别是：

1）由于增强的目标对接适配器无法分离，与目标对接的任务被取消；

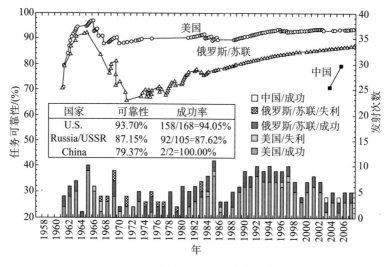

图 1-8 国际载人航天飞行任务

2）在发射前的试验中，富氧环境下的电路短路造成乘员舱着火，航天员遇难；

3）X-15A 偏离航向，偏航失控使其过载达 15 g，飞行器在 Ma =5 时破裂，乘员遇难；

4）在环月飞行期间，加热器电路过应力导致液氧贮罐破裂，乘员安全返回［著名的阿波罗 13（Apollo 13）任务，1970 年 4 月 11 日发射］；

5）由于点火功能失效未能释放两颗卫星；

6）近地点发动机点火失败导致卫星被送到较低的地球轨道；

7）高温气体在固体火箭发动机连接处的 O 型圈泄漏，航天飞机爆炸，7 名航天员全部遇难（1986 年 1 月 28 日挑战者号航天飞机失利）；

8）系绳卫星系统在部署过程中连接系绳断裂，卫星丢失；

9）由于燃料电池故障，航天飞机提前 12 天返回；

10）轨道飞行器因热防护系统破坏，在再入过程中解体，航天员遇难（2003 年 2 月 1 日，哥伦比亚号航天飞机失利）。

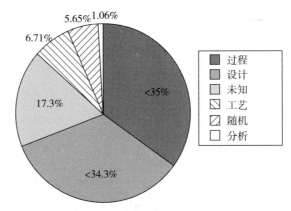

(a) 按根本原因统计的美国载人航天飞行失效和异常原因

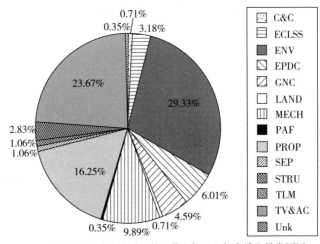

(b) 按功能分类统计的美国载人航天飞行失效和异常原因

注C&C：地面命令和控制系统（Ground command and control system）；
ECLSS：环境控制与生命保障系统（Environmental control and life support
system）；ENV：环境保护（Environmental protection）；EPDC：电源分配
中心（Electrical power distribution center）；GNC：制导、导航与控制
（Guidance，navigation and control）；LAND：着陆系统（Landing）；
MECH：机械系统（Mechanism）；PAF：有效载荷适配器（Payload
Attach Fitting）；PROP：推进系统（Propulsion）；SEP：分离系统
（Separation）；STRU：结构系统（Structure）；TLM：遥测系统
（Telemetry）；TV&AC：推力矢量控制等（Control）；Unk：未知。

图 1-9　美国载人航天飞行任务发射失利原因统计

俄罗斯/苏联的失利共有 13 次[9]，其失利原因统计如图 1 - 10 所示，分别是：

1）由于阻力的设计缺陷导致降落伞故障，联盟 1 号飞船破裂，航天员遇难；

2）航天员手动定向控制误差较大，未能实现对接；

3）由于任务前新的氦气增压完整性测试导致自动交会对接系统失效；

4）由于新的射前氦气增压完整性试验不恰当，导致自动交会对接系统失效；

5）自动对接失效，且没有仪器设备为航天员手动对接提供数据；

6）再入时，空气阀打开，致使降落模块减压，乘员失去意识遇难；

7）IGLA 自动交会对接系统失效；

8）一/二级分离失败，火箭偏离轨道，乘员舱弹出并在 180 千米外安全降落；

9）在自动交会对接系统失效后，手动对接没有足够的推进剂，乘员返回；

10）在多次尝试自动交会对接均失效后，乘员返回；

11）由于主推进系统故障，联盟号飞船未能与礼炮号空间站对接；

12）由于保护罩分离时造成自动交会对接系统损坏，乘员返回地面；

13）起飞前 90s 火箭推进剂泄漏，在发射台上爆炸，两名航天员由逃逸系统救生。

对比美俄两国的载人航天飞行可以看出，自 1983 年以后，俄罗斯/苏联就没有再发生载人航天飞行任务的失利。在各种故障中，美俄由设计问题导致的分别占 34.3%、38.6%。其中，在美国因 GNC 导致的故障问题仅占 4.59%，而俄罗斯/苏联高达 34.1%。因各种控制（TV&AC），如推力矢量控制、发动机摇摆控制等造成的故

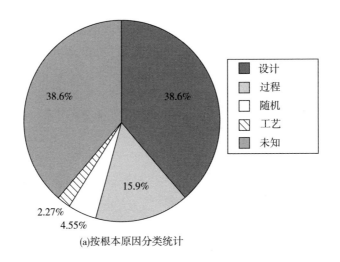

(a)按根本原因分类统计

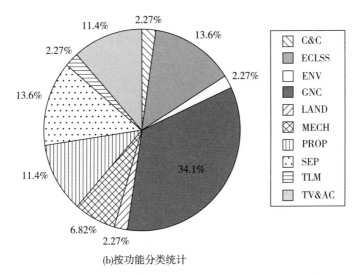

(b)按功能分类统计

图 1-10　俄罗斯/苏联载人航天飞行任务发射失利原因统计

障，在美国占 23.67％，在俄罗斯/苏联占 11.4％。如果将上述两项均作为广义的控制系统所导致的失效，美国占 28.26％，俄罗斯/苏联占 45.5％。因环境保护（ENV）不当而造成的失效，美国占

29.33%，俄罗斯/苏联仅占 2.27%。推进系统（PROP）的故障，美国占 16.25%，俄罗斯/苏联占 11.4%。

上述数据仅统计到 2007 年。这几年，控制（电气）系统的故障占比已显著下降，而动力系统故障占比在上升。有关各国载人航天飞行任务早期发生的失效及任务"接近失败"的案例统计见参考文献 [10]。

1.1.2.4　控制系统对发射成功率的影响

近年来因控制系统设计和产品的故障导致飞行任务发射失利的事件已鲜有发生，这得益于产品质量的提升和冗余技术的采用，但航天史上对控制系统故障的案例还是非常值得研究和采取持续改进措施。NASA 曾在 2006 年统计了 10 年内全球范围与控制系统相关的火箭发射失利事件，得出了如下的结果[11]：

1）1996—2006 年的 10 年内，全球范围内有 773 次发射，有 21 次发生了控制系统异常情况（2.72%），其中 15 次为灾难性故障（1.94%）；

2）在这期间全球发生了 52 起灾难性的发射失利事件，与控制系统相关的事件接近 15/52，约 28.8%；

3）在这些因控制系统故障导致的事件中，设计缺陷占 40%（15 起中共有 6 起是设计缺陷造成的），电子系统和飞行软件产品的故障大约各占 20%。

同样可以对比一下同时期 NASA 飞船的故障：

1）1996—2006 年的 10 年内，在 NASA 的 79 次飞船任务中，有 30 次发生了控制系统异常的情况（38%）；

2）在 NASA 的各种卫星任务中，8% 的灾难性故障是与控制系统相关的；

3）在控制系统造成的灾难性故障中，50% 的情况发生在卫星寿命周期前 10% 的时间内；

4）造成故障的原因中，设计因素占 33%，软件因素占 33%，操作运行因素占 17%。

设计、软件产品一度成为影响火箭、飞船和卫星控制系统可靠性的重要因素。

事实上，在航天系统中，大多数动态问题并不是在一个孤立的学科中发生的，而是由多个学科或子系统之间相互作用产生的，要从多方面综合考虑降低风险的措施。

其他有关航天领域内发生的故障情况，可参见参考文献[12]。

1.2　国外最佳实践的研究成果

1.2.1　美国航天机构和企业的研究成果

1.2.1.1　项目成功的主要原则

美国国家航空航天局（NASA）组织设计团队（ODT）曾进行了一系列的研讨会，邀请经验丰富的项目管理者进行大会报告，报告包含了 25 个重大技术项目和 50 年的工程经验。这项工作的成果确定了项目成功的 7 个关键原则，为构建和运营未来的航天项目提供了帮助。ODT 的主要目的是探讨导致复杂政府计划成功或失败的组织因素，并确定全新的、更加有效的设计、建模与分析的工具和方法，以及项目组织机构。

7 个关键的成功原则尽管是从组织层面上提出的，但对我们仍有较大启发，它们是[13]：

（1）建立清晰和令人信服的愿景

创造一个明确的未来愿景，有助于激励员工，这是为项目成功铺平道路重要的第一步。最高领导必须明确项目的目标和任务的重点，并明确地向项目团队表明未来的愿景。一个有效的愿景陈述应该是生动的，人们可以描述它，可以在脑海中想象，并能联想到个人贡献如何能够支持其实现。

建立一个清晰、简明、令人信服的未来状态的愿景，是实现总体方案或项目目标的先决条件。航天时代的历史充满了利用这一原则的力量取得成功的事例，以及未能如此实施的失败案例。

（2）从顶端获得持续的支持

必须自上而下获得各方面的支持，这是显而易见的。项目负责人必须与主要利益相关者建立有效的工作关系，并始终保持积极的内部支持，配备最好的可用人才；同时要稳定外界的干扰并不断地重新规划。

确保在一个组织的最高级别获得赞助，甚至在政治领导阶层中获得更高的支持，使得在复杂的航天技术发展生命周期内项目能保持所需的长期稳定性，并确保任务完成。

（3）加强领导和管理

实行强有力的领导是成功的第三原则。它需要领导者：

1）确定和发展本组织内的其他领导和技术人员；

2）明确界定权力界限并要求实施问责制；

3）实施良好的项目管理方法，特别是关于预算和进度，要有可视性；

4）在所有问题上展示不妥协的道德标准。

（4）促进广泛的交流

开放沟通是方案成功的基石。它能及时识别需要领导注意的问题，促进整个项目团队的关系建设。在缺乏管理的情况下，沟通障碍很容易产生，一旦发生，就会导致组织失败，造成灾难性后果。

（5）建立一个强有力的组织

建立一个强大的促使项目成功的团队组织。以文化、奖励和结构三个相互依赖的支柱支持一个有效的组织，每一项支柱都需要积极领导并对资源精心设计、培养。沟通是成功的一个重要因素，每个组织可以通过精心设计团队结构来促进沟通。组织结构需要与生产的产品或系统相对应。在制定新方案和实现快速项目时，使用小型、有闯劲的团队已被证明是成功的。

（6）开展有效的风险管理

风险管理是所有项目成功的关键，而不仅仅是载人任务。20世纪90年代初，美国空军认识到自身对于发射失利的经验不足，并开始学习 NASA 的经验，如设立独立的风险管理委员会等。

项目领导人必须找到适当的风险评估技术的组合（定性和定量），不断地对项目风险进行排序和跟踪。随着航天技术的发展，这方面已经有了很强的技术基础和成功应用的案例。

（7）实施有效的系统工程和集成

最后的关键原则，实施有效的系统工程和集成，由以下几个部分组成：

1）从一开始就制定明确、稳定的目标和要求；

2）建立清晰和简洁的系统接口；

3）维护有效的配置控制；

4）利用现代信息技术和分析工具，在硬件开发之前，对系统性能、组织性能进行建模和仿真。

有效的系统工程和集成在航天历史上和事故调查中被多次确认为项目成功的一个关键；各项经验教训需要确保能被真正得到重视和应用[14]；并且在撰写用例的过程中，对相关人员和组织来说也是一个教育过程[15]。因此 NASA 十分重视对"最佳实践"或"经验教训"的总结。

1.2.1.2　工程与安全中心（NESC）的最佳实践

NASA 建立了最佳实践的信息管理流程[16]，分为中心和总部两级，如图 1-11 所示。该项工作旨在保护和留存知识，交流可能降低风险、提高效率、促进有效实践和提高上述领域效能的经验。最佳实践主要在中心层级搜集，主要来源包括个人、课题组织、项目团体或支撑机构，对于不适用于中心范围但又非常重要的最佳实践，委员会采用工作坊或其他有效的方式进行交流。在 NASA 工作环境平台上，最佳实践信息系统的内容支持尽可能广泛的查阅和检索。最佳实践提议在两个层级都要进行评估，并且通过现有的纠正系统不断地迭代完善，以确保与政策、程序、准则、技术标准、培训、教育课程等方面可能发生的变化协调匹配，最佳实践最终提交给管理员上传到最佳实践信息系统中管理。

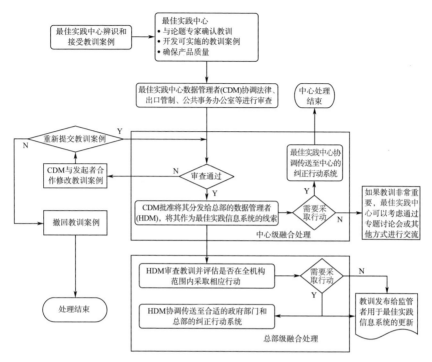

图 1-11 NASA 最佳实践信息管理流程

哥伦比亚号航天飞机悲剧发生后，NASA 成立了工程与安全中心（NESC）[17]，这是一个独立的技术资源机构，用于对 NASA 项目在工程和安全性事务方面提供评估和建议。针对 GNC 系统，提出了 22 条最佳实践，既涉及研发的早期阶段，也涉及后期阶段。它们涵盖了从基本系统架构的考量到诸如数学建模等更加具体的层面。

这些最佳实践是在总结过去的经验教训，尤其是在开发团队经常犯错误的基础上提出的，设计中需要关注的事项包括：

1）需求不完善（有缺陷）或有遗漏。

2）需求总是在变化中。

3）对任务运行的组织体系和环境的特性描述不完善。

4）系统结构体系的开发水平较差。

5）对系统间的相互作用未知或定义不准确。

6）对系统间的接口未知或定义不准确。

7）对坐标系和单位制定义不明确。

8）动力学模型建模不准确或未知。

9）在较大的模型不确定性情况下反馈控制系统不稳定。

10）依赖任何已有的成果，包括硬件、软件和设计团队。

11）依赖技术成熟度较低的技术。

12）传感器/执行器性能退化或失效。

13）在线处理能力不满足控制算法的需要。

14）多个相互关联飞行器之间控制功能的协作系统性不强（例如，交会对接任务）。

15）故障管理策略不完善。

16）缺乏全面的任务终止策略。

17）没有合适的"安全避难"能力。

18）未开展可测试性设计。

19）未能做到"像飞行一样测试"（Test as You Fly）。

20）未能有效地开展"硬件在回路"的测试来验证操作的准确性。

21）未能有效地开展从传感器到执行器的极性测试（缺乏端对端的测试）。

22）测试中发现的异常与差异未能得到彻底解决。

23）没有真正独立的验证与确认过程。

24）未能做到"像测试一样飞行"（Fly as You Test）。

25）未能确保乘员和运行团队"像飞行一样训练"（Train as You Fly）。

26）控制系统地面数据和工具未进行适当的验证/认证。

27）用于监测控制系统性能和分辨异常的遥测参数不足。

有关22条最佳实践的内容，参见附录。有关NASA在GNC方面经验教训的其他资料，参见参考文献［18］。其他领域的研究成果，参见参考文献［19-25］；其中关于软件的经验总结等，参见参

考文献 [25]。

1.2.1.3 美国联合发射联盟公司（ULA）的错误防止程序

ULA 一 直 在 实 施 错 误 防 止 程 序（Error Prevention Program)[26-28]，该公司认识到发现错误是一个学习机会，并且营造了奖励错误汇报行为的企业文化，而不是在错误发生时去惩罚员工。这个程序贯穿在整个火箭的生产、测试操作和发射活动中。

在该公司的企业文化中，错误防止程序有以下四个重要的原则：

1）在所做的每一件事上都做到卓越。

该公司认为，应不懈地追求完美，在不懈的追求中将达到卓越。

2）持续改进每一个过程和产品。

3）开发世界一流的工作环境。

该公司认为，不断地识别和消除错误将会营造一个无差错、更安全、更高效、更不受压力的工作环境。

4）交付程序成功。

ULA 的错误防止程序工作流程如图 1-12 所示。

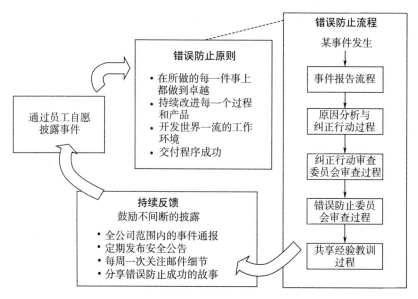

图 1-12 ULA 的错误防止程序

每个错误报告要涵盖以下内容：

1）根本的原因分析；

2）纠正行动审查委员会（Corrective action review boards）对纠正措施进行正式审查；

3）错误防止委员会执行管理审查，提取经验教训，并发布行动指南，避免公司范围内此问题再次发生。

在根本原因分析中，ULA 习惯于采用"鱼骨图"的方法，从环境、过程、硬件、人员、文档、工具与设备六个方面进行分析（类似国内"人、机、料、法、环"的思路），如图 1 - 13 所示。

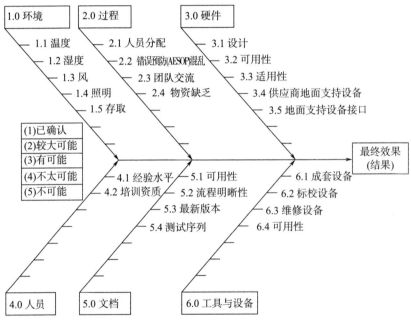

图 1 - 13　ULA 的根本原因分析

经验教训将会文档化，并会在公司范围内以下面的形式分发：

1）全公司范围内的事件通报。

2）定期发布安全公告（Safety Bulletins）。

3）每周一次关注邮件细节。

4）分享错误防止成功的故事。

一份典型的事件通报经验教训记录单如图 1-14 所示。

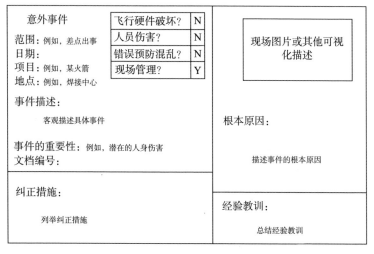

图 1-14 经验教训记录单

1.2.1.4 其他政府机构

（1）能源部

最佳实践信息管理流程有助于美国能源部（DOE）复杂系统的连续和系统性的信息共享和学习，对于 DOE 员工、承包商和分包商都是一个有价值的知识、信息和学习来源，可以利用这些知识来达到更大的效能——节约成本、提高安全性、提高生产率和产生更好的结果。最佳实践信息管理流程的主要目标之一是将这些举措链接起来，以方便访问和共享跨站点和程序的信息。美国能源部最佳实践信息管理流程如图 1-15 所示[16]。

（2）美国空军

美国空军最佳实践信息管理流程如图 1-16 所示[16]。

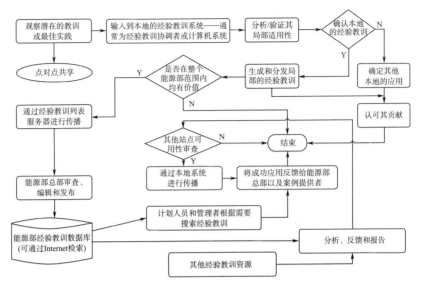

图 1 - 15　美国能源部最佳实践信息管理流程

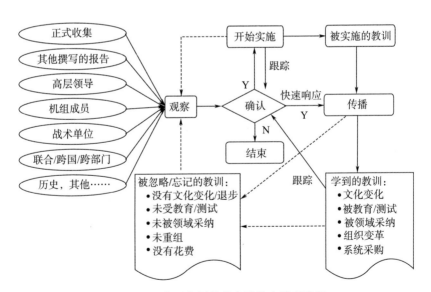

图 1 - 16　美国空军最佳实践信息管理流程

最佳实践信息管理系统利用空军的经验来增强美国空军战备状态和提高作战能力。经验教训被定义为在战略、行动或战术层面改进军事行动的内在洞察力，并使个人、群体或组织长期自我完善的知识。过去的经验教训有助于高级领导人制定方案、编制预算和分配资源，以适应理论、组织、培训、物资、领导和教育、人员和设施的变化。值得一提的是，对于美国空军来说，经验教训不是合规性"报告卡"，而是由战士参与并经职能专家审查而形成的，并且不由任何一个组织"私有"。

（3）美国海军

海军陆战队经验教训中心（ MCCLL ）收集和分析海军陆战队在作战经验中获得的信息，提出报告和建议，充实海军陆战队的知识库，并促进海军陆战队随组织、训练、装备和作战支撑的方式变化而变化。MCCLL 使用一定的方法收集信息，用于后续分析和起草收集报告。MCCLL 收集团队采用访谈、问卷和调查等方式进行信息收集，收集、分析、报告流程如图 1 - 17 所示[16]。

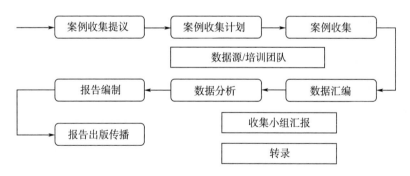

图 1 - 17　收集、分析、报告流程

一个好的收集计划至少将描述下列内容：

1）你想知道什么？

2）你要问谁？

3）谁需要这些信息？

4）你打算如何处理这些信息？

　　5）如何收集信息？

1.2.2　欧洲空间局的经验教训系统

　　欧洲空间局也有类似的"经验教训系统"（ESA lessons learned system，ELLS），ESA 认识到在成员国内部通过知识和经验的交流，有利于航天项目的持续改进；尤其是从过去的经验中汲取教训，不再犯重复性的错误。在 ESA 技术与质量管理办公室的提议下，ELLS 得以在欧洲空间研究和技术中心（ESTEC）建设[29]。

　　其实，这样的系统也是 ISO9001 论证的先决条件。为了实现这个目标，ESA 工程知识管理办公室（后来成为产品保障和安全部的一部分）开始着手实现这一系统。其工作分为两个方面：

　　（1）"经验教训"事件

　　ESTEC 整理各种事件，其项目团队提出备选的案例，并记录和发布在网页上，在 ESA 内部可以进行浏览。

　　（2）"经验教训"工具

　　设计和安装基于浏览器的工具，提供直观和友好的用户交互，并包含必要的存取管理功能。也可以用于记录和整理新的案例。

　　在 ESTEC 下设 26 个技术领域，每一个案例在记录前会提交给该领域的专家，对案例的准确性进行验证、确认和评估，然后才会出版和分发，其流程如图 1 - 18 所示。

　　在 ELLS 的实践中，为了鼓励工程技术人员提供案例，他们特意强调了社会效应，因为这是一项艰苦的工作，这些案例提供者应获得相应奖赏和认可。

　　但整体而言，ESA 更倾向于用一个个具体的案例来交流经验，因此往往能够得到关于某个具体项目的经验教训。这样的文献内容丰富，经验具体，但难以迅速抓住要点，其传播效应受到了影响；而 NASA 的各种总结，有时提炼得过于概括，会对其本意产生不同的理解，也会影响效果。两种方式各有利弊。

　　对于欧洲的火箭，最为著名的故障案例当属阿里安 5 火箭首飞

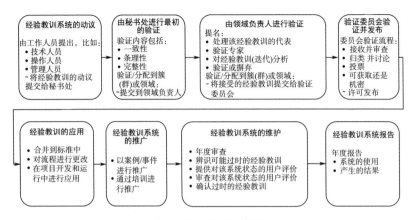

图 1 - 18　ELLS 流程

失利。事故调查委员会公布了原因，并给出了 14 条建议[30]。然而，从不同的视角分析，对问题的认识也不一样。调查委员会认为这次失利主要是在软件工程化实践方面的工作有所不足，而另一些专家认为其原因既不是软件需求规格说明的错误，也不是软件设计错误。失利的真正原因是未能把握总体的应用和环境需求，以及在设计和部署箭载计算机系统方面的缺陷，这些均是由未遵循严格的系统工程方法而造成的[31]。其中一个特别引人注目的示例，也被这些专家们认为是严重的系统设计错误，并且已经成为系统工程界相当普遍的知识，即任何非多元化（多样性）的冗余系统，当系统设计错误或者发生标称条件下的失效时，无论多大的冗余度，都会整体失效。但这样的知识被调查委员会忽视了。

无论这样的知识是否被调查委员会忽视，还是他们认为这样的设计方案过于昂贵而没有提出来，只有通过具体案例的学习并结合总结提炼的经验教训，才能做到真正有所启示。

有关欧洲各航天机构和公司在本领域的其他研究成果，可参见参考文献[32 - 35]。

1.2.3　日本宇宙航空研究开发机构的风险控制与经验教训系统

日本宇宙航空研究开发机构（JAXA）一直参照 NASA 的经验，并通过国际交流不断提高自身的水平，他们将经验教训看作是风险管理的重要手段。按照 JAXA 的看法，如果项目先着手实施，发现了问题再去解决，那么不但风险大，而且项目可能会停滞一段时间。如果先思考，预计会有哪些故障发生并提前采取措施，看似能够解决上面的问题，但许多情况下故障均是未曾预料的，解决未知才是风险控制的关键，这需要经验的积累。JAXA 提出了如下的风险控制与经验教训系统，如图 1-19 所示[36]。

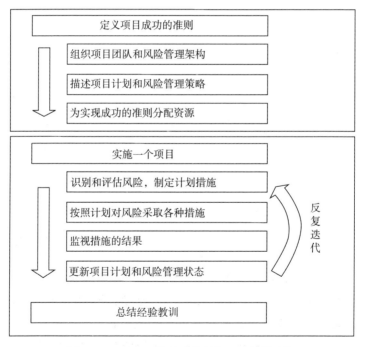

图 1-19　JAXA 的风险控制与经验教训系统

1）首先，定义项目成功的准则，组建起项目团队和风险管理的组织机构，描述项目计划和风险管理的策略，并按照实现成功的准则分配各种资源。

2）其次，开展具体项目的实施工作，识别和评估技术风险和计划风险，按照事先的计划采用降低风险的措施，监测这些方法实施的效果，并根据效果，更新项目计划和风险管理的状态。这一实施过程中的内容将多轮迭代。

3）项目的最后，总结经验教训。

JAXA 专家提出从 4 个方面进行经验总结：

1）个人经验。

2）重大的故障报告。

报告不同于讲故事，所以仅有事件的过程、原因、解决方法是不够的，要总结出知识。从 2005 年起，在重大故障的分析中还增添了对技术背景和后续工作的分析，包括分析这项技术的发展路线是什么，目前处于什么样的位置，未来要走向哪里，等等。

3）现有的项目。

a）项目或子系统是如何进行规划的？

b）打算采用何种风险管理方法且是如何实施的？

c）在这个项目中发生了什么问题？

d）他们是如何克服的？

e）他们在何种程度上达到了任务成功的准则？

f）对其他项目的建议是什么？

4）国外的信息。

JAXA 认识到，他们发现的许多故障，之前 NASA 和 ESA 也曾发生过。从 1996 年起，他们开始总结国外航天机构的故障。

经验教训系统将会教给项目团队当前风险管理的薄弱点，而风险管理水平将会通过经验教训系统得到持续提升。

参 考 文 献

[1] Independent Enquiry Commission announces conclusions concerning the launcher trajectory deviation during Flight VA241 [DB/OL] . Arianespace, [2018 - 2 - 23] . http: //www. arianespace. com/press - release/independent - enquiry - commission - announces - conclusions - concerning - the - launcher - trajectory - deviation - during - flight - va241/.

[2] BRYAN O' CONNOR. Atlas centaur (ac - 67) lightning strike mishap 1987 [C] . Leadership VITS Meeting, March 5, 2007.

[3] RANDY KENDALL, PETE PORTANOVA. Launch vehicles then and now: 50 years of evolution [DB/OL] . [2010 - 04 - 01] . http: // www. aerospace. org/crosslinkmag/spring - 2010 /launch - vehicles - then - and - now - 50 - years - of - evolution/.

[4] NICKOLAS DEMIDOVICH. Launch vehicle failure mode database [C]. AST Research and Development Project. COMSTAC RLV Working Group, May 17, 2007, Federal Aviation Administration.

[5] HOLLY M DINKEL, FRANK HARK. An assessment of launch failures from 1989 - present [C] . November 8, 2017, RAM X Training Summit, Huntsville, AL.

[6] EDGAR ZAPATA. The state of play us space systems competitiveness - Prices, Productivity, and Other Measures of Launchers & Spacecraft. Future In - Space Operations (FISO) Seminar, Telecon [DB/OL] . [2017 - 10 - 11] . https: //ntrs. nasa. gov/archive/nasa/casi. ntrs. nasa. gov/20170009967. pdf.

[7] Ariane 5 launch statistics as of January 2018 (including all launches since 1996) . Source: data from wikitable List of past missions [DB/OL]. https: //en. wikipedia. org/wiki/Ariane _ 5.

[8] E JOE TOMEI, I - Shih CHANG. U. S. Human space transportation failures [J] . Trans. JSASS Space Tech. Japan, 2009, 7 (ists26): Tg_ 1 - Tg _ 10.

[9] I - Shih CHANG, E JOE TOMEI. Non - U. S. Human space transportation failures [J] . Trans. JSASS Space Tech. Japan, 2009, 7 (ists26): Tg _ 11 - Tg _ 20.

[10] STEPHANIE BARR. Evaluating failures and near misses in human spaceflight history for lessons for future human spaceflight [C] . 4th Conference - International Association for the Advancement of Space Safety. May 19 - 21, 2010 Huntsville, USA.

[11] NEIL DENNEHY, Dr KEN LEBSOCK, JOHN WEST. Guidance, navigation & control (GN&C) best practices for human - rated spacecraft systems [C] . Program Management Challenge 2008, Daytona Beach, FL, 26 - 27 February, 2008.

[12] D M 哈兰, R D 罗伦茨. 航天系统故障与对策 (Space Systems Failures - Disasters and Rescues of Satellites, Rockets and Space Probes) [M] . 阎列, 邓宁丰, 舒承东, 译. 北京: 中国宇航出版社, 2007.

[13] VINCENT J BILARDO, JR, JOHN J KORTE, DARRELL R BRANSCOME, et al. Seven key principles of program and project success: a best practices survey [R] . NASA/TM—2008 - 214692.

[14] DAVID OBERHETTINGER. Assuring that lessons learned critical to mission success get used [C] . 2012 IEEE Aerospace Conference; 3 - 10 Mar, 2012; Big Sky, MT; United States.

[15] JENNIFER STENGER STEVENS. Enhancing systems engineering education through case study writing [C] . 14th Annual Conference on Systems Engineering Research (CSER 2016); 22 - 24 Mar, 2016; Huntsville, AL; United States.

[16] Establishing a Lessons Learned Program [M] . Fort Leavenworth, KS : Center for Army Lessons Learned CALL, Friday, July 1, 2011.

[17] DARIA E TOPOUSIS, KENNETH L LEBSOCK, CORNELIUS J DENNEHY. Exploiting expertise and knowledge sharing online for the

benefit of NASA's GN&C community of practice [C]. AIAA Guidance, Navigation, and Control Conference 2010; 2 - 5 Aug, 2010; Toronto, Ontario; Canada.

[18] CORNELIUS J QENNEHY, STEVE LABBE, KENNETH L LEBSOCK. The value of identifying and recovering lost GN&C lessons learned: aeronautical, spacecraft, and launch vehicle examples [C]. AIAA Guidance, Navigation, and Control Conference; 2 - 5 Aug, 2010; Toronto, Ontario; Canada.

[19] DAVID OBERHETTINGER. Lesson learning at JPL [C]. APPEL Forum with Electricity de France, Pasadena, California, February 14, 2011.

[20] DAVID OBERHETTINGER. LaRC lessons learned workshop: lessons learned from soup to nuts [C]. NASA Lessons Learned Steering Committee meeting/Lessons Learned Workshop; 23 Aug, 2011; Hampton, VA; United States.

[21] J B RANSOM1, E H GLAESSGEN, I S RAJU, N F Knight, Jr., and J R Reeder. Lessons learned from recent failure and incident investigations of composite structures [C]. 49th AIAA/ASME/ASCE/AHS/ASC Structures, Structural Dynamics and Materials Conference; 7 - 10 Apr, 2008; Schaumburg, IL; United States.

[22] M CLARA WRIGHT, VICTORIA L LONG, STEVE MCDANELS. The evolution of failure analysis at NASA's kennedy space center and the lessons learned [M]. Handbook of Materials Failure Analysis with Case Studies from the Aerospace and Automotive Industries, pp. 57 - 73, Elsevier, Oct 30, 2015.

[23] ROBERT F HANDSCHUH, ERWIN V ZARETSKY. Lessons learned: mechanical component and tribology activities in support of return to flight [R]. Glenn Research Center, NASA/TM—2017 - 219405. https://ntrs.nasa.gov/archive/nasa/casi.ntrs.nasa.gov/20170002627.pdf.

[24] DAVID LOYD. NASA risk and safety culture: minimizing the risk of catastrophe by bringing the lessons of space home [C]. 7th Annual Summit on Operational Excellence in Oil and Gas; 7 - 9 Nov, 2016;

Houston, TX; United States.

[25] I S RAJU, P L N MURTHY, N R PATEL, et al. Best practices for reliable and robust spacecraft structures [C] . 48th AIAA/ASME/ ASCE/AHS/ASC Structures, Structural Dynamics, and Materials Conference; 23 - 26 Apr, 2007; Waikiki, HI; United States.

[26] DAVID MCCOMAS. Lessons from 30 years of flight software [C] . MIT Lincoln Labs Software Engineering Symposium 2015; 21 Sep, 2015; Lexington, MA; United States.

[27] JIM ALLISON. Error prevention process overview [C] . The United States Air Force Space Safety Council, United States Air Force Academy, Colorado Springs, Colorado, December 6 - 10, 2010.

[28] JAMES E, ALLISON. Learning from mistakes; ULA's error prevention program [DB/OL] . https://www. ulalaunch. com/docs/default - source/supporting - technologies/ula - error - prevention - program - learning - from - mistakes. pdf.

[29] JAMES KASS. Esa lessons learned system [DB/OL] . http://www. kass - space. com/index. php/ recent - projects/lessons - learned/ 54 -the - esa - lessons - learned - system.

[30] J L LIONS. Ariane 501 inquiry board report [DB/OL] . Paris, 19, July, 1996. http://www. esa. int /For _ Media/Press _ Releases/Ariane _ 501 - Presentation _ of _ Inquiry _ Board _ report.

[31] GDRARD LE LANN. An analysis of the ariane 5 flight 501 failure - a system engineering perspective [C] . Proceedings of the 1997 Workshop on Engineering of Computer - Based Systems (ECBS '97), March 24 - 28, 1997, Monterey, USA.

[32] GAISLLER RESEARCH. Lessons learned from FPGA developments [R] . FPGA - 001 - 01, Technical Report, April 2002. http://klabs. org/DEI/ lessons _ learned/esa _ lessons/esa _ fpga _ 001 _ 01 - 0 - 0. pdf.

[33] FRANÇOIS CAHUZAC, JEAN - YVES DENOYERS. Lessons learned from the application of the regulations associated to fsoa during the qualification and the first flights of soyouz and vega [C] . Sixth IAASS -

Session 12, Launch safety Part 3, Montreal, Quebec, Canada, 21 - 23 May, 2013.

[34]　JAN TAUBER. Planck lessons learned [R] . European Space Research and Technology Centre, SCI - S /2016. 236/jt. 21 - 08 - 2017. https: // www. cosmos. esa. int/documents/387566/1178903/Planck ＋ Lessons ＋ Learned＋Phase＋1％2B2/3a839dc9 - 1e8d - 93f2 - c577 - 3a5ba66e609a.

[35]　EITD. ESA networks system - specific security requirement statement (SSRS) - Best Practice [R] . Esrin, ISMS - CITI - BP - 1001 - FCI - I , 07/03/2014. http: //emits. sso. esa. int/emits - doc/ESRIN/7921 _ DWH /ISMS - CITI - BP - 1001 - FCI - I. pdf.

[36]　KAZUYUKI TOHARA. Lessons learned and risk management of JAXA [C] . 2005 Asia Pacific Conference on Risk Management and Safety, 1 - 2 December 2005 . Hong Kong, China.

第 2 章　航天系统工程技术

系统工程[1]是一种有条理的、包括多学科的方法，用于系统的设计、实现、技术管理、运行和退役。系统的组成要素包括用于满足任务需求的所有硬件、软件、设备、设施、人员、过程和程序，即产生出系统级结果所需的所有内容。这些系统级的结果包括质量、属性、特性、功能、行为等。整个系统增加的价值，也就是超出由各部分独立贡献的价值，主要是由各部分之间的相互关系产生的。系统工程是在成本、进度和其他约束条件下，在预定的使用环境中实现所需功能、物理和操作性能要求的一种方法。

1958 年，钱学森编著的《工程控制论》出版，对系统工程的理论和方法进行了阐述，奠定了中国系统工程的理论基础。20 世纪 60—70 年代，在诸多国家重大项目的实施中，以钱学森为代表的一批科学家，系统推行和实践系统工程的理论和方法，对航天系统工程进行了广泛的探索研究。20 世纪 80—90 年代，在中国航天型号研制中设立总指挥和总设计师两条指挥线，逐步形成了具有中国特色的航天型号系统工程管理模式。20 世纪 90 年代起至 2000 年，是中国航天系统工程全面发展的阶段，形成了质量问题归零、技术状态变化控制等一系列方法规范，针对航天型号系统工程管理的各个要素制定了规范化的管理和评价方法。尽管取得了如此多的成果，中国航天界也认识到，要加强复杂系统分析方法与工具、航天产品小子样定型管理模式、产品型谱的制定与应用、项目管理快速成熟方法、信息化手段工具开发与应用等方面的研究，提出了数据驱动的研发新模式，以应对航天市场跨越式发展的挑战[2]。

本章首先介绍系统工程的基本概念，更多地参考了国外航天界所取得的一些成果；在此基础上讨论了基于模型的系统工程，这也可以看作当前和未来一定时期内系统工程的最新成果和发展趋势；同时随着商业航天的崛起，快速设计、验证和更新的敏捷开发过程愈发体现了其灵活性和对市场的快速响应能力，正逐渐挑战传统的系统工程概念，因此本章也进行了讨论；最后以双五条归零标准和软件工程化工作为重点，介绍了中国航天在系统工程方面的实践成果。

2.1　航天系统工程简介

2.1.1　系统工程的基本概念及其在 GNC 中的应用

系统工程是一个整体的、综合性的学科，结构工程、电气工程、机械设计、电力工程、人因工程等多学科的贡献将被评估和平衡，不再从单一学科的视角来考虑问题。系统工程寻求一个安全和平衡的设计，以应对对立的利益和多个甚至有时相互矛盾的约束。系统工程师以优化总体设计为目标，而不是以牺牲另一个系统/子系统为代价。系统工程是着眼于"大局"，不仅要确保满足设计要求，同时也要实现业务目标和满足利益相关者的期望。

系统工程在项目组织中起着关键作用。管理一个项目包括下列主要目标：技术、团队、成本和进度。系统工程聚焦于决策的技术特征，包括技术、成本和进度，并将其提供给项目管理者。项目计划和控制（PP&C）的功能是负责识别和控制项目的成本和进度，二者的关系如图 2-1 所示[3]。

系统工程有三套通用的技术流程：系统设计流程、产品实现流程和技术管理流程，如图 2-2 所示。在这 17 种工艺流程中，流程 1～9 表示执行一个项目所需的任务，流程 10～17 表示的是交叉工具[3]。

系统设计流程：图中的 4 个设计流程用于定义期望，产生技术需求，将需求分解为逻辑和行为模型，并将技术需求转化为设计解决

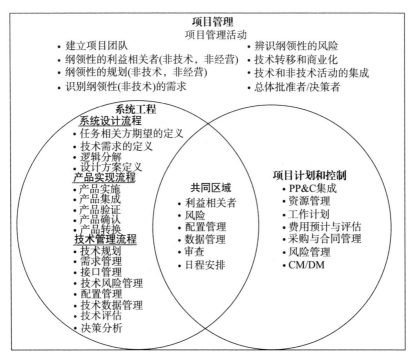

图 2-1　系统工程与项目管理

方案；前两个流程还构成了期望基线和需求基线。这些流程将应用于系统架构内从顶层到底层的每一个产品。

产品实现流程：该流程应用于从最低层次产品到最高层次集成产品的整个系统，用于为每个产品创建设计解决方案（购买、编码、构建或重用），并进行验证和确认从而转交到下一层次。

技术管理流程：技术管理流程用于建立和发展项目的技术计划，管理跨接口的通信，评估针对系统产品或服务计划和要求的进展，控制项目的技术执行直至完成，并协助决策过程。

系统工程遵循以下原则[4]：

1）系统工程需要在综合考虑预算和进度约束的情况下实现多学科的优化和系统集成。

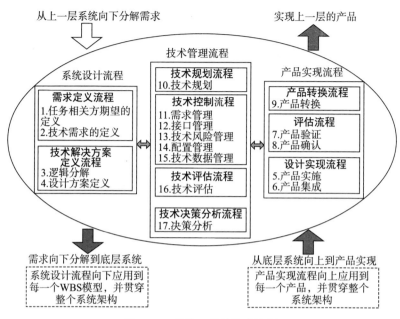

图 2-2　系统工程的技术流程

2）在开发阶段，系统工程的重点是对系统的相互作用、敏感性和行为逐步深入理解。

a）需求反映了对系统的理解。

b）需求必须是具体的，且为开发组织所接受。

c）需求和设计是随着开发过程逐步定义和明确的。

d）分层结构是不足以完全模拟系统间的相互作用和耦合关系的。

e）产品分解结构（PBS）提供了一种将成本和进度与系统功能相结合的结构。

3）系统工程贯穿整个系统生命周期。

a）获得对系统的理解。

b）系统建模。

c）设计和分析系统。

d）测试系统。

e）系统的组装和制造。

f）运行和退役。

4）系统工程是建立在一套理论基础上的。

a）系统工程有数学基础：系统理论、决策与价值理论（决策理论与价值建模理论）、建模、系统状态变量、控制理论、信息理论、统计和概率等。

b）系统工程有特定于系统的物理/逻辑基础。

c）系统工程有特定于组织的社会学基础。

5）系统工程映射和管理组织内的学科交互。

6）决策质量取决于决策过程中所体现的系统知识。

7）必须正确理解政策和法律，以便对系统实现不会产生过约束或欠约束。

8）系统工程决策是在不确定的风险下作出的。

9）验证（verification）是对操作环境中所有系统功能和交互作用的证明性理解。

a）理想的需求是在表述系统功能和交互作用的层面上，达到了平衡。

b）在实践中难以做到理想的需求。

10）确认（validation）是展现给利益相关方的对系统价值的证明性理解。

系统工程的目的是要看到系统是可设计的、建造的，并且可以运作，是在考虑性能、成本、进度和风险的情况下，以最具成本效益的方式安全地完成其目标。一个兼顾成本效益和安全的系统应该提供一种特殊的有效性和成本之间的平衡。这种因果关系是不确定的，因为通常有许多符合成本效益的设计。

设计方案的权衡研究是系统工程过程中的一个重要组成部分，工程师经常试图找到成本和效益最佳结合的设计。有时可以在不降低效益的情况下降低成本，或者在没有增加成本的情况下提高效益。

在这种"双赢"的情况下，系统工程师的决定是容易的。但在设计的权衡研究中，需要增加成本以提高效用时，决策就变得困难。

系统工程师经常面临如下困境：

a）在恒定的风险下降低成本，性能一定会降低。

b）在固定成本下减小风险，性能一定会降低。

c）在性能不变的条件下降低成本，必须要做好接受更高风险的准备。

d）在性能不变的条件下降低风险，必须要做好接受更高成本的准备。

在这种情况下，计划中的时间通常是一个关键资源，所以进度表就像一种成本。

如图 2-3[5] 所示，一个计划或项目的生命周期成本会"锁定"在设计和开发的早期。成本曲线清楚地表明，在生命周期后期，对问题的识别和修复成本要大得多。这些数字会因项目而异，但曲线的一般形状和所透露的信息都是相似的。如图中显示，在设计过程中，只有大约 15% 的成本可能被花费，但设计本身将承担大约 75% 的生命周期成本。这是因为系统的设计方案将决定测试、制造、集成、操作和维护的成本。如果这些因素在设计过程中没有考虑，那么它们将在生命周期后期造成重大的成本风险。还要注意，改变设计的成本会随着生命周期而增加。如果项目等到验证阶段才开展测试和分析，将发现任何问题都会有一个显著的成本影响到重新设计和再验证。

设计中面临的决策可能包括：多种体系架构的对比，不同技术方案的对比，如何延长现有系统的寿命，不同应急方案和计划的对比，是否需要修改需求，是否需要更改现有的系统，优先级的确定，对实时事件如何响应等。技术团队必须在众多属性不同的设计中做出选择。工程师已经开发了各种方法，用来帮助发现属性之间的优劣，并量化相对价值的主观评估。常用的分析方法包括：权衡研究、成本效益分析、影响图分析、决策树分析、层次分析、效用分析等，

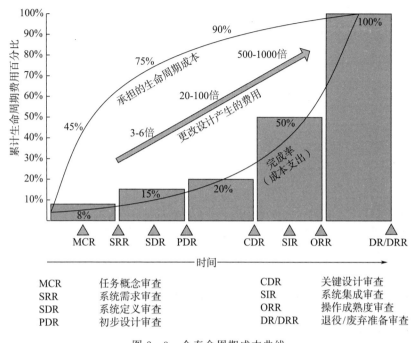

MCR	任务概念审查	CDR	关键设计审查
SRR	系统需求审查	SIR	系统集成审查
SDR	系统定义审查	ORR	操作成熟度审查
PDR	初步设计审查	DR/DRR	退役/废弃准备审查

图 2-3　全寿命周期成本曲线

这其中定量或定性的分析可综合利用。

系统工程贯穿于 GNC 实施全过程，其活动包括系统设计（包含理论分析）、产品实现、验证与确认，这些也是 GNC 系统工程实施的重要活动。

在 GNC 系统工程活动之初，由于缺乏对设计约束的确定，设计和试验都不太成熟。系统设计及理论分析活动应始终先于验证与确认活动，并指导后者的开展；在经历了验证与确认之后，设计约束就变得越发清晰。之后，系统设计及理论分析模型也可以得到更新和完善。联系上述两个活动的是产品实现活动。通过验证与确认可以校准系统设计及理论模型，而模型更新后的分析可以用于指导产品实现设计、验证与确认。对于复杂的情况，应该是一系列系统设计及分析和验证与确认活动的迭代结果。这将使得设计约束更加明晰，并指导提出需要附加的试验。在一些复杂情况下，可能要经过一系列的迭代过程来确定设计约束和收敛所建模型。在高性能产品实现活动中，分析和验证是非常重要且关键的活动，设计师必须清楚掌握所做的相关假设和约束条件，包括不确定性。如果没有深入透彻的理解，将会给产品实现和运营带来非常昂贵的成本。

所有的系统分析和试验都是有局限性的，它们都是基于一系列的假设，所有结果依赖于所做的假设和建立的模型。由于高性能计算机速度和容量的增加，理论分析水平得到了显著的发展；然而，由于数值方法、子模型的约束，物理参数初始条件和边界条件的不确定性，其仍然具有很多的局限性。验证与确认也同样如此，例如：缺乏实现相似性的能力，不完善的试验模型，缺乏综合环境条件等。尽管存在这样或那样的局限性，设计者必须采取分析和试验相结合的综合分析方法以获取最佳的平衡设计。

2.1.2　GNC 技术在项目管理中的应用

将 GNC 技术应用到项目管理，是一个新颖、但同时又是可以理解的尝试[5]。GNC 系统的基本原理包含了以下概念：状态、行为、反馈控制、导航、制导和规划逻辑系统。系统的状态定义了随时间变化的系统的各个方面，如位置、速度、加速度、基于坐标的姿态和温度等。系统的行为更多地关注系统内可能发生的变化，一个系统的行为，能够被系统模型所捕获；当正确使用时，将有助于准确地预测未来的系统性能。反馈控制系统理解系统的状态和行为，并使用反馈来调整控制输入。反馈是控制系统的重要特性，因此不仅要正确地识别系统反馈输入，而且还要考虑系统对反馈输入的响应。导航系统采用多个数据输入，以确定系统的状态。系统的制导和规划逻辑在了解系统在哪里（由导航系统提供）的基础上，将依次确定系统需要去哪里以及如何去。

应该注意的是，宇宙中的所有物理系统都遵循基本物理定律，这些物理定律的特征可以归结为某种方程。这意味着，一旦我们具有完全表征物理系统的方程，就可以以非常高的概率和精度来预测给定输入后该系统的结果。尽管这在我们生活中的许多领域是不可能实现的，但这更多地是受到计算能力以及系统可观测性的限制，而不是受制于建立方程的能力。但一旦我们能够对项目开发的过程建模，就可将管理过程理解为不断发现偏差、进而调整策略和计划、从而促进项目按照规划好的流程顺利完成的过程，这与闭环反馈控制十分相似。

因此，将项目开发映射到 GNC 系统中，存在以下的类比关系[6]：

（1）控制输入

项目经理有效地控制了一个项目的三个大杠杆：范围、进度和资金。这可以看作是一个多输入的相互耦合的系统，因为彼此之间相互影响。

（2）导航输入

这里的"导航"是指需要准确理解项目进展状态，采用的工具（与惯性导航设备对应）可以是 Gantt Charts、Resource - loaded Schedules、EVM（Earned Value Management）、Risks and Mitigation Status、Morale of the Team 等。

（3）制导功能

项目经理用到的所有制导工具都是在减小与项目状态的偏差，这是由导航功能确定的，并预计需要做什么以使项目在纠正的过程中达到最终预设的状态。预测未来和拥有状态向量并及时准确地整合它的能力，对精确制导是至关重要的。

（4）控制输出

要将项目控制系统的动态变化需求，作为对项目变形的响应，其动态、输入、权重、大小等，必须能够随着项目的改变而改变，通过项目控制，可以达到高效的系统性能和产品质量。为了定义系统、项目控制变量/输入，我们必须获得控制输入的知识，例如，何时以及需要什么程度的输入，以通过使用项目度量来度量系统输出，获得期望的效果。

项目被看成具备 spring – mass – damper 行为，需要通过映射来描述控制系统特性与项目管理的对应关系。其中弹性常数，是项目的自然动态特性（natural dynamic of the project）

1）系统阻尼。

系统阻尼可以被认为是对团队或项目经理的决定所做出抵抗力的总和。这些阻力可以用下面的描述来量化：时间表或经费；由于不愉快的个性造成的影响；达不到预期目标的政策、税收、内建过程延迟、项目变更控制、财政不确定性或变化等。一般系统阻尼用阻尼系数来表述。

欠阻尼通常是由能力较弱或过度反应的领导导致，项目会消耗掉资源和人力，或者失去控制最终导致崩溃。过阻尼，则可能是项目领导过于保守，导致项目花费过长时间来达到新的期望状态。

2）系统质量。

一般映射为团队规模。允许调整项目的阻尼系数以产生对变化更理想的响应——在这种情况下，可以改变团队的规模或文化。

3）控制变量。

特定的项目控制变量可以根据项目而改变，但传统的高层控制变量是（括号内为航天器类比）：资源（推进剂）、范围（功能或任务配置文件）、项目状态和权限（姿态确定和控制）、时间表（推力、速度等）。

4）控制能力。

控制能力是控制系统克服使系统偏离期望轨迹干扰力的能力。它是项目经理应具备的能力或项目控制功能，例如项目若变更控制、过程、程序等，则带来项目方向或进度的变更。若有足够的管理预算储备，则可以抵消年度资金短缺；若有劳动力浪涌能力，则可以解决未知问题或季节性需求；若有一个 ACE 公关团队，则可以抵消竞争的声音。

（5）闭环控制

子系统必须独立工作，与其他子系统通信，需按规定的时间表与项目经理通信，而项目经理又必须评估信息并向团队提供制导更新及满足计划的期望产品。在每一点上，团队结构、被控制的方式、项目度量以及制导如何被应用，都将被更新以适应新的操作环境和期望。

上述过程与传统项目开发不同的是，它们均进行了建模，包括项目的质量、弹性常数和阻尼系数等量化值，随后，团队的阻尼响应被用来修改过程，并基于独特的团队动力学来限制团队的规模。将 GNC 技术作为项目管理方法对美国 CXP 航天服项目实施适用性的结果是：在项目的 5 年中，进度差仅为两周，年度预算节省 5％或更高。

2.2　基于模型的系统工程

2.2.1　MBSE 的基本概念

基于模型的系统工程（MBSE），指的是建立统一的形式化模型，用于支持系统需求、设计、分析、验证和确认等活动；这些活动可以从概念设计阶段一直持续到整个开发过程，以及后续生命周期的各个阶段（INCOSE 2007）[7]。

系统工程师已经使用各种类型的模型来帮助理解、描述和分析系统的不同方面，事实上，总有一个模型在使用，如图纸、预算、方程或通过计算机存取和处理的信息。传统的做法往往依赖于多个独立的模型，这些通常是特定学科的模型，如机械、电气、热等，但这些模型之间是相互脱节的，有时甚至是基于文本的描述（这一般不被称为模型），如图 2-4 所示[8]。不同工程团队之间的交流大多是口头或视觉的，一般使用各种文档，其中包括人类可读的文本、图表和电子表格。在这种方法中，不能确保所有不同模型之间具有一致性。

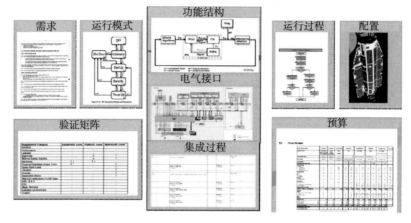

图 2-4　系统工程师使用的各类型模型

MBSE 力求使得各种互不关联的系统表述形成集成的系统模型，形式化的表述方式是首选，既描述系统，也描述系统工程的活动及其产生的各种设计输出，同时管理系统工程的过程。由于形式化的模型可以对其完整性、准确性和一致性进行正式测试，从而提供了分析系统的体系结构，可在项目生命周期的早期提前发现问题。这样的模型是技术人员和计算机均可理解的，从而可以广泛地应用各种计算机辅助分析计算工具。图 2-5 给出了基于标准建模语言 OMG SysML 的 MBSE 示意图[9]。

使用这一方式，系统工程师可以指定和维护模型元素之间语义丰富的关系，例如，一个组件如何成为另一个组件的一部分，一个功能是如何依赖于另一个功能，什么样的需求定义了彼此的接口，什么样的工作项目对一个子系统的开发承担了什么样的责任，什么样的分析表明可以满足性能需求等。

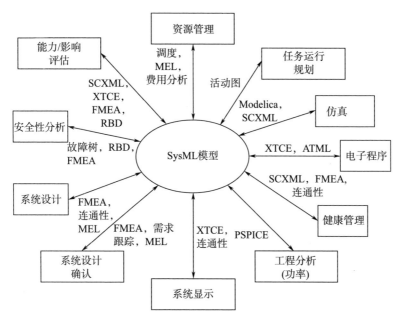

图 2-5　基于标准建模语言 OMG SysML 的 MBSE 示意图

MBSE 方法认为，集成系统模型相比于文档能更好地描述系统，从而将对系统的描述从文档转向模型。但这并不意味着取消必需的文档或其他传统设计输出文件，相反，这些交付物可以越来越多地从模型中的信息自动生成——确保文件之间的一致性。这些集成而关联的模型收集所有相关系统的信息，可以从不同的视角来表述系统（如组成、功能、操作、成本），提高了关联和检索所需信息的能力，确保了决策中使用数据的可追溯性，并能够高效地传播技术状态的变化。

MBSE 在一个项目开展越早越能产生最大效益，如果在后期开展，需要返工大量现有的系统模型和文件，并且许多系统集成的决定已经做出，这大大限制了 MBSE 的应用。

2.2.2　MBSE 的实现

2.2.2.1　MBSE 建模

在 MBSE 的实现过程中，首先需要建立模型，这一般是高层的系统/体系结构模型，同时要能够获取、管理和访问所有系统和编程数据及其相关关系。在实际工程中，模型是分层描述的，从最低的、最详细的、通常是特定于学科的模型到一般描述性的、高级的体系结构、功能和操作模型。高层体系结构模型包含系统模型，也可能是某学科特定的模型和参数以精确地表示系统。随着系统工程整个生命周期的发展，抽象度在降低，模型的逼真度在增加。表 2 - 1 阐述和介绍了 3 层模型。

1）第 1 层是基于模型的系统工程，其模型往往涉及相互关联的多个并发而迭代的活动，即系统行为描述、需求分析、系统架构、测试方法。在这个层次上，模型可以采用独立的或组合的系统行为描述、需求模型、功能流程框图模型、操作概念模型、计划性的工作分解模型等形式。

2）第 2 层是搭建 MBSE 和基于模型的设计（MBD）二者之间的桥梁。在 MBSE 中定义的系统架构提供了连接特定学科的组织结构，它也可用于设计空间的搜索、行业研究以及仿真。

3）第 3 层是基于模型的设计，通常用于详细分析和设计，涉及特定学科的模型和仿真软件。

表 2 - 1　工程生命周期的 3 层模型

生命周期活动 抽象层次	模型层	描述
概念 & 结构定义 功能/逻辑架构	1 建模与规范 （MBSE：基于模型的系统工程）	一般系统描述主要是定性的，采用描述性的模型。但是，一些模型可以用一阶或简单的系统关系来定量描述，这些模型可以包括系统行为、高层需求、体系架构、功能和系统结构。它们是更广义的，并且在某种程度上，可能是可执行的

续表

生命周期活动 抽象层次	模型层	描述
设计方案 系统架构	2 建模与首次仿真 （MBSE：基于模型 的系统工程 MBD：基于模型的 设计）	在这一层的模型大部分是定量的，包括多个学科，可以通过仿真来衡量性能是否满足需求（例如，多物理仿真模型）；可以用于设计空间的搜索和进行多种方案的权衡分析
详细设计	3 特定学科的建模 （MBD：基于模型的 设计）	该层的模型具有非常特殊的特性，例如几何和 CAE 模型；用于详细的分析和设计

　　模型层 1 既支持系统工程的各个方面，例如建模和需求定义，也可用于基于模型的项目控制。模型层 2 支持 MBSE 和基于模型的制造、操作，其设计解决方案模型可以描述完整的制造和集成操作。模型层 3 支持基于模型的设计，也支持单个部件、组件和子系统的具体制造和操作。

　　从 MBSE 的角度更关注顶层模型（模型层 1），其关键特征是需求，以及各种数据项的内外交互关系。例如，建立需求、功能、工作分解结构的双向跟踪关系，无论它们是否在相同或不同的模型或数据库中。工程师可以采用各种方法在模型中获取、管理和访问数据/相互关系，从建立单一关系数据库到虚拟集成，实际上是分布式的数据库，后者可以通过联邦的方式完成（或数据地图/索引）。

　　以电子系统为例，不同设计团队之间通过集成模型开展设计、仿真、验证和数据交互，如图 2-6 所示[10]。

　　在建模和仿真中，可以构建功能验证测试台、软件验证设施、软件测试台，上述均为数学仿真；还可以构建操作仿真环境、电气功能模型等，这是混合建模的工作。数据处理工程师更关注子系统间的接口关系，可以建立接口的模型；飞行软件工程师开展顶层的飞行软件设计，这是基于 SysML 工具的系统建模工作；而姿轨控工程师则利用模型生成的代码开展该学科领域的设计验证；可靠性工程师则对系统的 FDIR 功能等进行验证评估。除此以外，还有地面

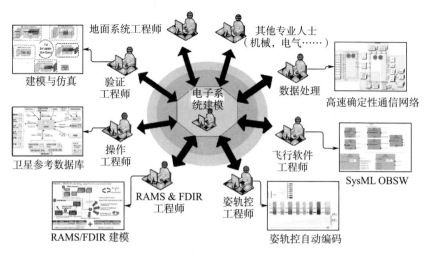

图 2-6　基于模型的电子系统工程设计

系统工程师等开展其他工作。

以电气系统的接口验证为例[11]，如图 2-7 所示。在建模环境中不同的抽象层包含的内容不尽相同，对于电气系统而言，一种有效的抽象包括子系统接口层、装配接口层和物理引脚层。对于相邻层，上层提供了对底层的需求。每一层均有数据库，可以对上层抽象的要素进行量化的精细建模。

（1）子系统接口层

子系统接口层可以作为电子系统建模的最高层，这里假设关于系统"行为"的规格说明已经明确，可以据此开展硬件和软件设计，并使得系统工程师预估设备间的接口关系。例如，在图中定义了三个子系统，其中子系统 1 和 2 需要供电和数据接口，电源系统为其供电。上述接口定义将成为系统接口层元件的接口需求。

（2）装配接口层

装配接口层是下一层的模型细化，代表了实现子系统接口的装配关系，接口的类型也将确定。例如，电源系统可能是 28 V，而子系统需要的电压可能是 15 V，那么 28 V/15 V 的 DC/DC 转换就是必须的。这一功能的抽象被指定为接口功能。一个接口功能是分配给一对接口的逻辑信号，在下一层次中，这个功能将由一套导线、连接器和引脚来共同实现。

（3）物理引脚层

这一层抽象代表了对电气系统工程师的最底层技术细节。在这一层，接口功能将以电路的物理连接实现，电阻、电容、变压器等是这一层描述的末端电路器件，接点、导线用于设备互联，连接器和电缆分派给了物理设计模型。这一模型的设计可以采用 SysML 之外的工具，通过产生一系列接口功能，将其作为外部 EDA 工具的输入。

图 2 - 7 说明了在预期的设计流程中标识的抽象层级。每个抽象层级通过从特征模型元素库中选择元素构造模型。前两个级别完全通过 SysML 建模。装配接口级设计的结果被自动转换为计算机辅助设计（CAD）可识别的内容。分层还可以继续，但再往下，已经不是电气系统工程师关注的范畴，而是具体电子产品工程师的工作了。但作为系统工程师，在上述模型的基础上，已经可以开展系统级的接口设计、匹配性验证、数据流和控制流的分析等。

2.2.2.2 并行工程

并行工程和 MBSE 可以完美结合。并行工程以快速生成和完善工程设计为目标，在有限的时间内，团队成员为了完成设计目标集中在一起，在此期间，团队可以生成一个或多个概念。他们采用虚拟或物理层面的协作，而不是在各自的办公室工作。通过这种协作实现快速的设计迭代，从而缩短决策周期。而 MBSE 则为团队成员提供了集成的系统模型，从而有助于各个团队成员并行开展工作。

以 NASA 格伦研究中心（Glenn Research Center，GRC，2006）的 COMPASS（COllaborative Modeling for Parametric Assessment of Space Systems）并行工程团队为例，该团队是一个多学科的工作组，其主要目的是进行集成系统的分析和航天器概念设计，为项目开发者提供具体的设计思路和对技术投资进行预测。

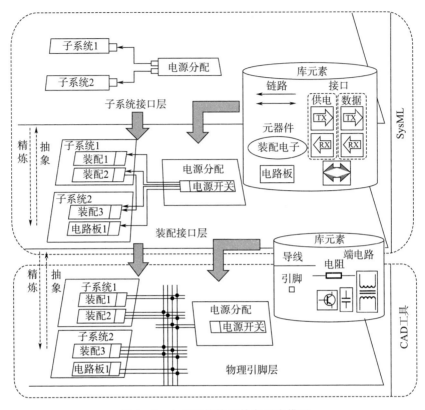

图 2-7　电气系统接口抽象层次模型

　　一个团队的成功，离不开合适的工具。COMPASS 团队采用的工具称作全局集成开发环境（GLobal Integrated Design Environment，GLIDE）。GLIDE 是一个客户机—服务器软件，为用户提供在并行工程环境下的实时数据共享，利于不同学科之间的设计迭代。其系统的组成如图 2-8 所示[12]。

　　光有设计环境还不够，团队成员需要采用准确且没有二义性的系统描述，这恰恰正是 MBSE 的出发点所在。于是，采用 SysML 建模语言为系统建模，可以视作并行工程的"基础建设"。如果考虑到某种语言对于并行工程的目标太过复杂且耗时，尤其应对敏捷的开

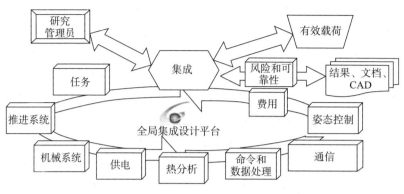

图 2-8　GLIDE 工具平台组成

发过程，可以定制仅含有限对象和关系的软件。

　　关于风险和可靠性分析的工作也需同步开展。通过抽取关键特征建立可靠性分析所需的系统视图，或者称为可靠性分析的功能模型，从而进行 RAMS 的仿真分析工作，一个典型的过程如图 2-9 所示[10]。

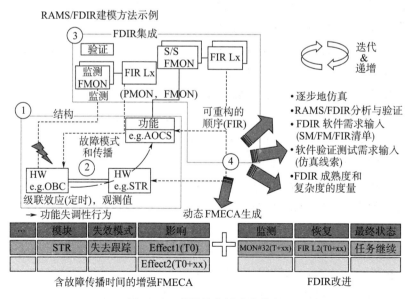

图 2-9　可靠性分析功能模型

　　首先建立系统功能框图，需要表述或突出子系统间故障传播的机理，这些故障与每个子系统自身的故障模式相关。同时，要定义表征子系统工作正常与否的监测信息，以及相应的 FDIR 策略。通过这项活动，既验证 FDIR 是否如期工作，也可对其完备性、复杂性进行评估。在这一过程中，FMECA 的报表可以自动生成，也可以先导入基础版本并随着仿真的进行而不断迭代完善。从图中还可以看出，其设计输出还包括对软件 FDIR 的需求、系统测试需求等。

　　MBSE 的集成模型确保了数据的一致性、可追溯性和关联的完备性，而不同视角模型的抽象与封装，让不同团队的并行工作成为可能。

　　有关 MBSE 的其他内容，可参见参考文献[13-18]。

2.3　商业航天的挑战

　　系统工程这门学科，是通过提前预测和解决系统集成中可能遇到的问题，从而避免开发大规模且复杂系统的巨大投资。但对于商业航天，其适用性存在诸多问题。

　　1）人类很难预见到所有潜在的"集成问题"，特别是针对新系统（没有先例可以借鉴），也特别针对新兴的商业公司（没有足够有经验的人员，也没来得及形成高效的企业文化）。

　　2）系统工程注重前期的工作，其工作重心前移。这导致前期的投入较大，难以快速地形成原型系统，从而增加了商业公司前期的运营成本和获得更多融资的难度。

　　在认真理清方案的优劣、仔细梳理出各种系统之间的相互作用前，如果能够实现快速的原型开发，也能降低成本。但这完全取决于组织机构的敏捷性、迭代成本和沟通非核心需求（也称低层次需求）的能力，包括与用户交流（这些需求是否需要保留），与其他开发团队交流（将这部分任务协作出去）。

　　为了提高效率，商业航天领域[19]可能难以严格将瀑布型模型作为开发流程，而一般会选用螺旋型模型，螺旋型模型也被视作敏捷开发模式的一种选择，甚至连 NASA 在载人航天项目中也开始考虑敏捷开发模式[20]。在设计螺旋型迭代的过程中，"计划—设计—建造—测试"的单周期过程，将被连续的多周期循环所替代，如图 2 - 10 所示。通过这一流程不断积累经验，改进设计。

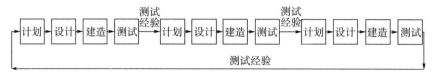

图 2 - 10　螺旋型迭代开发模型

在经典的"V"型开发模型中，设计自顶向下逐步分层细化。一些商业公司，如 SpaceX 公司提出了自己的改进做法，如图 2 -11 所示。

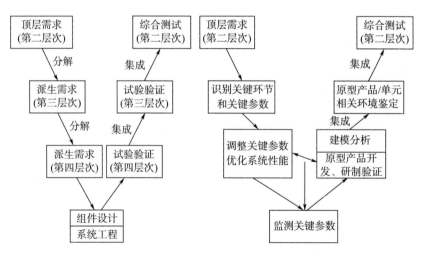

图 2 - 11　经典"V"型和改进的敏捷开发模型

该方法的核心是识别关键的设计参数，抓住主要环节，通过调整这些参数来优化性能，以满足顶层的需求。通过建模和分析、建造原型产品进行测试等，来对参数的调整进行验证；并将这些单元放置在通过预计或实际测量出的环境内进行鉴定，随后直接进入系统集成验证阶段。在"V"型模型中，测试是自底向上逐步集成的，底层是单元测试，顶层是集成测试。商业航天公司非常重视这两层的测试，中间层的测试工作项目可能会做一些裁剪，但顶层系统级测试的强度在增强。

同样以 SpaceX 公司为例，该公司产品单元测试类的项目包括：研制性试验，主要用来判断产品性能超出用户需求的能力，并发现薄弱环节（在更宽的温度范围和极限的应力条件下）；鉴定性试验，验证产品性能极限（在最坏的飞行条件下再乘以安全余量因子）；验收性测试，验证工艺和功能，采用全样验收的措施。在上述工作后，直接开展系统集成测试。并且更加注重系统级测试的真实性，即所谓的"像飞行一样测试"，将许多系统级测试工作安排在发射场进行，因为此时火箭的状态与飞行最为接近。其测试的流程如图 2-12 所示。

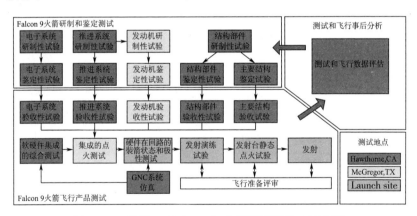

图 2-12　猎鹰 9（Falcon 9）火箭测试流程（见彩插）

对于商业航天，太多的规则、过程和组织机构，能够轻而易举地破坏团队的创造性和产品的性能。系统工程的发展，似乎也正面临着商业航天的挑战。

2.4　中国航天系统工程的实践

中国航天系统工程方法论可以归结为"五个结合、五个转变"。即定性与定量相结合，由定性认识向定量认识转变；宏观与微观相结合，由实现宏观认识向微观认识转变；创新与规范相结合，技术活动由创新向规范化方向转变；人与计算机相结合，技术作业由人工作业向自动化作业转变；不确定性与确定性相结合，对系统风险的把握由不确定性向确定性方向转变。在具体实践中，中国航天总结出，工作的前提是确立系统的观点，工作的目的是总体最优及平衡协调，解决问题的手段是综合运用方法和技术，有效性的保障是问题导向和反馈控制。航天系统工程的要义，就是运用整体观念、相关与制约观念、层次观念、目标观念、环境适应性观念、优化观念和风险观念去分析、研究和处理航天系统研制过程中的问题；航天系统工程的核心思想可深化概括为"综合集成、集成综合、迭代深化、放大细节、严格管理、快速成熟"六个方面。

有关中国航天在系统工程方面的实践成果可参见参考文献[21-22]。

2.4.1　双五条归零

如何提高航天产品质量与可靠性，确保飞行成功，是中国航天人必须面对的重要课题。航天"双五条归零"就是其中重要的成果，包括"技术归零"和"管理归零"两个方面[23,24]，如图 2-13 所示。

"双五条归零"实质上是系统化的质量改进过程。质量改进是质量管理的重要组成部分，是致力于增强满足质量要求的能力。质量改进是指为改善产品的特征和质量特性以及提高研制、生产、交付及使用等过程的有效性和效率所开展的质量管理和技术活动。质量改进的过程遵循质量螺旋上升的规律。

图 2-13　双五条归零

　　"定位准确、机理清楚、问题复现、措施有效、举一反三"五条要求是统一的有机整体，是指导质量问题技术归零工作的总要求。这五条要求逐条落实以形成"闭环"。其目的是既要彻底解决已发生的质量问题，又要防止质量问题的重复发生，通过工作过程和工作质量的持续改进，从而实现产品质量改进和可靠性增长。定位准确是前提，这是质量问题归零的必要条件；机理清楚是关键，这是要求广大科研工作人员对质量问题不仅要知其然，还要知其所以然，只有弄清问题的机理，才能对症下药，有的放矢地制订切实可行的纠正措施；问题复现是方法，通过问题复现，才能进一步验证定位是否准确、机理分析是否正确；措施有效是核心，真正有效的措施不仅是要消除现存的不合格或缺陷，还应防止不再重复发生类似的质量问题；举一反三是延伸，也就是说对某个质量问题的处理不能就事论事，也不能只局限于本型号、本单位，只有做到举一反三，才能起到预防作用，从根本上达到防止质量问题重复发生的目的。技术归零工作程序如图 2-14 所示。

　　"过程清楚、责任明确、措施落实、严肃处理、完善规章"五条要求是统一的有机整体，是指导管理归零工作的总要求。通过逐条落实管理归零五条要求做到"闭环管理"。管理归零是技术归零的延续，是技术归零后在更深的层面上找到质量问题发生的根源，是提高质量管理水平的手段。过程清楚是基础，只有了解清楚问题发生、

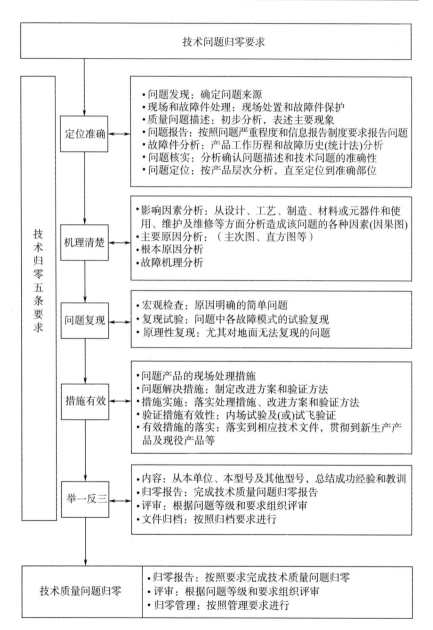

图 2-14　技术问题归零程序

发展的全过程，才能准确找到产生质量问题的薄弱环节和管理上存在的漏洞。责任明确是重点，应阐明问题发生在哪个环节，明确管理者的工作是否到位，是否制定了管理要求等。没有管理要求则是制度不健全；虽然有管理要求但管理职责不明确的，是管理不到位；虽有要求，但没有按要求去做则属于违章操作；从而找到薄弱环节和漏洞。措施落实是结果，不仅要落实到管理文件上，更要落实到管理者的工作职责上；只有措施没有落实，那么措施落实将只是一句空话。严肃处理是手段，通过加强质量法规、管理制度的宣贯和发生质量问题的教训总结，教育职工提高自身的质量意识，提高管理者的责任心；同时对严重违章者也必须给予适当行政或经济处罚，以加深教育的作用；只教育不处罚不行，只处罚不教育也不行。完善规章是目的，将取得的经验教训用规章制度进行固化和推广应用，起到预防的效果。管理归零采用类似技术归零的程序。

在开展归零工作的过程中，进一步明确责任单位开展技术归零和管理归零工作。一时难以分清责任单位的质量问题，按照以下原则开展归零工作：

1）难以分清设计和生产责任时，在研制阶段由设计单位负责组织开展归零工作；

2）在批产阶段，由系统集成单位负责组织开展归零工作；

3）难以分清系统和子系统责任时，由系统单位负责组织开展归零工作；

4）难以分清同级系统间责任时，由上一级系统单位确定归零工作负责单位；

5）外购、外协产品的质量问题，由订货或任务书提出单位负责监督外协单位按规定归零。

如今，"双五条归零"正以其自身的科学性、先进性和有效性，被越来越广泛地应用于包括航天系统在内的其他各个技术领域，成为规范人们质量活动的一项共同的行为准则。

2.4.2　载人航天运载火箭软件工程化实践

软件工程的定义，借助于 IEEE 中的描述，"是将系统化的、严格约束的、可量化的方法应用于软件开发、运行和维护，即将工程化应用于软件"。

在早期软件开发中，程序主要围绕硬件进行开发，规模小、工具简单，开发者和用户无明确分工，程序设计追求节省空间和编程技巧，无文档资料（除程序清单外），主要用于科学计算。这一点与载人航天立项初期非常相似。

随着技术的发展，软件系统的规模越来越庞大，高级编程语言层出不穷，应用领域不断拓宽，开发者和用户有了明确的分工，对软件的需求量剧增。但软件开发技术没有重大突破，软件产品的质量、生产效率不高，从而导致了"软件危机"的产生，并进而促进了软件工程化的发展。这一点与载人航天初期的情况不尽相同，当时软件的规模还不够大，飞行软件还没有采用高级语言，远没有到发生危机的程度。因此，载人航天推行软件工程化可以说是未雨绸缪。

当时，航天软件开发模式处于软件开发人员"自编、自导、自演"的局面，过程不受控，已严重影响软件质量；而软件工程化要求的规范性，正适合解决此类问题。为此，中国航天工业总公司决定在载人航天工程中试行软件工程化，由此拉开了软件工程在航天领域应用和推广的序幕。由于其成效显著，不断有其他航天项目加入软件工程化的阵营，相互交流、促进直至发展至今。

本书对这一过程进行回顾，对软件工程化取得的成效进行分析，并从运载火箭研制的角度总结经验与教训，以期为后续的发展提供参考[25]。

2.4.2.1　软件工程化发展历程

CZ-2F 运载火箭软件工程化的发展大致可以分为三个阶段。

（1）起步段（从载人航天立项至初样研制结束）

在这期间，"工程化"自上而下的自发行为逐步成为全型号的共识。由于是首次开展这项工作，没有太多的经验可以借鉴，边学习、边摸索，为后续规范化的工作打下了基础。这期间工作的特点可以用一个需求、两个目的、三步走的战略以及八项措施来概括。

一个需求：这是一个非常朴素的需求，也是促进工程化起步的重要因素，就是要彻底转变软件开发的"三自"模式。

两个目的：实现软件开发的"透明性"和"可控性"。

三步走战略：第一步要做到软件开发过程透明；第二步要做到按软件工程化要求全过程开发和管理型号软件；第三步要建立和健全软件的开发和测试手段，以测试促开发，以过程保质量。

八项措施：1）成立软件专家组；2）任命软件（兼任）主任设计师；3）将软件作为产品纳入技术状态表、计划配套表和产品配套表；4）制定软件技术状态控制要求及图样管理制度；5）制定软件文档编写及归档办法；6）制定软件质量管理办法、软件验收交付管理规定；7）开发软件配置管理系统；8）给予软件开发费。

（2）成长段（从试样至载人航天一期工程结束）

进入试样阶段以来，面临即将到来的首飞任务，工程化的工作更加急迫，也需要真正落到实处。在这期间，开创了诸多航天运输系统软件工程化的第一。

1）第一次形成了较为系统和完善的软件质量与计划管理规范性文件。

从基础的软件产品代号编制规定、软件归档办法、软件交接规定等，到系统顶层文件如软件工程化实施大纲、软件质量管理办法、软件质量目标及质量工作措施、软件技术状态控制要求，以及针对A、B级软件制定专题工作计划等，均为落实工程化要求树立了典范。

2）第一次研制了专门用于软件测试的"仿真测试平台"（1997—1998年）。

在这之前这样的需求并非没有，但由于重视程度不够以及缺乏足够的经费支持，往往借助于单元测试设备来完成简易的联试，但单元测试设备仅具备对输入信号的简单模拟以及输出信号的检测等基本功能，在测试用例设置的便捷性、软件运行状态监测的覆盖性以及针对冗余设计的故障模拟功能等方面明显满足不了要求。因此，任务提出方以专项拨款的形式支持控制及利用系统，为三个 A、B 级软件研制了"仿真测试平台"，作为黑盒测试的有效手段。

3）第一次组织软件走查工作（1996 年 10 月 15 日至 18 日）。

为解决软件的透明性，组织同行专家对软件进行走查。硬件可以采用"走图"的方式对设计图纸进行复核，软件也可以借用这种方法，这不仅是解决透明性的有效方法，也是提高质量的重要手段。同时明确规定未经详细代码走查的软件不得参加飞行试验。

4）第一次采用信息化的手段进行配置管理（1997 年）。

配置管理是工程化的重要环节，在初期并没有工具的支持，只能依据传统文档资料管理的模式，将库设置在档案部门。后来设计人员利用数据库技术，自行研发了配置管理工具软件，实现了三库管理的信息化。

5）第一次组建软件检测站开展第三方确认测试。

6）第一次软件产品有了配套的产品证明书和履历书。

CZ-2F 根据自身的特点，将软件研制中的五个正式评审作为强制检验点：任务书评审、需求评审、设计评审、确认测试评审以及验收评审，其他的评审安排在分系统内部进行，取得了良好效果。

（3）发展段（从载人航天二期工程研制开始至今）

以新版的"载人航天工程软件研制工作管理规定"和"载人航天工程软件工程化技术标准"（俗称"白皮书"）为标志。针对载人航天二期任务火箭的技术方案，尤其是与软件相关的硬件载体、编程语言、控制算法等均较一期有很大的不同。总结这一时期工程化的特点主要有"三新",即针对传统做法的新认识、因技术进步而采用的新技术以及由于高级语言使用而面临的新问题,"三新"推进工程化工作向更深、更广的领域发展。

新认识:重点体现在软件安全性等级划分、可靠性/安全性工作开展、系统分析工作开展等方面,与一期相比,二期在这方面的工作更加规范。在白皮书的基础上,火箭系统又先后补充制定了一系列指导具体工作开展的标准和规范,如软件系统方案设计要求、软件设计更改及影响域分析报告编制规范。

新技术:一期依靠"软件仿真测试平台"开展黑盒测试,对测试覆盖率的统计依靠"插桩"的方式进行。可以在不修改代码的情况下,利用测试工具监测处理器引脚信号实现对黑盒环境下覆盖率的分析,也可以设计纯软件环境的白盒测试平台来开展测试,且后一种技术逐渐成为第三方配置项级测试的主要手段,也为一直难以有效开展的组装测试创造了条件。

新问题:二期工程中火箭的飞控软件采用高级语言编程,明显降低了因算法复杂而带来的开发难度,但也带来了高级语言目标码测试、编译器安全性验证等新问题。火箭系统购置了一批先进的工具,也开发了一些用于目标码与源码比对分析的工具,初步解决了目标码测试问题。同时进行分工协作,牵引并协助相关单位完成了编译器的安全性验证,分散了风险。

随着后续载人航天工程的开展,应对飞行产品中嵌入式操作系统的应用、CPU 种类增多以及软硬件一体化设计技术、软件承研单位的大幅增长等新情况,尤其是数字化、信息化带来的软件规模和数量急剧增长的局面,使软件工程化在技术和管理上将面临新的挑战。

在 Y1~Y7 火箭的飞行任务中,控制系统(含推进剂利用系统)发生了两起软件质量问题,其统计详见表 2-2。

表 2 - 2 前 7 次飞行任务火箭控制（含利用）系统软件问题统计

飞行任务	Y1	Y2	Y3	Y4	Y5	Y6	Y7	总计
软件问题数	1	0	1	0	0	0	0	2
总问题数	4	6	6	5	2	7	7	37

控制系统发生的软件问题主要存在于遥测信号的处理上，这与设计中认为遥测处理不是主任务、不够重视有密切关系；利用系统主要是三机同步方面的问题。软件问题在整个系统中占很小的比例（5.4%），说明软件质量的控制非常有效。

统计 2000—2011 年控制系统（含系统单位抓总的型号及所有配套单位）发生的质量问题，见表 2 - 3，CZ - 2F 在这 12 年间有两起，占总数的 2.02%。

表 2 - 3 控制系统 2000—2011 年软件质量问题统计

年代	箭上	地面	箭上软件问题数占软件问题总数的比例	软件问题数占全系统问题数的比例	CZ - 2F 问题数
2000	—	—	—	—	0
2001	—	—	—	—	0
2002	6	14	30%	22.2%	1
2003	3	5	37.5%	21%	0
2004	1	4	20%	12.2%	0
2005	8	7	53.3%	24.6%	1
2006	3	2	60%	13.9%	0
2007	9	7	56.25%	26.2%	0
2008	0	1	0	3.1%	0
2009	0	6	0	13%	0
2010	6	4	60%	9.26%	0
2011	6	7	46.2%	7.93%	0
总数	42	57	42.4%	14.6%	2

CZ - 2F 软件问题数量较少，一方面与有效载荷单一，因总体任

务需求而带来的技术状态变化少有直接关系，另一方面也是严格实施工程化的成效。在 2000—2002 年，控制系统在 Y3 上采用了全冗余方案；2009—2011 年，二期工程中控制系统针对交会对接任务从计算机、制导方法和方案、冗余管理方案、编程语言等方面重新进行了设计。在这两段时间内，软件同样保持了较高的质量水准（其中 2002 年与 2011 年均是两次发射）。

软件质量良好得益于充分的软件走查、复核复算以及软件测试，各种缺陷被解决在了"萌芽"中。表 2 - 4 统计了 Y3～Y7 和 T1～Y9 两种状态的飞行控制软件历次走查、测试发现的问题。

表 2 - 4　Y3～Y7、T1～Y9 飞行控制软件历次走查及测试情况统计

阶段	走查			确认测试		
	提出问题数	采纳数	走查次数	发现问题数	修改问题数	测试次数
Y3	31	15	3	0	0	1
Y4	19	12	1	1	0	1
Y5	21	16	1	0	0	1
Y6	13	9	2	11	10	1
Y7	4	1	1	21	0	1
总计	88	53	8	33	10	5
T1 Y8	19	17	3	5	2	2
Y9	0	0	1	0	0	1
总计	19	17	4	5	2	3

Y3～Y7 阶段共组织走查 8 次，其中 Y3 阶段因软件修改为"全冗余"状态，改动较大，走查开展次数较多（3 次），后续每一次任务走查了一次。在确认测试中，自 Y7 起逐步根据新版白皮书的要求，采用工具进行代码编制规范性的审查，发现了许多设计不规范的问题，但考虑到其对软件的功能、性能没有影响，在一期阶段也没有强制要求，于是维持了原状态未作修改。

从 T1 起重新开始软件设计，因为这期间软件的设计量大，也开展了三次走查。同时由于用高级语言编程可读性增强，并且系统采用工具对编程规范性、文档规范性等进行了自查，且组建了专职的开发方测试队伍进行测试，因此软件质量明显提升。无论是走查还是第三方确认测试，发现的问题数均较一期明显降低，说明软件的开发能力和水平在逐渐上升。

软件自身完善也是一个长期的过程，例如，在神舟五号首次载人飞行后，对 Y6、Y7 的软件均进行了改进；在 T1/Y8 无人交会对接验证了二期控制系统新方案后，对 Y9、Y10 软件也进行了修改，其中飞行控制软件技术状态变化统计见表 2 - 5。

表 2 - 5 自 Y3 以来飞行控制软件技术状态的变化

阶段	更改项数	主要更改内容
一期（以首次载人飞行 Y5 为基线）		
Y4	26	提高可靠性（13）、优化（7）、总体需求变化（6）
Y5	1	消除错误（1）
Y6	1	中断处理（1）
Y7	2	提高可靠性（1）、消除错误（1）
二期（以首次交会对接 T1/Y8 为基线）		
Y9	5	提高可靠性（4）、提高测试性（1）
Y10	2	提高可靠性（1）、总体需求变化（1）

总结以上数据可以得出如下结论：

1）CZ - 2F 软件的问题数远低于硬件（约 1∶17）。

2）CZ - 2F 软件问题数占问题总数的比例（5.4%）低于同期（2002—2011 年）控制系统的平均水平（99/677≈14.6%）。

以上两点充分说明 CZ - 2F 软件质量的控制是比较有成效的。

3）控制（含利用）系统发生的质量问题均属箭上软件非核心功能，要引起高度重视。

4）走查、评审、测试等对剔除软件缺陷起到了很大的作用（尽管许多是文档问题），走查时发现的问题数是测试时的数倍。

5）软件的完善是一个长期的过程，即使当前无故障也并不代表软件"完美无缺"。

2.4.2.2　软件测试

软件测试对确保载人航天工程软件的质量起到了重要作用。在早期的运载火箭中，箭上系统只有箭载计算机内运行有嵌入式飞行控制软件，软件的主要功能以计算为主。此阶段没有专用的软件测试工具，一般采用箭载计算机的单元测试仪对软件进行功能性的检查，软件运行在目标机中，单元测试仪提供软件运行必需的输入激励，并提供输出信号的存储以及必要的状态显示等功能。随着对载人航天工程软件质量要求的提高，工程师逐步认识到软件仿真测试平台的重要性，它扩展了单元测试仪的功能，在用例的设置、接口的模拟、信号的采样等方面功能进一步增强，提供了软件"黑盒测试"的环境。但黑盒测试难以回答测试覆盖率的要求，而全数字的仿真测试平台，即在宿主计算机上用高级语言编写的软件来模拟嵌入式软件的运行过程，其实质是对目标代码的解释运行和对硬件操作的仿真模拟，使得测试对用户而言成为"透明""可控"的过程，从而逐渐发展起"白盒测试"技术。但这种技术使得嵌入式软件运行在非目标系统上，其有效性受到了影响，因此黑盒测试与白盒测试经常互为补充。随着高级语言的应用，关于目标码测试的要求也随之出现，新的测试技术也在努力吸取两种测试方案的优势，出现了"改良型"的测试方案，也称其为"灰盒测试"。

在 CZ-2F 控制和利用系统中，上述三种测试技术均得到了应用。对于新一代运载火箭 CZ-7 而言，由于 CPU 的种类较多，主要采用白盒测试和黑盒测试这两种技术[26]。

（1）白盒测试

全数字仿真技术是白盒测试中的关键技术，需要设计嵌入式软件的运行环境，其基本组成结构如图 2-15 所示。

设计主要包括三部分，一是 CPU 的仿真，如图中的虚拟内核；

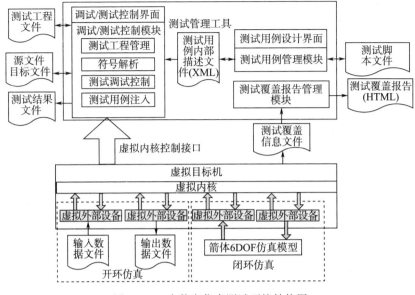

图 2-15　全数字仿真测试环境结构图

二是外部设备的仿真，即与 CPU 相关的各种硬件接口，如图中各种虚拟外部设备。虚拟外部设备、虚拟内核和必要的仿真模型构成虚拟目标机，用于模拟嵌入式软件的运行环境，以便在宿主计算机上实现对被测软件的配置项级测试。对闭环控制而言，软件测试分开环和闭环测试两种，其区别是在闭环测试中运行箭体仿真软件，惯性器件的各种输出信号是依据箭体动力学模型实时计算出的，而开环测试中上述信号是事先设定的。第三部分是测试管理工具，提供用户使用的各种接口，方便外部程序控制仿真环境的执行和测试用例的注入。

　　建模是此项测试工作准备的重点，而 CPU 建模则是重中之重。CPU 的模型至少包括以下方面：

　　1）指令集仿真。

　　模拟处理器每条指令的执行，包括从仿真内存中取指令，根据指令集规范按字段分析指令，按照分析的结果，针对算术指令、逻辑指令、跳转指令等特点，利用宿主机处理器来模拟执行相应的行为，如进行数学运算并将结果回写到相应虚拟仿真寄存器中。

在指令执行过程中用到的处理器的各个寄存器，通过在仿真环境中开辟一块内存来模拟实现，对寄存器的读写等效为对内存的读写。

2）指令调度仿真。

指令的调度采用 4 级流水线的方式，分别是：取指、译码、执行和结果回写。在执行指令结果没有相互作用关系时，流水线可以实现 1 个时钟周期内执行一条指令。但当下一条指令执行过程需要用到上一条指令结果时，流水线会插入一个空周期，等待上一条指令的结果回写结束。针对这种情况，在指令集模拟也相应添加一个空周期，以期望与实际硬件设备保持一致。

3）指令周期仿真。

飞行软件的运行周期由如下几部分构成：处理器本身执行指令的周期数，取指时外部程序区的等待周期，读写外部存储器的等待周期数等。其中：处理器执行指令周期数是固定的，完全可以按照处理器手册获取，外部存储器的等待周期数则由用户通过对内存控制器编程决定。仿真环境的设计必须考虑这三方面的影响。

除 CPU 建模之外，还应提供用于配置、控制及查询的函数接口。

外部设备的仿真相对 CPU 要简单一些，仿真环境需建立与处理器周边组成结构相对应的数据结构，用于模拟各种硬件器件或部件，如通用定时器、看门狗定时器、通用异步串行口（UART）、内存控制器、中断控制器等。仿真环境执行用户程序代码，当用户程序代码对这些器件/部件读写时，按照读写地址修改或读取相应寄存器，即仿真环境对应的数据结构的内容，模拟实际硬件操作后产生的结果，并执行相应的行为，如设定定时器的时间间隔等。

仿真环境在宿主机的内存中开辟一块或多块内存，用于模拟目标系统的 RAM 或 ROM 空间。当用户程序进行内存读写时，按照读写的地址，访问相应的模拟 RAM 或 ROM。

在测试执行过程中，虚拟目标机会记录程序的运行信息，并将这些信息输出到测试覆盖信息文件中，通过合并多个文件计算累计覆盖信息。结合被测程序的反汇编代码、源代码和行号信息便可以生成目标码测试覆盖报告。

（2）黑盒测试

由于被测软件运行在目标机上，必须为目标机提供输入/输出条件，因此需要搭建以硬件为主的仿真测试平台。载人航天工程经过多年发展，运载火箭系统已经形成较为产品化、标准化的硬件仿真测试平台，采用模块化、组合化的体系结构，不同的 I/O 接口通过更换接口模块来适应不同型号的需求，并具有良好的扩展能力。

测试平台硬件由三个子系统（设备）组成，多台设备之间通过光纤通信模件进行实时通信，由仿真主系统实现同步控制操作。

1）仿真主系统。

箭体仿真模型运行在该子系统中，并为箭载计算机提供电源。同时提供飞行软件运行所需的各种输入信号，如状态量信号（复位、起飞、耗尽关机等）、惯性测量信号（惯组、速率陀螺等）、组合导航所需的 GNSS 信号等；软件产生的各种输出信号（时序信号、姿控信号等）的采集等功能也集成在该子系统中。仿真系统通过接收箭载计算机的频标和软件中断信号，或利用内部提供的仿真时统控制程序运行。仿真主系统可以看作最小集的黑盒测试环境。

2）扩展等效器。

当仿真主系统满足不了要求时，可以增加扩展等效器，弥补仿真主系统的不足，模拟其他所需的输入/输出接口。

3）监控系统。

用于监控软件的运行情况，并将数据送至显示设备，以图表、曲线等形式显示。一般箭地通信、总线监控、遥测处理等功能也集成在监控系统中。

测试平台软件除具备良好的人机交互界面外，还要保证实时性，因此，仿真主系统和扩展等效器应工作在实时环境下。本项目采用基于 RTX 的 Windows 实时操作系统技术，其基本架构仍然是 Windows 操作系统，同时将实时性的 RTX 技术嵌入到 Windows 操作系统中来。利用这一技术，界面操作运行在 Windows 环境下，具有丰富美观的操作界面；实时控制子系统则运行在 RTX 环境下，具备了实时性特征。

（3）灰盒测试

白盒测试有三个方面的不足，一是建模的工作量很大，二是模型的准确性影响了测试的有效性，三是软件实际上以一种"解释"的方式在宿主机上运行，没有能够充分考虑到软硬件的匹配性。而传统上，只有不插桩的测试才叫黑盒测试，这种测试方法仅能进行功能性的覆盖检查，通过人工分析，梳理出需要检查的软件功能项，针对性地设计测试用例，分析软件在该用例下的输出（响应）并与测试结果进行比对，从而判断软件是否完成了相应功能。虽然没有改变被测软件的任何状态，但难以统计覆盖率等量化指标。

灰盒测试可以弥补上述不足。在这种测试方案中，被测软件将在目标机上运行，通过监测处理器地址线和数据线的信号，结合对软件代码的分析或软件插桩的情况，判断被测软件运行的分支，从而得出测试覆盖率的统计。

这种方法存在"插桩"与"不插桩"两种方案。对于"不插桩"的方案，当 CPU 有 Cache 和指令预取功能时（例如 80486 处理器），从总线信号上不能完全反应处理器内部指令的执行情况，需要测试软件对相关信息进行解析和判断，例如根据前后文和流程来判断同时被取指的多条指令哪些被执行，分析难度大。而若关闭 Cache 和禁用指令预取功能，对于系统性能影响较大，不反映真实应用情况。上述不足限制了该项技术的广泛使用。

而"插桩"指的是在特定分支点上增加输出语句，如果被测软件运行到此处，该语句就会产生特定的输出。通过检查该语句的执行结果，判断该功能是否执行或是否被误触发。这些输出语句是广义的，可以设计成通过串行通信将信息送至测试设备，也可以设计成对空闲内存单元的赋值，供测试软件读取分析。为了提高效率，可以采用自动插桩技术，利用代码静态分析工具，在 MC/DC 分支处全部自动插桩，如一条地址赋值语句。由于该赋值语句最大程度地降低了对源码与目标码的分支、路径、性能等的影响，因此这种插桩被认为是可以接受的。在被测软件运行过程中监测该地址数据的变化，结合静态分析的结果，自动对覆盖率进行统计。即使存在 Cache 和指令预取的情况，也可以通过赋值结果得出较为准确的覆盖率。

CZ - 2F 控制系统和利用系统的软件分别在 80486 和 8031 两种 CPU 上，采用了"插桩"的测试方法，取得了一定效果。但"插桩"是在源码上进行的，源码的分支覆盖率不完全反映目标码的覆盖率。

2.4.2.3　小结

根据火箭系统的实践，总结软件工程化工作的 6 点经验：

（1）软件要按照一定的开发模型进行研发——这决定了软件的研制流程

开发模型使软件的研制有章可循，有序进行。常用的模型是瀑布型，在载人航天一期及二期工程中，火箭软件的开发严格遵照了瀑布型模型。尤其在二期的初样及试样阶段，控制系统走完了两轮从设计到测试整个软件生命周期的全过程，确保了软件的质量，这也得益于自 Y5 以来对二期任务充分的分析与准备。

随着型号研制周期越来越短，前期的论证很可能不太充分，于是"原型-完善型"思想被提了出来。其含义是在需求尚不明确且变更频繁的情况下，对已知和尚不能确定的需求进行分析整理，产生一个软件的原型；并利用此原型进行系统试验，以便确定所采取的技术实现方案是否可行，获得一个内容较完整、接口较明确的软件需求和一个切实可行的软件实现技术途径。然后在阶段性工作后进行总结，提炼出较为完整和准确的系统需求，同时按照瀑布模型

（或改进的瀑布模型）进行软件研制工作。可以看出，该模型虽反映了型号软件发展的新趋势和当前型号研制的现状，但由此带来的风险也值得关注。

（2）需求分析要准确、完整、无二义性——这在很大程度上决定了软件的质量

根据控制系统对自身出现质量问题的不完全统计，因需求分析而导致的问题占 28.1%（包括初始化要求、可靠性措施等）；其他较常见的问题，如中断使用错误，也在很大程度上与需求相关，见表 2 - 6。

表 2 - 6　软件典型质量问题分类及分布

需求缺陷	接口不匹配	性能错误	平台相关错误	中断使用错误	其他
28.1%	5.3%	1.8%	1.8%	26.2%	14.0%
并发与竞争类错误	控制流错误	计算错误	内存相关错误	数据处理错误	
5.3%	3.5%	3.5%	7.0%	3.5%	

需求分析是顶层设计，需求的不准确或错误，使得软件的开发从一开始就走错了方向。目前对需求产生的问题似乎将焦点都集中在"自然语言"上，例如，一句简单的"计算机初始化""软件要采取可靠性措施"等，均属于概念模糊、难以考核的需求描述。但从将来的发展看，还没有一种其他的描述方式能完全代替自然语言。解决问题的方法，还是要从上下游的沟通和技术交底着手，这一过程要反复迭代，且要缩短迭代周期。同时，要投入力量加紧对形式化/半形式化需求建模方法和语言进行研究和学习，通过技术手段解决需求分析和描述的准确性问题。

（3）要建立需求—设计—测试的跟踪矩阵——这决定了上下游设计的匹配性、完备性

开发链条越长，过程中丢失的信息要素就越多，这也是最初软件设计与硬件设计紧密结合的原因；在有关单位初次尝试成立专职的软件部门，如软件室的时候，对这种不良影响的担忧成为主要的

反对意见。确实，保障上下游设计之间的匹配性、完备性至关重要，否则需求难以完全实现。跟踪矩阵是目前有效的手段，它不仅保证了软件的质量，也在很大程度上影响了专业化分工模式对软件工程化实施的效果。

（4）要综合利用真实平台和仿真平台开展软件测试——这决定了测试的有效性

一期主要采用真实硬件平台进行测试，但由于这种测试方法无法直观地观测到软件运行过程，对覆盖率的统计十分不便；随着各种仿真和调试技术的发展，基于软件仿真和模拟器的各种仿真测试技术得到了推崇，一时有取代真实平台的趋势。

基于仿真器测试的有效性，取决于对处理器仿真的真实度，这是一个很难证明的命题，如果不清楚处理器内部的处理过程，这样的仿真只是在模拟表象。另一个重要的方面，软件对硬件的适应性也是造成软件问题的主要因素，如冗余系统之间不同步的随机性、中断信号的并发性、硬件接口信号的匹配性或抗干扰能力、电磁环境的真实性等，对于这些情况利用真实平台更有优势。因此对软件的测试还要二者相互结合，互为补充。

（5）要严把各质量控制点并加强评审——这决定了研发过程的可控性

经验表明，评审（广义上包括审查、走查、复核、复算等）是对软件质量重要的把关环节，许多问题都是在这一阶段被提前发现且这一阶段发现及解决问题的成本低、影响小、实施易，评审工作绝不能因此而减弱，不能把所有的希望寄托于测试，但评审的形式可以多样化。在这方面 CZ－2F 火箭一期有成功的经验，即评审要分级。除系统级、分系统级外，还可以有各个研制单位、研究室、工程组等多个级别，越是涉及具体代码的评审，越是适合在组、室、单位一级开展，且同行专家的参与必须是基本前提条件。

（6）要采用先进的研发工具——这决定了工作的效率

例如，采用高级语言编程或采用操作系统，会降低软件开发的难度，也有众多的 CASE 工具支持。当然也会带来一些新问题，但这些问题往往是共性的，即使前期带来较大压力，但这种投入还是值得的。

　　总结已有的成绩，是为了迎接更大的挑战。在未来的载人航天工程中，软件规模和复杂度将急剧增加，对软件研发工作的挑战和检验才真正开始。应对这一局面，应以更广的视野、更新的思路、更强有力的支撑、更加坚定的决心，推动软件工程化在载人航天工程中的持续深入发展，也必然会收到其发展给载人航天工程带来的累累硕果。

参 考 文 献

[1] United States Government/US Army. Systems Engineering Fundamentals [M]. DEFENSE ACQUISITION UNIVERSITY PRESS，Apr 15，2013，978 - 1484120835.

[2] 刘纪原. 中国航天事业发展的哲学思想（第二版）[M]. 北京：北京大学出版社，2016.

[3] National Aeronautics and Space Administration. Expanded Guidance for NASA Systems Engineering - Volume 1：Systems Engineering Practices [R]. NASA/SP - 2016 - 6105 - SUPPL，March 2016.

[4] MICHAEL D，WATSON. Engineering elegant systems：design at the system level [C]. Penn State University Graduate Seminar；5 Oct. 2017；Philadelphia，PA；United States.

[5] NASA HEADQUARTETS. Expand guidance for NASA system engineerin，volume 1：system engineering practices [R]. NASA/SP - 2016 - 6105/SUPPL/Vol 1，HQ - E - DAA - TN42999，March 2016.

[6] TERRY R，HILL. Project management using modern guidance，navigation and control theory [C]. 2011 IEEE Aerospace Conference；5 - 12 Mar. 2011；Big Sky，MT；United States.

[7] ELYSE FOSSE. Model - based systems engineering（MBSE）101 [C]. INCOSE MBSE Workshop 2013；26 - 27 Jan. 2013；Jacksonville，FL；United States.

[8] HARALD EISENMANN，JOACHIM FUCHS，VALTER BASSO，et al. ESA virtual spacecraft design [C]. 5th International Workshop on Systems and Concurrent Engineering for Space Applications，17 - 19 October 2012，Lisbon，Portugal.

[9] LUIWANG，MICHEL IZYGON，SHIRA OKON，et al. Effort to accelerate MBSE adoption and usage at JSC [C]. AIAA Space 2016，

September 15, 2016, Long Beach California, USA.

[10] OLIVIER NOTEBAERT. On - board digital electronics and software emerging technologies in space applications [C], 20th IEEE International Conference on Emerging Technologies and Factory Automation, September 8 - 11, 2015, Luxembourg.

[11] MARK L, MCKELVIN, Jr, ALEJANDRO JIMENEZ. Specification and design of electrical flight system architectures with sysML [C]. AIAA Infotech 2012, Garden Grove, California, USA, June 19 - 21, 2012.

[12] CURTIS IWATA, SAMANTHA INFELD, JENNIFER MEDLIN BRACKEN, et al. Model - based systems engineering in concurrent engineering centers [C]. 2015 AIAA Space 2015 Conference and Exposition; 31 Aug. - 2 Sep. 2015; Pasadena, CA; United States.

[13] NIPA PHOJANAMONGKOLKIJ, KRISTOPHER A LEE, SCOTT T, MILLER, et al. Modeling to mars: a NASA model based systems engineering pathfinder effort [C]. AIAA Space and Astronautics Forum and Exposition 2017; 12 - 14 Sep. 2017; Orlando, FL; United States.

[14] KEVIN VIPAVETZ. Interface management for a NASA flight project using model - based systems engineering (MBSE) [C]. 26th Annual INCOSE International Symposium (IS 2016), Edinburg, Scotland, UK, July 18 - 21, 2016.

[15] MADDALENA JACKSON, MARCUS WILKERSON. MBSE - driven visualization of requirements allocation and traceability [C]. 2016 IEEE Aerospace Conference, 5 - 12 March 2016, Big Sky, MT, USA.

[16] BJORN F COLE, STEVEN JENKINS. Connecting requirements to architecture and analysis via model - based systems engineering [C]. AIAA Scitech 2015, Kissimee, Florida, USA, January 5 - 9, 2015.

[17] DAVE NICHOLS. Realizing the potential of model - based systems engineering through the product life cycle [C]. AIAA Complex Aerospace Systems Exchange, August 14, 2013.

[18] SHAUN STANDLEY, MARIO MORA. Model - based systems engineering in system integration, verification and validation [C]. JPL

Raising the Bar，San Luis Obispo，California，January 14，2013.

[19]　JOHN F MURATORE. System engineering：a traditional discipline in a non‐traditional organization ［C］. AIAA Complex Aerospace Systems Exchange (CASE)，2012，September 11‐13，Calif. , USA.

[20]　SHAUN PHILLIPS，KEN KING. SLS flight software agile development process ［C］. Software and Hardware Verification and Validation Working Group Meeting，Nov. 04‐06，2015，Huntsville，AL，USA.

[21]　袁家军. 中国航天系统工程与项目管理的要素与关键环节研究 ［J］. 宇航学报，2009，30 (2)：428‐431.

[22]　李明华. 航天型号总指挥的科学观与方法论 ［M］. 北京：北京大学出版社，2018.

[23]　樊灵芳. 贯彻质量问题归零两个五条标准的认识和体会 ［J］. 质量与可靠性，2000，(3)：13‐14.

[24]　徐居福，徐艳丽，卿寿松，等. 航天产品质量问题归零实施指南 ［S］. QJ3183‐2003.

[25]　宋征宇. 载人运载火箭软件工程化二十年实践 ［J］. 载人航天，2013，19 (3)：1‐7.

[26]　宋征宇. 载人航天工程运载火箭嵌入式软件测试技术 ［C］. 中国载人航天工程软件工程化新技术研讨交流会，北京，2015，12.

第3章　系统设计

在各种系统工程的描述中，关于活动的划分不尽相同，但其本质区别不大。为了讨论方便，本书从系统设计、产品实现、验证与确认三个方面，对运载火箭控制系统在实践中所取得的经验教训，以及梳理出的最佳实践进行介绍。每章首先介绍本阶段的工作流程，随后总结基本要素，基本要素是一些高度提炼的最佳实践的总结；同时，对于一些重要、共性和特定的专题，也以单独小节的形式进行讨论。在此基础上，列举各种案例进行介绍，这些案例分别对应基本要素中的某项内容或者某个专题的内容，也是在实际工作中真正发生、并且在简单的表象背后蕴含着深刻教训的案例，有助于进一步加深对最佳实践的理解。

对于航天产品，尤其是控制系统的研制，其过程是分阶段的，因此系统设计也分阶段开展，贯穿在全寿命周期中，只是每个阶段的重点略有不同。系统设计的源头是任务的描述和需求分析，接下来是开展方案论证、权衡、总体设计、分系统需求的分解与确认，直至形成各种面向上下游的接口控制文档（或接口文件、任务书等）。例如，在概念设计阶段，首先要明确任务的概念和顶层的GNC需求，包括任务的目标、运行环境、操作概念、持续时间、任务阶段、飞行安全性需求等。控制系统一方面根据这些顶层需求和目标，另一方面根据已有的知识和经验，开展系统体系架构设计的权衡，对性能和风险进行初步的评估。"系统"本身也存在不同的规模，随着综合电子技术的发展，一台电子产品也是由多个功能模块组成的小型"电子系统"，包括"片上系统"（SOC），因此系统设计的概念可以贯穿在不同尺度的产品开发中。

运载火箭控制系统的设计，不仅仅包含与制导、导航和控制相关的基础理论、系统方案、算法等，也包括最终实现上述功能的软硬件产品，这些产品的有机组合构成了全箭的电气系统，电气系统可以看作是控制系统的最终实现。电气系统由于其较快的技术发展和相对较高的技术成熟度，不仅自身要有足够高的可靠性，也逐渐成为更大系统安全可靠的驱动因素，这已经成为一项全球性的要求。甚至在有些领域，系统的可靠性主要由电气系统以外的系统或组成部分来决定，即认为电气系统是"几乎"不会失效的，并且在其他系统失效的情况下还能起到缓解和安全控制的作用。但在航天领域，控制（或电气）系统还远没有达到这样的可靠性、安全性水平，这也是本章讨论的意义所在。

3.1 系统设计的基本流程

3.1.1 需求的分解

本章从需求分解开始，介绍系统设计的基本流程。系统设计在各个阶段的主要工作内容如图 3 - 1 所示[1]。

在需求分析阶段，首先区分控制系统的系统级需求、自身设计需求和派生需求，彼此均可以相互迭代和权衡。系统级需求一般包括功能、性能、接口、寿命、可靠性、故障容限度、自主性、验证与确认等；而控制系统自身设计需求考虑的因素包括质量特性、功耗、重量、故障容限度、制导需求（是直接入轨、进入转移轨道还是交会对接）等。根据上述分析，结合控制系统派生出的其他需求，通过多轮迭代形成控制系统的体系架构和顶层方案。

从另一个维度看，控制系统需要梳理技术需求和纲领性需求，二者的关系如图 3 - 2 所示。

纲领性的需求包括："新技术的应用不能超过 30%""优先选用货架产品"等。从图中还可以看出，除了项目本身的技术需求以及纲领性的需求外，还有一些需求源自技术团队的设计规范、安全性

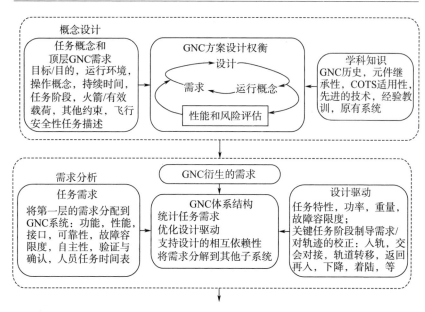

图 3-1　系统设计的主要工作内容

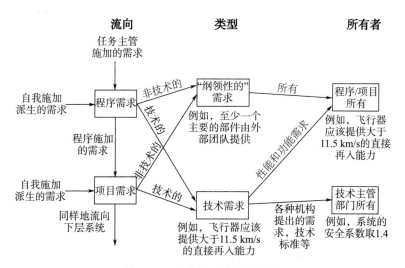

图 3-2　需求类型及所属关系

及可靠性要求等，例如姿控系统的设计余量应取多少，载荷设计的安全余量如何确定，鉴定级的环境条件指标应为验收级的多少倍等。这部分需求往往决定了成本的差异，要想取得较好的效费比，需要对这部分要求进行精细化分析[2]。

　　技术需求的形成过程如图 3-3 所示。同样需要多轮迭代，其输入包括顶层的基线：利益相关者的期望，运行概念以及有条件实现的支持策略。

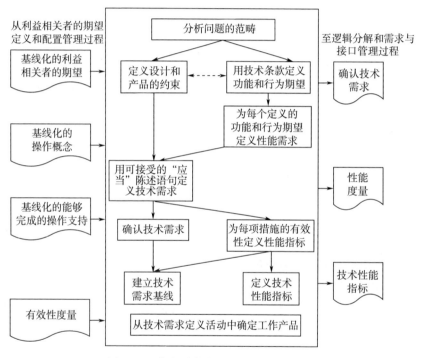

图 3-3　技术需求定义的输入/输出流程

　　在具体的需求分析中，首先分析问题的范围，然后定义设计和产品的约束条件，用技术术语定义功能和行为级的期望，并为这些期望定义性能需求。在此基础上，采用"应当"这样的描述来定义技术需求。

　　采取一定的方式对技术需求进行确认，尽可能采用 MBSE 的方法，从而输出经过确认的技术需求。同时，定义实现性能的方法以及有效性的度量。至此可以制定技术需求基线和可度量的技术性能指标。在这一过程中，也就从技术需求定义活动中确定了工作产品[2]。

3.1.2　设计迭代

控制系统需求分析的结果，将作为设计的输入，在不断迭代的过程中实现各要素约束最佳平衡。控制系统设计包括导航与制导设计、控制设计。

导航与制导的设计活动包括需求确定与分配、详细的制导与控制系统综合设计、硬件和软件的需求验证，其设计迭代在这些设计活动开展过程中进行：

第一，与弹道设计人员进行交互，确定并分配需求，包括：

1）与弹道设计人员协同工作，转换为精度、有效载荷裕度要求和运载能力；

2）与系统综合和弹道设计人员协同工作，以满足失效、终止模式和最大动态压力等约束条件；

3）与系统综合设计人员协同工作，在计算效率和更新的性能及复杂性之间确定适当的平衡。

第二，与系统综合、弹道、控制、电子产品等设计人员交互，开展详细的制导与控制系统综合设计，包括：

1）进行迭代综合/分析，以实现性能需求、成本和操作的最佳平衡；

2）在需求成熟的情况下，保持与系统综合和弹道设计人员的紧密配合，与控制设计人员一起定义初始状态并协调与飞行控制计算机的交互，与产品设计人员一起定义软件/硬件需求；

3）通过迭代满足需求，以及含性能和成本/复杂性适度平衡的约束。

第三，与电气系统综合、弹道设计等人员交互，明确硬件和软件的需求，包括：

1) 与系统综合设计人员保持密切的工作关系，以了解先进的硬件/软件状态；

2) 在制导与导航集成设计的过程中，在确定硬件和软件需求方面与系统综合、电子产品设计人员一起工作，以提供可接受的性能、成本、复杂性、可靠性、可操作性和可维护性；

3) 如果电子产品不能满足被分配的硬件和软件性能，则要与弹道和系统综合设计人员探索缓解性能要求的途径；

4) 如果没有解决方案，则提交总体或上一层系统进行顶层的权衡。

第四，与电气系统综合、控制、弹道、推进系统等设计人员交互，开展验证工作，包括：

1) 开发高保真的分析仿真、建模系统和环境；

2) 通过仿真，在参数和环境变量的整个范围内验证制导与导航的性能；

3) 与电子产品一起进行软件验证和确认（V&V），并在软硬件测试平台中验证制导与导航性能，从飞行试验中获得最终验证。

弹道、导航与制导系统设计迭代的流程如图 3-4 所示。

控制设计的活动包括需求确定与分配、控制权限界定、详细的控制算法综合设计、硬件和软件需求验证，其设计迭代也是在这些设计活动开展过程中展开：

第一，与系统综合和电子产品设计人员交互，确定需求并分配，包括：

1) 与系统综合设计人员协商以确定初始需求分配；

2) 将属性反馈给系统综合设计人员，如果需要，提供权衡数据和咨询信息用于修订需求分配。

第二，与弹道、制导、推进、总体（含空气动力学、自然环境、结构配置等）、电子产品、系统综合等设计人员交互，界定控制权限，包括：

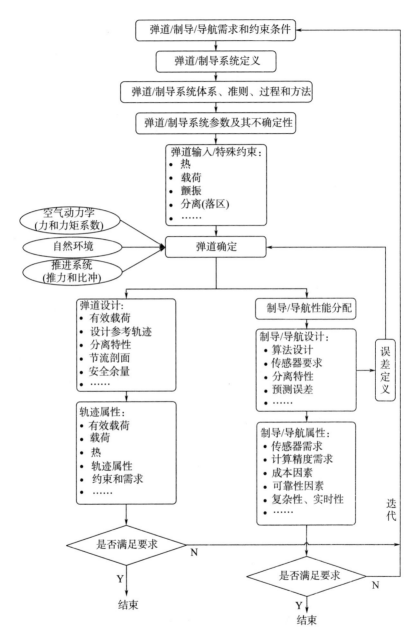

图 3-4　弹道、导航与制导系统设计迭代流程

1）与总体（自然环境）和推进系统设计人员确定风、轨道和推力扰动；

2）与弹道/制导设计人员协商以确定可接受的响应容差；

3）与电子产品/推进系统/结构设计人员协商，以确定合理控制执行器的条件或进行权衡；

4）对于特定的控制概念和配置，模拟适当的干扰输入来确定可以接受的响应容差或极限；

5）如果响应容差或控制极限是不可接受的，则与总体（空气动力学、结构配置）进行权衡以改善条件，并重复上述迭代；

6）如果参与者之间的问题得到解决，则将属性和配置信息发送给系统综合设计人员；如果问题未得到解决，则交给上一层系统或总体进行顶层权衡。

第三，与系统综合、弹道、制导、总体（空气动力学、结构）、推进、电子产品等设计人员交互，开展详细的控制算法综合设计，包括：

1）收集和导出来自系统的需求和接口设计功能，以及内部设计标准；

2）执行迭代综合分析，增加可信度，满足需求、约束和各项标准，同时平衡性能、成本和复杂性；

3）与其他设计方进行非正式的沟通，以解决有冲突的需求，如果没有获得解决方案，进入上一层进行权衡；

4）控制载荷响应，并根据载荷响应确定是否开展主动减载设计；

5）交互式确定晃动挡板要求；

6）开展起飞漂移和分离间隙分析，确定发射设施空间约束和分离系统要求。

第四，与电子产品、结构、弹道/制导、系统综合设计人员交互，明确硬件和软件的需求，包括：

1）与电子产品设计人员保持密切的工作关系，以了解先进的硬件/软件状态；

2）在控制系统综合过程中，与产品设计人员密切协作确定硬件和软件要求，以提供可接受的性能、成本、复杂性、可靠性、可操作性和可维护性；

　　3）如果分配的硬件和软件属性还不能达到所需的性能，则与总体（结构配置）和弹道/制导（姿态误差）等设计人员来探索缓解性能要求的措施。

　　第五，与电子产品、制导和导航、推进、系统综合设计人员交互，开展验证工作，包括：

　　1）开发高可信的分析与仿真系统；

　　2）通过仿真，在参数和环境变量的整个范围内验证系统性能；

　　3）与产品设计人员合作进行软件 V&V，并在硬件/软件测试平台上验证控制性能；

　　4）使用高可信度的仿真分析系统并结合任何可用的经过测试验证的组件模型，验证分离和间隙裕度；

　　5）采用试验标定的推进系统和结构动力学模型，分析和验证POGO 稳定性余量；

　　6）验证 POGO 抑制系统的阻尼性能（可以在有或没有 POGO抑制器的热试车试验期间通过脉动来确认）。

　　控制专业设计迭代的流程如图 3-5 所示。

3.2　系统设计的基本要素

3.2.1　最佳实践

　　1）定义一组清晰而简单的项目需求，并且按照优先级进行排序，同时明确各种约束条件，作为后续工作和最终项目验证的基础。

　　需要注意的是，项目需求与约束条件是对应的，这些约束条件包括经费、进度、人员投入的限制等。不考虑约束条件，会导致在某些方面过设计。

　　在设计周期中过早编写详细的规范要求，可能会过度限制设计并

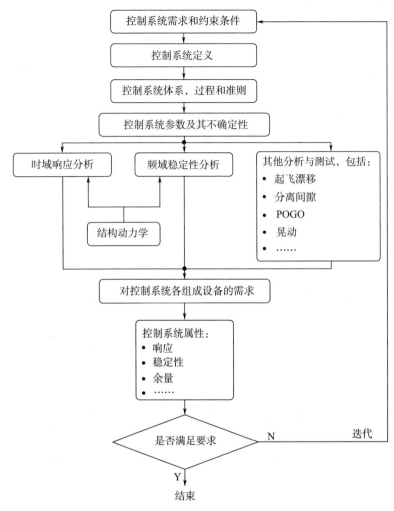

图 3-5　控制设计迭代流程

排除更安全、更负担得起的解决方案。因此需求的确定也需要反复迭代。

优先考虑排序最靠前的需求。对于运载火箭而言，能否入轨和入轨精度高低是两个方面的需求，很显然，能否入轨更值得优先考虑。但当一种设计方案能够同时满足多个需求时，该方案应该成为首选。例如，迭代制导既能增强对推力下降故障的适应能力，又能保证精度，因此应首选迭代制导方法。

2）以降低风险而不是消除风险为出发点，通过风险、容错性、边界失效概率分析和是否遵守已证明的实践和标准，详细说明安全性和可靠性要求。

因风险无法消除，只能降低，故要对风险进行量化，并建立风险与可靠性、安全性之间的关联关系，便于后续的设计跟踪。

对于非载人飞行的任务，要消除所有单故障危险点是不经济的；根据历史数据和失效概率的分析，优先对失效率较高的单故障危险点采取措施。对于残余风险，采取有效的质量控制措施也能降低风险。

3）在系统设计中要尽可能采用 MBSE 技术，其核心是确保模型的一致性。尤其是制导系统与姿控系统设计要采用统一的模型。

目前制导系统在设计制导率时，会适当考虑刚体的姿态运动模型；而姿控系统在设计稳定控制律时，会根据制导程序角来估计各种控制力和力矩。事实上当考虑完整的姿控模型时，制导程序角会发生变化；而制导程序角的变化又会影响控制力和控制力矩，彼此是相互耦合的。采用多种模型各自计算，就需要各个专业的设计结果互相多轮迭代，不仅效率不高，本质上还是一种串行工作模式，无法实现全局的优化设计。此外，在制导系统或姿控系统内部，模型也要一致，例如对于三角函数的映射处理等。

4）采用最简化的设计、最小化的系统满足最基本的核心需求；只有在其他条件、约束确实能够兼顾的情况下，才适当考虑其他辅助性的需求。

完成任务是第一位的。推动技术的发展、培养人才等需求，是属于可以兼顾的。简单的设计是实现安全和可靠系统的有益属性，简单的设计更可预测、可靠和负担得起。最小化系统的复杂性导致更少的部件和连接，从而减少故障。简单的系统也会导致更少的意外和不期望的交互，有助于抑制任何故障的发生，并限制潜在的故障传播后果。简单的设计允许清晰和可定义的测试覆盖率，可以更好地理解全系统生命周期内性能裕度的敏感性。

　　5）采用合理的手段提高可靠性。在有多种手段时，优先选用经济性最优的方案。当采用冗余设计提高可靠性时，要关注共因失效的影响。电气系统尤其要关注应对其他系统故障时的处理能力。

　　经济性的评估要从对全系统的影响来综合考虑。例如，在冗余设计中要同时考虑某一种方案对软件和硬件的影响，采用不同的冗余方案，冗余管理软件的复杂程度也是不一样的，软件的开发、测试、验证和确认同样需要成本。这其中哪一部分的开销更大，需要根据项目的具体情况而定。

　　冗余能提高可靠性，然而在航天工业中，设计和制造过程受到严格控制，从而导致"相关性故障"或共因失效，即多个冗余单元因同一或"共同"原因而失败。必须考虑共因失效的可能性和后果，否则系统的实际安全性和可靠性低于预期。多样性可以应对未知的因素，但多样性进一步增加了成本。当冗余单元的整体可靠性已经达到了较高的水平时，多样性不是必须的，只是对共因失效模式要特别关注并加强控制。

　　在提高可靠性的设计中，当降低了某一项故障发生的概率时，也必然会增加一些额外功能和随之而来的复杂性、重量和成本的不利影响。这些附加功能包括停用故障组件或避免故障传播，其控制失败可能和最初的故障一样严重，因此这些附加功能要尽可能简单或更可控，或者其失效率远低于未采取措施时的故障率。

　　电气系统还必须在外系统故障或意外环境、条件和操作序列的存在下保持安全。

　　6）尽可能采用端对端的全程优化理念来设计控制算法，增强对故障的适应能力。

　　对此处的两端而言，其一端指的是火箭起飞，另一端指的是有效载荷进入最终轨道。之所以提最终轨道，是因为也可以将有效载荷先送入一个转移轨道，在进入转移轨道前，多级火箭也包含多个飞行段。因此，火箭从起飞到进入最终轨道是分段的。但这些段如何划分是离线规划好的，每一段之间的交接班条件也会事前确定，飞行过程中控制系统按照序贯的方式顺序地完成每一段的飞行控制。

在航天发射活动中已经发生了数起值得我们关注的事件，即某一段飞行异常后，尽管后续飞行段运载火箭还有足够的能力，但仍按照预先规划好的任务剖面飞行，没有及时地做出调整，最终导致任务失败。

端对端优化指的是仅将两个端点作为约束，中间过程如何分段、各段之间的交接班条件是什么，完全根据飞行中的实时状态自主规划。例如，当前一段提前关机后，后一段可以加长工作时间；当到达不了原定的转移轨道时，应寻找新的变轨策略并进入替代的轨道。通过这种方式提升完成任务的可靠性。

3.2.2　基于风险的设计与风险控制

在方案确定及设计完成后，或者产品交付即将飞行前，这些阶段的风险分析已经有多种文献进行了介绍[3-6]。但要控制风险，应该从设计的源头抓起，即开展基于风险分析的各项系统工程活动[7-9]。从一开始就将风险的识别、缓解等活动与系统设计紧密耦合在一起。

基于风险分析的系统设计流程如图 3-6 所示[10]。其分析的输入依据包括对任务需求的了解、具体的设计方案及其失效模式、物理特性以及对故障的响应时间等。风险分析也需要借鉴可靠性与安全性分析的结果，包括硬件、软件以及人对可靠性的影响，两种分析在潜在失效和失效概率方面可互为补充。在确认风险因素后，从工程角度进行一些创造性的调整来缓解风险，包括对设计方案的调整，对任务剖面的限定，甚至对需求的调整。对需求的调整主要是平衡风险、费用和性能约束之间的关系，通过多轮迭代，获得一组新的（费用、风险、性能）约束集，以此作为最终的状态。

其步骤大致如下，是一个从最核心功能、最简化设计逐步完善的过程：

步骤 1：用清晰简单的术语定义需求、目标和约束，然后将它们

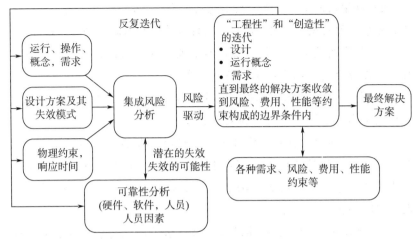

图 3 - 6　基于风险分析的系统设计流程

提炼为第一层次的需求。

步骤 2：定义完成任务目标所需的最小功能集。

1）系统性地自上而下识别和描述必须执行的功能，以满足任务的需要和目标。

2）明确识别并区分确保安全和任务成功所必需的功能。这种区分对于评估并接受功能的危险程度、适当的容错性和故障概率至关重要。

3）所识别的关键功能应该被用来建立产品分解结构（PBS）。要避免不必要的安全关键功能，这将使接口控制复杂化，并使得需求在逆向跟踪时变得难以理解。

4）定义必要的功能以清楚地陈述问题，有助于指导和定义解决方案。通常情况下，一个清晰的问题说明后，解决办法也就变得明显了。

步骤 3：创建让系统工作最简单的概念设计。

1）从最简单、最健壮、最高性能的设计选项开始，完成上面所确定的固有安全性和任务功能的最主要方案，其也是用于评估容错能力的第一个回合的设计方案。这个方案应该能够满足各种约束，并为后续步骤提供足够的余量。

2）如果最简单的解决方案不能满足约束，那么就不可能有可行的解决方案，此时用另一组（需求、目标和约束）重新启动上述过程。

3）如果解决方案满足约束，但不被视为可行或最优，则考虑具有不同设计理念或派生需求的替代方案。

步骤 4：在上述最简单的系统中添加不同或独立的功能，使能在满足安全需要的同时具有更高的可靠性。

1）评估概念设计和工作方式，以确定潜在的失效模式和安全影响。最初的评估是从任务级别自上而下开始，并考虑任务的每个阶段或系统配置。利用功能 FMEA 或 FTA 并集成其他 RAMS 等技术识别风险因素。

2）利用风险和可靠性建模技术来分析故障的可能性和后果，这有助于进一步了解和探索风险因素。

3）特别注意共因失效，可能会破坏新增的冗余功能而影响安全性。

4）对方案的选择进行迭代，以达到最低可接受的目标。

5）当故障后果无法控制时，提供一种中止模式。对于卫星发射，尽可能不让其坠落，进入救援（停泊）轨道；对于载人飞行，优先确保航天员的安全。

6）如果该解决方案不起作用，可以考虑其他替代方案。

步骤 5：考虑为确保任务成功而额外增加系统，例如冗余系统等，从而提高容错能力。该增加的系统与原系统主要性能相同，但不一定是相同的设计。同时要进行影响域分析，确保增加的系统不会影响安全性。

1）利用风险和可靠性建模技术来估计一种方案对另一种方案的影响。如果一种替代方法降低了整体风险并可负担得起，则可添加；如果没有，则可能不得不接受原系统带来的影响。

2）要尽可能采取各种手段限制共因失效的发生或后果。

3）在消除未知的风险时，要注意对系统成熟度和复杂性的影响。这可能会增加额外的功能，例如通过 DFT 以满足测试和验证的需求，但这样却带来了额外的测试点或数据记录设备。

4）如果解决方案不可靠，考虑不同的设计方案或衍生需求。

步骤 6：确保成本是可负担的。

前期设计工作对系统成本有很大的杠杆作用。对设计方案或派生需求进行迭代，并根据需要重复步骤 2、3、4 和 5。

步骤 7：开展概念设计。

1）将步骤 2、3、4 和 5 的决策作为派生需求，形成概念设计基线。

2）在评估系统容错性能时，也要同时考虑因安全性、可靠性需要而额外增加的设计、评审、检查和测试方法，以最大限度地规避风险。

3）完成技术资源分配需求论证，包括重量、体积、功率等。

4）开发一个计划，初步定义 PBS 中每个系统要素的优先级，将物理和资源约束分配给每个要素。一个以最低成本与最高效进度的安全可靠的系统初步设计完成，其可靠性和复杂性已经基本确定。

针对特定的风险要制定控制和缓解措施。以电气系统为例，电气系统的设计也是多学科优化的过程。在顶层，要将任务的设计和分析结果作为需求分解到电气系统；在系统层面，首先要考虑体系架构、数据流和控制流与接口、电源分配、冗余度和自主性要求。有了这些输入，电气系统内部涉及到各个学科的设计，如电源系统，通信系统，导航、制导与控制，推进控制，软件，电缆设计与铺设，电子产品的热设计与结构设计等。同时，可靠性、安全性等分析工作也会加入。还要考虑开发性的一些因素，例如可制造性的分析与设计、测试、验证和确认工作，健康监测及 FDIR 技术等。

为了降低电气系统的风险，需要特别关注以下方面：

1）辨识出共用的设计以减少单机产品种类和降低系统复杂性；

2）辨识出共因失效模式；

3）辨识出潜在的过设计和设计中的漏洞；

4）清晰和集成的安全性与可靠性分析。

表 3 - 1 示例了有关电子产品故障原因以及缓解风险的方法，其他这方面的更多讨论，可参见参考文献[11]。

表 3 - 1　电子产品故障原因及缓解措施

故障类型	潜在的异常原因	设计和制造原则	筛选异常的多层次方法 独立的同行评议	检查	测试
通用的（可能在不止一个产品上发生）	接口设计：与表面和表面的接口分离系统、阀门、泵、执行器、限位开关、编码器等的接口	简洁设计，留有余量，冗余设计	确保过程遵循各项标准与规定，与已证实的解决方案进行比较	检测、走查	任务仿真测试，确认的端对端测试
	"一般性的"设计：电路、FPGA、ASIC、机械、热等	简洁设计，留有余量，冗余设计	确保过程遵循各项标准与规定	检测、走查	任务仿真测试，确认的端对端测试
	软件和操作	软件集成，聚焦任务操作（主任务）	代码走查，集成验证与流程确认，操作计划与COTS和继承产品的应用	—	任务仿真，端对端的测试
	元器件和原材料应用	器件应力分析，材料应力分析	对分析结果，以及独特的非标准应用进行同行审查	—	环境测试，任务仿真
	对环境的理解	分析环境和余量包络的不确定性	对期望的环境，各种极限假设，针对不确定性进行同行审查	—	环境测试，任务仿真
随机	工艺（在设计和指令正常的情况下引入缺陷或错误、漏检）	通用制造标准，通过资格论证的操作人员和设施	确保过程遵循各项标准与规定，对非标准过程进行审查	设置重要的或强制的检验点	环境测试，任务仿真
	随机的器件失效（设计和应用是正常的，但器件失效）	简洁、降额设计，高可靠性器件标准	确保过程遵循各项标准与规定，对非标准过程进行审查	设置关键监测点，重点包括封闭腔体的装置，如多芯片模块、混合集成电路等	环境测试，任务仿真

3.3　案例分析

3.3.1　迭代制导对故障的适应性

（1）经验

当一种设计方案能够同时满足多个需求，尤其是既能降低风险，又能提高性能时，该方案应该成为首选方案。

目前，长征系列运载火箭的制导方法主要有摄动制导和迭代制导两种。迭代制导是一种闭路制导方法，它能够根据实际状态规划最优轨迹，不仅节省推进剂，而且入轨精度很高。更为重要的是，该方法对推力下降有很强的适应能力。同时，由于飞行轨迹是在线规划的，射前诸元准备的工作量大幅减少，有利于快速响应发射。这些优势均是摄动制导所不具备的，所以新一代火箭首选迭代制导方法。

（2）基本原理

迭代制导以最优控制原理为基础，通过解析公式在线计算到达目标轨道所需的速度增量、位置增量，并依此规划出最佳飞行程序[12]，这里采用与升交点的夹角 $\Phi_k = \Phi_0 + \Delta\Phi$ 来确定入轨点，原理如图 3-7 所示。

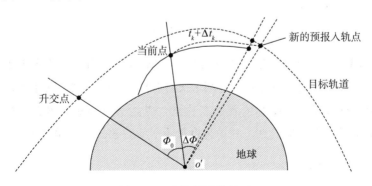

图 3-7　迭代制导控制原理

　　摄动制导的原理是在标准弹道附近进行泰勒展开，导引方程中并没有将被导引的物理量直接计算出来，而是对导航参数的某种组合进行控制，这只在干扰小的情况下等价于直接控制物理量。迭代制导则不再依靠标准弹道，用解析方式预测飞行终端条件，通过调整飞行轨迹使终端条件满足所有给定的入轨条件，而入轨条件直接对应了轨道根数。

　　制导系统通过改变箭体纵轴方向实现对火箭质心运动的控制，该方向由欧拉角 $\varphi_{cx}(t)$、$\psi_{cx}(t)$ 来描述。为方便求解，将发动机最佳推力方向近似为时间的线性函数。制导方程如下

$$\begin{cases} \varphi_{cx}(t) = \tilde{\varphi} + (-k_1 + k_2 \cdot t) \\ \psi_{cx}(t) = \tilde{\psi} + (-k_3 + k_4 \cdot t) \end{cases} \qquad (3-1)$$

式中，$\tilde{\varphi}$、$\tilde{\psi}$、k_1、k_2、k_3、k_4 均为可调节的参数，上述函数构成飞行中的程序角变化曲线。据此可以比较容易地对火箭动力学参数进行积分和推算。

　　若推力不可调节，在干扰下将难以在保证轨道精度的同时实现定点入轨，需通过迭代获得最佳入轨点。以当前状态为基础计算速度与位置的增量

$$L = \int_0^{t_k} \dot{W}_{x1}(t) \, dt \qquad (3-2)$$

$$S = \int_0^{t_k} \int_0^t \dot{W}_{x1}(t) \, dt \, dt \qquad (3-3)$$

式中，$\dot{W}_{x1}(t)$ 是火箭轴向视加速度，由加速度计测得，并根据发动机性能获得其变化规律；t_k 是剩余飞行时间；L 和 S 则反映了火箭在剩余飞行时间里速度和位置的变化量。考虑引力影响后可在目标轨道上搜索与之匹配的点，利用梯度搜索可以快速迭代出最优解

$$v_0 + L + g(t_k) + \frac{\partial L}{\partial t_k} \cdot \Delta t_k = f(S) + \frac{\partial f(S)}{\partial t_k} \cdot \Delta t_k \qquad (3-4)$$

式中 $g(t_k)$ 为引力在 t_k 时间内对速度的影响；$f(S)$ 为利用目标轨道根数计算的飞行速度，是位置 S 的函数。

在"最佳入轨点"入轨，所必须具有的速度矢量 $\boldsymbol{v}_k = [v_{xk}\ \ v_{yk}\ \ v_{zk}]^{\mathrm{T}}$ 和位置矢量 $\boldsymbol{p}_k = [x_k\ \ y_k\ \ z_k]^{\mathrm{T}}$ 是唯一的，这就是火箭入轨所需的终端条件。制导系统的任务是控制火箭发动机推力矢量，使得飞行结束时上述六个条件同时得到满足。

1) 速度约束。

从当前速度开始，在发动机推力和引力共同作用下达到目标速度，有如下公式

$$\boldsymbol{v}_k = \boldsymbol{v}_0 + \int_0^{t_k} [\dot{\boldsymbol{W}}(t) + \boldsymbol{g}(t)]\,\mathrm{d}t \qquad (3-5)$$

式中，$\boldsymbol{v}_k$、$\boldsymbol{v}_0$、$\boldsymbol{g}(t)$、$\dot{\boldsymbol{W}}(t)$ 分别为目标速度矢量、当前速度矢量、引力矢量以及发动机推力产生的视加速度矢量；$\dot{\boldsymbol{W}}(t)$ 根据箭体姿态和轴向视加速度分解

$$\dot{\boldsymbol{W}}(t) = \begin{bmatrix} \dot{W}_x(t) \\ \dot{W}_y(t) \\ \dot{W}_z(t) \end{bmatrix} = \begin{bmatrix} \dot{W}_{x1}(t)\cos\varphi_{cx}(t)\cos\psi_{cx}(t) \\ \dot{W}_{x1}(t)\sin\varphi_{cx}(t)\cos\psi_{cx}(t) \\ \dot{W}_{x1}(t)\sin\psi_{cx}(t) \end{bmatrix} \qquad (3-6)$$

因此，对于发动机所产生速度增量的需求为

$$\Delta\boldsymbol{W} = \boldsymbol{v}_k - \boldsymbol{v}_0 - \int_0^{t_k} \boldsymbol{g}(t)\,\mathrm{d}t \qquad (3-7)$$

式中，$\int_0^{t_k} \boldsymbol{g}(t)\,\mathrm{d}t$ 是位置矢量的非线性函数，在平均引力场假设下，可简化为如下表达形式

$$\boldsymbol{g} = \frac{1}{2}\,[\boldsymbol{g}(0) + \boldsymbol{g}(t_k)] \qquad (3-8)$$

纵向终端速度（或总速度）已由关机条件保证，法向和横向的终端速度则由公式（3-1）中的 $\tilde{\varphi}$、$\tilde{\psi}$ 满足

$$\begin{cases} \tilde{\varphi} = \arctan\dfrac{\Delta W_y}{\Delta W_x} \\[4mm] \tilde{\psi} = \arcsin\dfrac{-\Delta W_z}{\sqrt{\Delta W_x^2 + \Delta W_y^2 + \Delta W_z^2}} \end{cases} \qquad (3-9)$$

2）位置约束。

上述入轨点计算考虑了飞行弧段的航程，即纵向位置是通过飞行时间 t_k 来满足的。而法向和横向的终端位置则依靠公式（3-1）中的 $(-k_1+k_2 \cdot t)$ 和 $(-k_3+k_4 \cdot t)$ 来保证，参数 $k_1 \sim k_4$ 应满足以下条件：

a）不对终端速度产生明显影响，近似满足如下公式

$$\int_0^{t_k} \dot{W}_{x1}(-k_1+k_2 \cdot t)\mathrm{d}t = 0 \qquad (3-10)$$

$$\int_0^{t_k} \dot{W}_{x1}(-k_3+k_4 \cdot t)\mathrm{d}t = 0 \qquad (3-11)$$

且 $k_1 \sim k_4$ 为小量，因为获得解析解依赖于对积分公式展开，只有当 $(-k_1+k_2 \cdot t)$ 和 $(-k_3+k_4 \cdot t)$ 分别相对于 $\tilde{\varphi}$、$\tilde{\psi}$ 为小量时，公式中的三角函数展开式才可得到简化，从而式（3-9）形式的解析解才能够成立。

b）满足终端位置约束，即

$$y_k = y + v_y \cdot t_k + \int_0^{t_k}\int_0^t [\dot{W}_y(t)+g_y(t)]\,\mathrm{d}t\,\mathrm{d}t \qquad (3-12)$$

$$z_k = z + v_z \cdot t_k + \int_0^{t_k}\int_0^t [\dot{W}_z(t)+g_z(t)]\,\mathrm{d}t\,\mathrm{d}t \qquad (3-13)$$

将公式（3-10）～（3-13）联立，即可求解得到 $k_1 \sim k_4$ 的解析解。

迭代制导通过规划全部剩余飞行时间内的姿态变化规律，来实现对多个变量的同时控制。实际应用中为提高火箭入轨时刻火箭的稳定性，会提前停止迭代计算，因此产生小量的控制误差，最终误差的量级取决于停止迭代后的姿态跟踪误差。

（3）应用分析

1）入轨精度很高。

以我国首个采用迭代制导方法的 CZ-2F 运载火箭发射 LEO 轨道载人飞船为例，两种制导方法的误差对比见表 3-2。

表 3 - 2 LEO 轨道制导方法误差

轨道要素项目	迭代制导	摄动制导
近地点高度偏差/km	0.02	4.2
近地点幅角偏差/（°）	0.1	1.5
轨道周期偏差/s	0.2	0.2
轨道倾角偏差/（°）	0.001	0.02
升交点赤经偏差/（°）	0.003	0.21

2）在各种干扰下仍能保证很高的精度。

以 CZ - 2F 火箭为例，通过仿真，迭代制导的程序角如图 3 - 8 所示。当干扰不大时，迭代制导输出的程序角近似为一条直线（临近入轨时的特殊处理除外），见图中实线；而在实际飞行中，迭代制导为克服干扰影响而不断改变程序角，因此实际程序角不一定表现为直线，见图中虚线。

在干扰情况下，算法自主寻找最适合的入轨点，即并非定点入轨，这从图 3 - 9 中 CZ - 7 火箭的入轨点仿真中可以看出来。在不同的干扰下飞行程序角是有变化的，入轨点也不同，但这些点均在原目标轨道上，这是轨道精度仍然很高的直观显示。

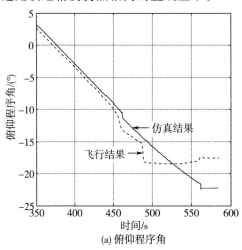

(a) 俯仰程序角

图 3 - 8 仿真和实际飞行条件下的程序角

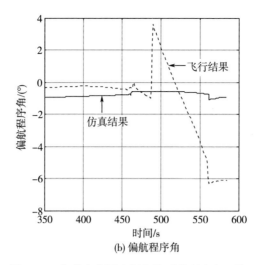

(b) 偏航程序角

图 3 - 8　仿真和实际飞行条件下的程序角（续）

　　3）在推力下降的故障下仍能精确入轨（运载能力够的情况下）。

　　迭代制导不仅能克服各种内外干扰，而且对于影响动力性能的非致命故障具有很好的适应性。仍以 CZ - 2F 为例，图 3 - 10 中给出了 520 s 推力下降 50% 之后迭代参数与控制指令的变化。制导算法在敏感到加速度变化后，通过增加约 60 s 飞行时间及将入轨点真近点角向后推迟 4°，最终准确入轨。

　　图 3 - 11 为 CZ - 7 的示例，模拟了 4 种故障情况：a）二级一台发动机推力维持在 15 t，正常应为 18 t；b）500 s 时，1 台发动机推力将为 0；c）550 s 时，1 台发动机推力为 0；d）飞行末端的两机工作段，一台发动机推力减半。从图中可以看出，500 s 时一台发动机推力为 0 对系统的影响最大，因为故障发生时间早、推力下降大，其入轨点距离理论入轨点相差很远，但轨道本身的精度还是有保证的。

　　当推力下降导致运载能力不足时，可以根据需要进入救援轨道[13]。

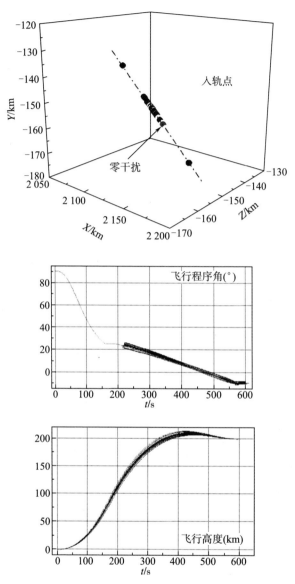

图 3-9　CZ-7 火箭干扰情况下入轨点仿真

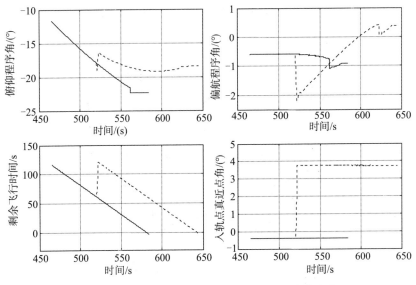

图 3-10　520s 时刻推力下降 50% 的迭代参数变化

当故障发生得太早,以至于运载能力不足,即表现为推进剂全部耗尽后还未能满足入轨条件时,即使采用迭代制导技术也无能为力,因为目标轨道是不可达的。

仍以 CZ-7 为例,假设运载火箭在助推飞行段就出现芯一级单台发动机提前关机的情况(即起飞 130s 之后芯一级单台发动机推力为 0,助推关机时间为 173.48 s),如果不更改目标轨道根数,原目标轨道参数为:

　　a) 近地点高度:200 km;

　　b) 远地点高度:400 km;

　　c) 轨道倾角:42°;

　　d) 近地点幅角:167.769°;

　　e) 升交点经度:314.934 504°。

图 3-12 和图 3-13 给出了飞行过程中的高度、弹道倾角和速度的变化曲线。图中的 H、θ、V 分别表示飞行高度、弹道倾角和飞行

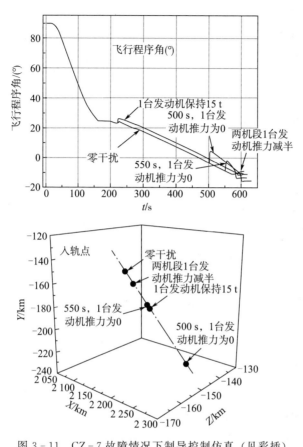

图 3-11 CZ-7 故障情况下制导控制仿真（见彩插）

速度。

从图 3-12 和图 3-13 可看出：

a）虽然有效载荷分离后（分离时间为 639.24 s）的速度一直呈现递增趋势，但飞行高度会出现一直变小的情况，其原因是由于飞行器朝着地球方向飞行所导致，如图中的弹道倾角所示，其在相应段对应的值均为负值。

b）大约在 2 700 s 时，飞行高度会出现负值的情况，表明在这种故障情况下，有效载荷与火箭分离后，不是进入预定轨道，而是坠落至地球。其原因是由于芯二级发动机提前关机（耗尽关机），降低了运载火箭的能力，造成有效载荷与火箭分离的速度达不到足以形成相应轨道所需的速度，最终导致有效载荷坠落至地球。

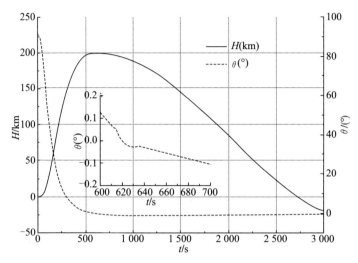

图 3 - 12　飞行高度和弹道倾角曲线示意图

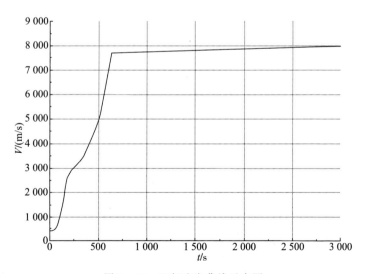

图 3 - 13　飞行速度曲线示意图

此时，变更目标轨道根数，找到一个与当前运载能力匹配的轨道，卫星仍能入轨，如据此可得救援轨道参数为：a）近地点高度：158 km；b）远地点高度：300 km；c）轨道倾角：42°；d）近地点幅角：167.769°；e）升交点经度：314.934 504°。

图 3 - 14 给出了飞行过程中的高度、弹道倾角变化曲线。图中的 H、θ 分别表示飞行高度、弹道倾角。

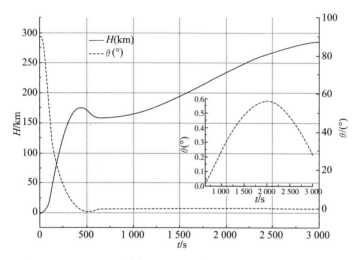

图 3 - 14　故障情况下进入救援轨道的制导控制

表 3 - 3 给出了救援轨道与原目标轨道的参数值，从表中可看出救援轨道与原目标轨道的各个参数均较为接近。

表 3 - 3　救援轨道与原目标轨道参数的偏差

干扰类型	H_p/km	H_a/km	ω/ (°)	i/ (°)	Ω/ (°)
救援轨道	158	300	167.769	42.0	312.963
原目标轨道	200	400	167.769	42.0	312.963
偏差值	42	100	0	0	0

　　虽然未能进入原轨道，但至少能进入一个救援轨道，避免了卫星坠落。在救援轨道上可以采取一系列措施，利用卫星的变轨能力，仍有可能进入原轨道。

　　只要确定了救援轨道的轨道根数，迭代制导就可以自行规划轨迹，这是迭代制导相对摄动制导的优势。至于如何选择救援轨道，这一研究课题已超出了本书的讨论范畴，不再展开讨论。

3.3.2　姿控系统的鲁棒性设计

3.3.2.1　优化目标的选择

　　（1）经验

　　设计过程充满矛盾，设计师的责任是尽可能在冲突的约束中，在所有相互作用的要素中间寻求最佳的设计平衡。姿态系统的控制尤为突出，是设计成标准干扰下控制性能最优，还是故障干扰下适应能力最强？选择标准干扰下控制性能最优，只考虑性能的最优化，而忽视鲁棒性和容错能力，在无故障情况下具有最佳的控制效果，当出现故障时自恢复或重构能力较差；选择故障干扰下适应能力最强为优化指标，本质上是根据当前实际状态与目标状态，考虑推力、推进剂等约束，快速完成新的优化任务的问题；不过分重视标称情况下的控制性能，重点关注实时适应能力。显然，姿态控制需要充分理解系统的不确定性并设计充足的稳定裕度，既确保标称工况下控制性能较优，同时兼顾典型故障情况下系统的重构能力。

　　（2）基本原理

　　考虑一种发动机停摆故障下的控制能力重构问题。某火箭一级共有 6 台发动机联合摇摆控制姿态，如图 3 - 15 所示。考虑其中一台发动机发生停摆故障，通过设计控制力重构策略，保证故障前后的系统控制力和控制力矩恒定，从而实现火箭发动机的故障吸收，提高系统的可靠性。

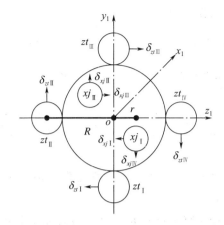

图 3-15 联合摇摆控制发动机布局（尾视图）

设助推发动机舵摆角分别为：$\delta_{zt\text{I}}$，$\delta_{zt\text{II}}$，$\delta_{zt\text{III}}$，$\delta_{zt\text{IV}}$，各台助推发动机推力为 N_{zt}。芯级发动机舵摆角分别为：$\delta_{xj\text{I}}$，$\delta_{xj\text{II}}$，$\delta_{xj\text{III}}$，$\delta_{xj\text{IV}}$，各台芯级发动机推力为 N_{xj}。火箭摆动轴到火箭质心的距离为 L。火箭摆动轴到火箭纵轴距离分别为 R 和 r。这里设 $N_{zt} = N_{xj}$，$R = mr$。可以得到俯仰、偏航、滚转三通道的控制力矩。

滚转控制力矩

$$M_{xc} = N_{zt}(\delta_{zt\text{I}} + \delta_{zt\text{II}} + \delta_{zt\text{III}} + \delta_{zt\text{IV}})R + \\ N_{xj}(\delta_{xj\text{I}} + \delta_{xj\text{II}} + \delta_{xj\text{III}} + \delta_{xj\text{IV}})r \tag{3-14}$$

偏航控制力矩

$$M_{yc} = [N_{zt}(\delta_{zt\text{I}} - \delta_{zt\text{III}}) + N_{xj}(\delta_{xj\text{I}} - \delta_{xj\text{III}})]L \tag{3-15}$$

俯仰控制力矩

$$M_{zc} = [N_{zt}(\delta_{zt\text{IV}} - \delta_{zt\text{II}}) + N_{xj}(\delta_{xj\text{IV}} - \delta_{xj\text{II}})]L \tag{3-16}$$

当发动机停摆之后，若使发动机产生控制力矩保持不变，需要对其他发动机舵摆角进行重新分配，来保证俯仰、偏航、滚转三通道的控制力矩重新达到平衡。下面以助推发动机 II 停摆的故障为例进行说明。

设助推发动机 II 停摆，停摆位置为 $\delta_{zt\text{II}} = \delta_0$。

发生故障前与发生故障后的控制力矩保持不变，推导可得其他

正常工作的发动机摆角应满足

$$
\begin{cases}
\delta'_{xj\,\mathrm{IV}} = \dfrac{km + k + 2}{k'm + k' + 2}\delta_{xj\,\mathrm{IV}} - \dfrac{m - 1}{k'm + k' + 2}\Delta\delta_{zt\,\mathrm{II}} \\[2mm]
\delta'_{zt\,\mathrm{IV}} = \dfrac{k'}{k}\dfrac{km + k + 2}{k'm + k' + 2}\delta_{zt\,\mathrm{IV}} - k'\dfrac{m - 1}{k'm + k' + 2}\Delta\delta_{zt\,\mathrm{II}} \\[2mm]
\delta'_{xj\,\mathrm{II}} = \dfrac{(m - 1)(k - k')}{k'm + k' + 2}\delta_{xj\,\mathrm{IV}} + \delta_{xj\,\mathrm{II}} - \dfrac{2mk' + m + 1}{k'm + k' + 2}\Delta\delta_{zt\,\mathrm{II}}
\end{cases}
$$

$$(3-17)$$

其中，k 和 k' 为故障前后助推发动机和芯级发动机摆角关联系数。

（3）应用分析

按照上述重构策略进行仿真，助推级发动机Ⅱ在 20 s 时发生故障，俯仰通道、偏航通道和滚转通道的姿态角偏差仿真曲线如图 3-16～图 3-18 所示，采用控制力补偿策略后的助推发动机摆角曲线和芯级发动机摆角曲线分别如图 3-19 和图 3-20 所示。

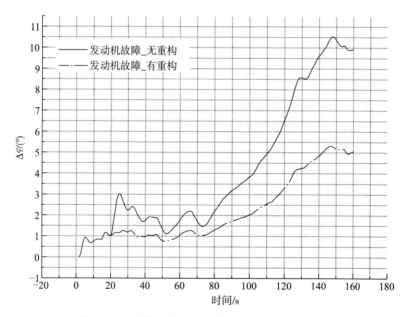

图 3-16　助推级发动机Ⅱ故障时俯仰姿态角偏差

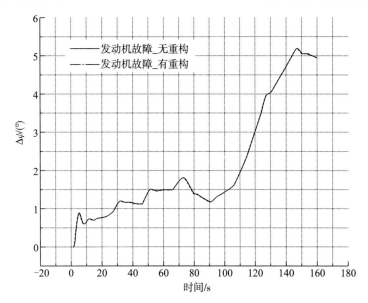

图 3-17 助推级发动机 II 故障时偏航姿态角偏差

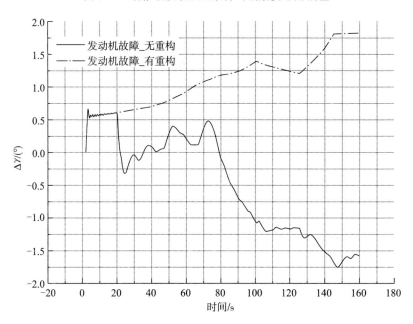

图 3-18 助推级发动机 II 故障时滚转姿态角偏差

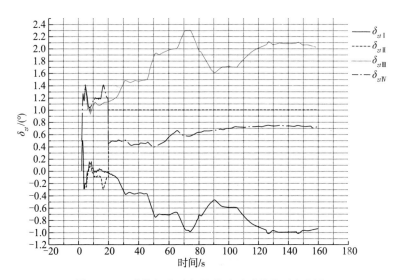

图 3 - 19 助推级发动机 Ⅱ 故障时助推发动机摆角

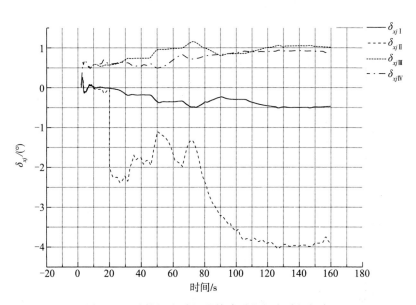

图 3 - 20 助推级发动机 Ⅱ 故障时芯级发动机摆角

　　助推发动机 Ⅱ 故障后，按照摆角合成规律，俯仰通道和滚转通道的控制能力减弱，主要影响 b3f 和 d3，从而影响截止频率。按照火箭各个发动机安装关系，俯仰通道的 b3f 下降约 25%，滚转通道 d3 下降 22.22%，截止频率降低。以额定状态某特征秒点为例进行分析，正常状态下与故障状态下，助推飞行段俯仰通道和滚转通道箭体特性结果分别如图 3-21 和图 3-22 所示（其中截止频率低的曲线为故障状态下的箭体特性图，截止频率高的为正常状态下的箭体特性图）。

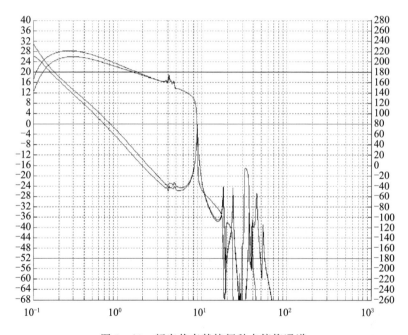

图 3-21　额定状态某特征秒点俯仰通道

　　加入校正网络和伺服特性，绘制正常状态和故障状态下的俯仰及滚转通道频域综合图，俯仰通道正常状态如图 3-23 和图 3-24 所示，俯仰通道故障状态如图 3-25 和图 3-26 所示，滚转通道正常状态如图 3-27 和图 3-28 所示，滚转通道故障状态如图 3-29 和图 3-30 所示。

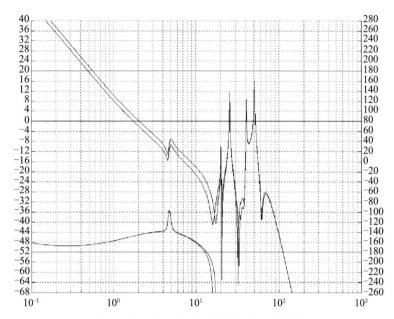

图 3 - 22　额定状态某特征秒点滚转通道

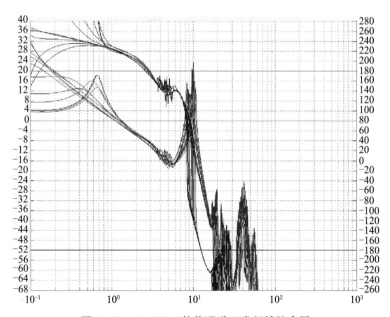

图 3 - 23　0～100 s 俯仰通道正常频域综合图

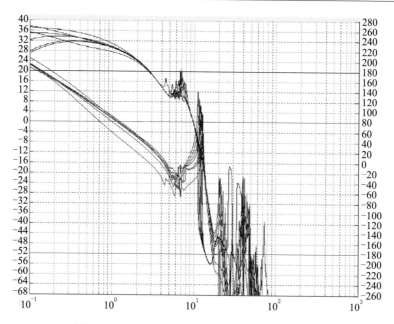

图 3 - 24　100～173 s 俯仰通道正常频域综合图

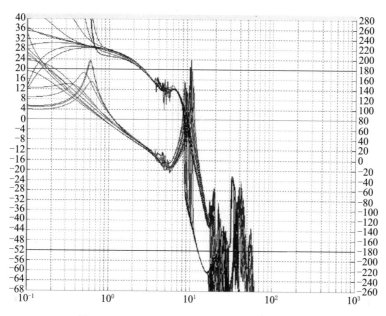

图 3 - 25　0～100 s 俯仰通道故障频域综合图

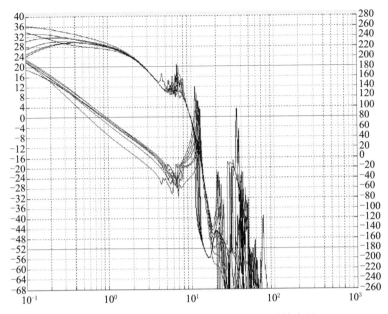

图 3-26　100～173 s 俯仰通道故障频域综合图

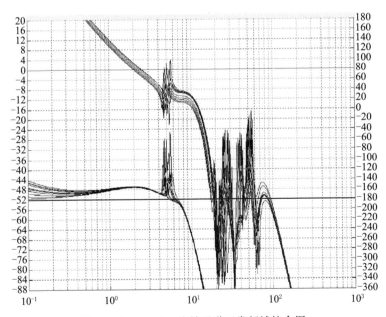

图 3-27　0～90 s 滚转通道正常频域综合图

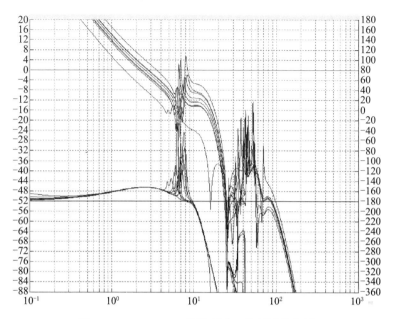

图 3 - 28　90～173 s 滚转通道正常频域综合图

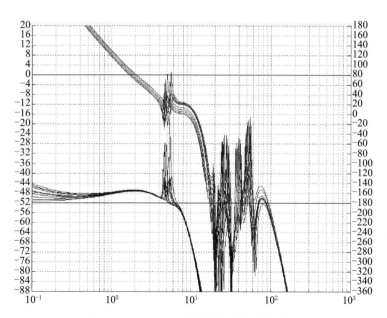

图 3 - 29　0～90 s 滚转通道故障频域综合图

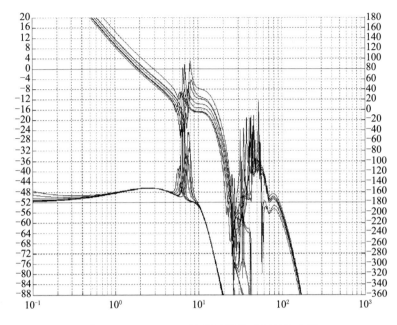

图 3 - 30　90～173 s 滚转通道故障频域综合图

　　正常状态下设计的增益和网络参数具有很好的适应性，兼顾故障状态的稳定性能，具有较强的控制鲁棒性和容错能力。故障与正常情况下相比截止频率降低，相位裕度与正常情况下相比有所降低，处于较高频带的弹性裕度变化较小，见表 3 - 4、表 3 - 5。

表 3 - 4　俯仰通道裕度统计

序号	项目内容	正常状态	故障状态	正常状态	故障状态
		$T \leqslant 100$		$T > 100$	
1	刚体截止频率 ω_c / (rad/s)	1.17～1.407	0.887～1.202	0.743～1.325	0.603～1.012
2	高频幅值裕度 L_s/dB	6.575～7.695	7.992～9.873	7.64～14.368	9.609～16.842

续表

序号	项目内容	正常状态	故障状态	正常状态	故障状态
		$T \leqslant 100$		$T > 100$	
3	高频相位裕度 θ_c/（°）	28.774~38.797	18.264~34.091	35.66~39.554	31.844~39.446
4	晃动幅值（相位）裕度/dB,（°）	11.7~17.4 （>79.5）	12.87~18.84 （>80.4）	16.27~21.645	17.566~21.424
5	一阶弹性相位裕度 γ_{c1}	34.1~87.5	34.2~87.3	48.6~76.1	48.7~75.8
6	高阶弹性幅值裕度 L_i/dB	≥24.031	≥24.061	>20.814	>20.602

表 3 - 5　滚转通道裕度统计

序号	项目内容	正常状态	故障状态	备注
1	刚体截止频率 ω_c/（rad/s）	1.487~3.685	1.273~3.069	
2	幅值裕度 L_s/dB	3.815~17.907	4.535~20.459	
3	相位裕度 θ_c/（°）	17.995~23.935	15.435~23.431	
4	晃动幅值（相位）裕度/dB,（°）	4.556~13.577（>16.3）	4.556~16.202（>17.3）	相位（幅值）
5	弹性幅值裕度 L_i	>12.1	>13.5	

3.3.2.2　消抖状态的设计

（1）经验

当火箭竖立在发射台开展模飞测试或起飞前姿控系统提前工作时，姿控系统已经形成闭环回路，箭体的运动（随风摇摆或扭转、振动）通过惯性平台和速率陀螺敏感并输入系统，经过控制方程计算控制伺服机构伸缩使发动机摆动。发动机摆动产生的惯性力作用在箭体上，火箭此时处于竖立状态，一端固定、一端自由，火箭与发射台构成一个整体，与实际飞行时两端自由、发动机点火工作的状态不同，发动机摆动的惯性力使系统构成正反馈。当存在外界扰动或内部电气扰动时，发动机摆动便会激励和加剧箭体的运动；又由于箭体一端固定并具有一定的结构强度和阻尼，这种运动会被火箭自身的阻尼所阻止，而不会无限地发展下去，最后达到一种等幅振荡的平衡状态，火箭发生抖振。因此仅针对起飞后状态设计的控制参数不能适应起飞前的测试状态，必须设计消抖网络避免该状态下火箭抖振[14]。

（2）基本原理

火箭竖立在发射台上共有三种状态，即无飞船（卫星），有飞船（卫星）、未加注状态，有飞船（卫星）、加注状态。抖动将造成箭体和装箭仪器的剧烈振动，产生破坏性影响，且可能会影响起飞的安全性。为防止发射前竖立状态模飞时发生抖振，采取在正常控制网络之后加入一带通滤波器，衰减抖振幅值使之稳定。针对竖立在发射台上三种状态可能产生抖振的频率，统计出在这些频率为确保稳定所需滤波的幅值（以分贝为单位计数）。分析获得需滤波的频带宽度和深度，由此设计带通滤波网络，即消抖网络。

起飞前主通道控制网络与消抖网络串联，起飞时刻切除该网络。以俯仰通道为例，原理图如图 3 - 31 所示。起飞前和模飞时图中 1 点接通，起飞后和飞行时图中 2 点接通（相应地，1 点断开）。

图 3 - 31　消抖网络及切除控制原理

接入消抖网络后，火箭竖立状态消除抖动的原理如图 3 - 32 所示。

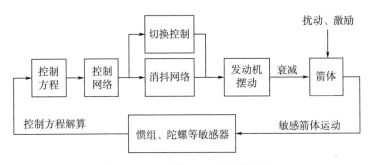

图 3 - 32　火箭竖立状态消抖原理

设计时，统计在抖振频率处为确保稳定所需滤波的幅值，表 3 - 6 给出了一个示例。

表 3 - 6　抖振频率处所需滤波的幅值

频率 ω/s^{-1}	25	36.48	42.7	65.6	77.2	80.28	91.8	102.5
滤波幅值 L/dB	21	20	14	21	14	17	16	11

针对上表需滤波频带较宽的情况，一种可行的消抖网络结构设计如下

$$W_0^\gamma(s) = \frac{[(\frac{s}{30})^2 + 2 \times 0.1 \times \frac{s}{30} + 1][(\frac{s}{100})^2 + 2 \times 0.08 \times \frac{s}{100} + 1]}{[(\frac{s}{10})^2 + 2 \times 0.5 \times \frac{s}{10} + 1][(\frac{s}{130})^2 + 2 \times 0.5 \times \frac{s}{130} + 1]}$$

$$(3 - 18)$$

该滤波网络频域如图 3 - 33 所示。

（3）应用分析

在设计过程中，很少精确地根据某个通道及某个频率点所需要的滤波幅值设计消抖网络，通常将消抖网络设计成强滤波网络，以达到对俯仰、偏航、滚动三个通道各个频率点均适用的目的。以某火箭开展模飞测试和起飞前测试的消抖设计为例，所选用的消抖网络为

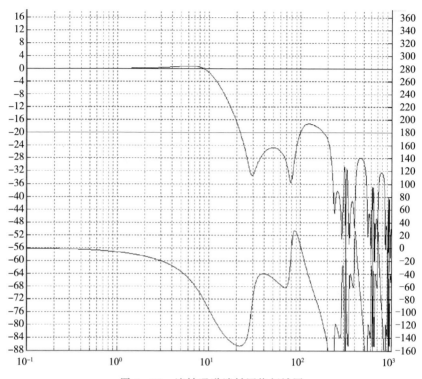

图 3 - 33　滚转通道消抖网络频域图

$W(s) =$

$$\frac{[(\frac{s}{4.5})^2 + 2 \times 0.08 \times \frac{s}{4.5} + 1][(\frac{s}{10})^2 + 2 \times 0.1 \times \frac{s}{10} + 1][(\frac{s}{17})^2 + 2 \times 0.3 \times \frac{s}{17} + 1][(\frac{s}{20})^2 + 2 \times 0.4 \times \frac{s}{20} + 1]}{[(\frac{s}{2})^2 + 2 \times 0.6 \times \frac{s}{2} + 1][(\frac{s}{4})^2 + 2 \times 0.6 \times \frac{s}{4} + 1][(\frac{s}{4.5})^2 + 2 \times 0.2 \times \frac{s}{4.5} + 1][(\frac{s}{8})^2 + 2 \times 0.8 \times \frac{s}{8} + 1]}$$

$$(3 - 19)$$

　　以某级俯仰通道为例，消抖网络频域特性如图 3 - 34 所示。加入消抖网络前后的竖立状态频域综合如图 3 - 35 所示。

　　加入消抖网络后，针对弹性进行了强滤波，使得弹性的幅值大大衰减，能够实现火箭竖立状态测试的消抖。

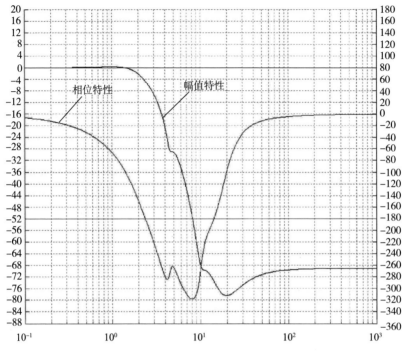

图 3-34 某型号强滤波消抖网络频域图

3.3.2.3 姿态角与程序角的同步处理

（1）经验

姿态解算过程中，为保证程序角和姿态角的一致性和连续性，需进行姿态角与程序角的同步扩展处理。以欧拉角表征姿态进行设计，当火箭进行大姿态飞行或飞行异常出现大姿态角，且超出姿态角的定义范围时，未做同步扩展的姿态角偏差会异常变大，以此作为火箭姿态角偏差进行姿态稳定控制时，稳定时间较长，从而消耗本应用于提高速度增量或姿态调整时的推进剂。

（2）基本原理

对姿态角及程序角进行扩展的判断标志为，当前控制周期的姿态角减去上一周期的程序角，若大于 $180°$ 或小于 $-180°$，则对当前

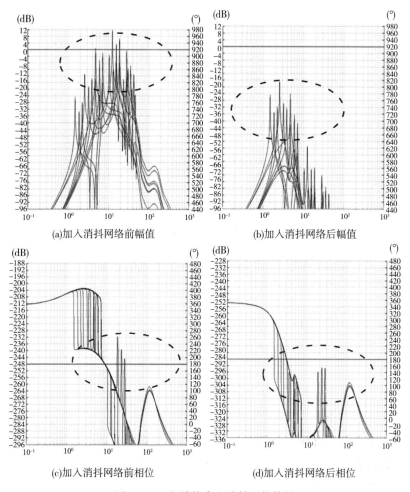

(a)加入消抖网络前幅值　　　　　　(b)加入消抖网络后幅值

(c)加入消抖网络前相位　　　　　　(d)加入消抖网络后相位

图 3-35　频域综合和消抖网络特性

控制周期的姿态角减去 360°或加上 360°。即若 $\varphi_{nT}-\varphi_{(n-1)T}>180°$，则 $\varphi_{nT}=\varphi_{nT}-360°$；若 $\varphi_{nT}-\varphi_{(n-1)T}<-180°$，则 $\varphi_{nT}=\varphi_{nT}+360°$。

　　而采用全程四元数表征飞行器姿态时，四元数的物理特性保证求解的姿态角在定义范围内（±180°），从而解决姿态角和程序角的同步问题。此时，利用程序四元数与姿态四元数计算用于控制的角偏差信号。

程序角（φ_{cx}，ψ_{cx}，γ_{cx}）对应的程序四元数

$$\boldsymbol{Q}_{cx} = \begin{bmatrix} q_{cx0} & q_{cx1} & q_{cx2} & q_{cx3} \end{bmatrix}^T \tag{3-20}$$

根据箭体系角增量可以递推解算出归一化处理后姿态四元数为

$$\boldsymbol{Q} = \begin{bmatrix} q_0 & q_1 & q_2 & q_3 \end{bmatrix}^T \tag{3-21}$$

则四元数偏差可按如下公式计算

$$\Delta Q = \begin{bmatrix} \Delta q_0 & \Delta q_1 & \Delta q_2 & \Delta q_3 \end{bmatrix}^T \tag{3-22}$$

若 $\Delta q_0 < 0$，则令 $\Delta Q = -\Delta Q$，否则 ΔQ 不变，按照如下方式计算姿态角偏差：

计算 $\delta\theta$，有

$$\delta\theta = 2\arccos(\Delta q_0) \tag{3-23}$$

若 $\delta\theta < 10^{-6}\,\text{rad}$，则有

$$\Delta\gamma_1 = -2\Delta q_1, \Delta\psi_1 = -2\Delta q_2, \Delta\phi_1 = -2\Delta q_3 \tag{3-24}$$

否则：

$$\Delta\gamma_1 = -\frac{\Delta q_1}{\sin\dfrac{\delta\theta}{2}}\delta\theta, \Delta\psi_1 = -\frac{\Delta q_2}{\sin\dfrac{\delta\theta}{2}}\delta\theta, \Delta\phi_1 = -\frac{\Delta q_3}{\sin\dfrac{\delta\theta}{2}}\delta\theta$$

$$\tag{3-25}$$

（3）应用分析

以某运载火箭二级滚转通道为例进行数学仿真。二级点火后经过失控段重新起控。若二级起控时间加长至 21 s，火箭飞行至约 200.0831 时（角偏差 670.8°）才获得起控能力，起控时间长，如图 3-36 所示。对姿态角和程序角进行同步扩展后起控时刻角偏差 80.8°，起控时间大大缩短，如图 3-37 所示。姿态偏差初值变得较合理，稳定时间缩短。

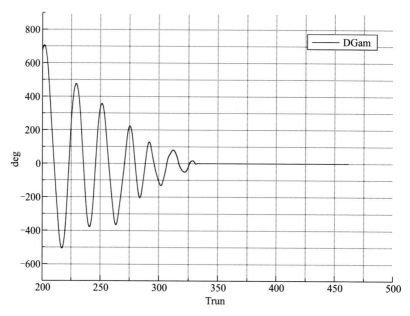

图 3 - 36　程序角未作同步处理的起控过程

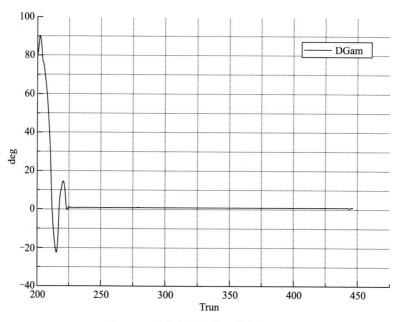

图 3 - 37 程序角同步处理的起控过程

3.3.3 电气系统设计

3.3.3.1 总线冗余方案的选择

（1）经验

当有多种冗余方案时，优先选择经济性最好的方案。要尽可能采用量化分析的手段，并且考虑到所有设计和测试环节。

随着数字总线技术的应用，总线系统成为了控制系统中信息流与控制流的重要载体，也是可靠性关键环节。对于广泛采用的1553B 总线系统而言，其"命令—响应"式的通信模式，避免了多个终端的通信冲突，但发出命令的总线控制器，成为了总线系统的"单故障危险点"，即总线控制器一旦失效，整个网络也全部失效，控制系统将无法工作。因此在高可靠的应用场合，均需针对总线控制器和总线网络开展可靠性设计。

当然，对于非"命令—响应"式的多主总线系统，不存在总线控制器的角色，但要避免通信的冲突，这是目前实时网络的另一个解决方案，如实时以太网技术。本书以 1553B 网络来展开讨论。

（2）基本原理

在总线冗余设计方面[15-19]，典型的有两种设计方案，一种是"单总线三冗余"结构，如图 3-38 所示。整个控制系统均为三冗余，所有的智能设备均为三套，采用冗余站点方式挂在总线上，总线由 A、B 两条冗余通道组成。

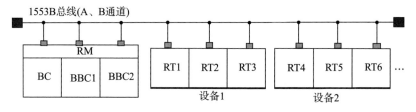

图 3-38 单总线三冗余结构示意图

这个系统中，三个总线控制器采用主备方式进行工作，其中一个为主控制器（BC），另外两个作备份控制器（BBC1、BBC2）。当主控制器出现故障时，切换为下一个备份控制器进行控制。即三个BC的功能各不相同，为了判定当前值班的是哪个总线控制器，需要一套冗余管理硬软件配置（RM）。在这种配置中，BC、设备1、设备2中各有一个冗余模块分别或同时发生故障，系统均可以承受。例如，BC中如果BBC1发生故障，三冗余的BC通过表决能够判定；同时设备1中RT1故障，RT2和RT3也可以表决出，系统不受影响。

另一种是相对独立的三总线冗余结构，如图3-39所示。每个总线控制器控制各自的总线站点，但总线控制器彼此之间无需表决，因为各自的工作是独立的，不存在当班BC的概念，冗余管理相对简单。当任一BC、任一RT1或任一RT2故障时，系统均不受影响；但若BC与RT同时故障，则情况与图3-38略有不同。例如，假设BC1和RT2故障。当BC1故障时，总线1的控制将失效；当RT2故障时，总线2的控制也失效；仅剩总线3的设备是正常的，但根据多数表决的机理，系统无法正常工作。

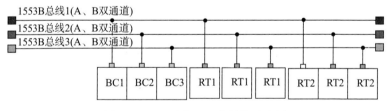

图3-39　三总线三冗余结构示意图

为了解决上述问题，随后又发展出一种新的三冗余总线结构，如图3-40所示。在这种结构中，每一个总线控制器除了负责本条总线的控制工作外，同时也是其他总线的站点，必要的时候可以接管总线控制的工作，这就使得每条总线都具有一个总线控制器和两个备份控制器。这种设计解决了"总线控制器是总线系统的单故障点"这一问题，使总线系统的可靠性大幅增加，但总线控制器间的冗余管理方案较为复杂。

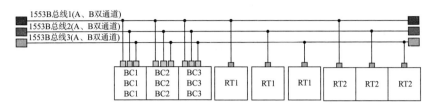

图 3 - 40　K - 1 火箭多总线紧耦合方式示意图

本节重点比较前两种方案。

（3）应用分析

显然，从框图上大致可以看出，方案 2 的总线为 3 套，比方案 1 复杂；方案 1 有专门针对当班总线控制器的冗余管理功能，这一点增加了方案 1 的复杂性；对于二度故障，方案 1 似乎适应能力更强。此时究竟该如何选择呢？本节讨论的内容，是要进行可靠性量化分析和经济性分析。

假设 BC 是箭载计算机，设备 1（方案 1）或 RT1（方案 2）为三套冗余惯组，为简化起见，分析这两种设备构成的系统可靠性。设每个计算机模块的可靠性为 R_c，每个惯组的可靠性为 R_i。

方案 1 的可靠性计算如下。

所有模块均正常工作

$$R_{1,t} = R_c^3 \cdot R_i^3 \cdot R_{rm} \qquad (3-26)$$

计算机有一个模块失效

$$R_{1,cd} = 3 \cdot R_c^2 \cdot (1 - R_c) \cdot R_i^3 \cdot R_{rm} \qquad (3-27)$$

惯组存在一台失效

$$R_{1,id} = R_c^3 \cdot 3 \cdot R_i^2 \cdot (1 - R_i) \cdot R_{rm} \qquad (3-28)$$

计算机和惯组各有一个模块失效

$$R_{1,ci} = 3 \cdot R_c^2 \cdot (1 - R_c) \cdot 3 \cdot R_i^2 \cdot (1 - R_i) \cdot R_{rm} \qquad (3-29)$$

当计算机有两个模块或惯组有两台失效时，系统则无法工作。

所以方案 1 的可靠性

$$R_1 = R_{1,t} + R_{1,cd} + R_{1,id} + R_{1,ci} \qquad (3-30)$$

方案 2 的可靠性计算如下。

所有模块均正常工作

$$R_{2,t} = R_c^3 \cdot R_i^3 \qquad (3-31)$$

计算机有一个模块失效

$$R_{2,cd} = 3 \cdot R_c^2 \cdot (1 - R_c) \cdot R_i^3 \qquad (3-32)$$

惯组存在一台失效

$$R_{2,id} = R_c^3 \cdot 3 \cdot R_i^2 \cdot (1 - R_i) \qquad (3-33)$$

计算机和惯组各有一个模块失效

$$R_{2,ci} = 3 \cdot R_c^2 \cdot (1 - R_c) \cdot R_i^2 \cdot (1 - R_i) \qquad (3-34)$$

需要注意的是，对于方案 2，当计算机和惯组各有一个失效，且两个失效模块出现在同一条总线中时，此时仅影响一条总线，故系统还能工作，因此仅有三种组合是能够工作的。对于方案 2，当计算机有两个模块或惯组有两台失效时，系统无法工作。所以方案 2 的可靠性

$$R_2 = R_{2,t} + R_{2,cd} + R_{2,id} + R_{2,ci} \qquad (3-35)$$

下面做一个快速的对比，见表 3-7，假设冗余模块的可靠性 $R_c = R_i = 0.999$，方案 1 的冗余管理模块的可靠性要远高于单个模块，即 $R_{rm} = 0.99999$。

表 3-7 可靠性定量分析 *

	方案 1	方案 2
所有模块均正常	0.994 005 04	0.994 015
仅一个计算模块异常	0.002 985	0.002 985
仅一个惯组异常	0.002 985	0.002 985
计算机和惯组各有一个异常	0.000 008 964	0.000 002 988
总可靠性	0.999 984 004	0.999 988 028

注：* 未考虑单总线和三总线对可靠性的影响。

很显然，所有模块均正常工作，计算机或惯组有一个模块故障时，方案 1 的可靠性均小于方案 2，因为方案 1 的冗余管理功能相对复杂一些，例如：

$R_{1,t} = 0.99400504$，$R_{2,t} = 0.994015$

但当出现二度故障时，方案 1 的可靠性高于方案 2：

$R_{1,ci} = 0.00000896$，$R_{2,ci} = 0.00000299$

综合来看，方案 1 的可靠性比方案 2 略低。

当冗余模块的可靠性进一步增大，如 $R_c = R_i = 0.9999$，所有模块均正常工作时，方案 2 比方案 1 高出 9.9994×10^{-6}；而两度故障下，方案 1 仅比方案 2 高出 6.63×10^{-9}。因此综合来看，方案 2 的可靠性更高。究其原因，当单个模块可靠性较高时，两度故障的概率极低，此时两度故障下方案 1 的优势对可靠性的贡献就很小；而其他情况下由于冗余管理的复杂度，方案 1 本身不占优势。当然，若单个模块的可靠性较低，方案 1 还是有竞争力的，此时取决于对冗余管理功能可靠性的取值，本节不再展开。

另一个需要考虑的是总线的可靠性。单总线有双通道，当两个通道均有故障时，单总线系统将无法工作，当然这样的概率极低；但对方案 2 而言，即使这种极低的概率发生，系统也能承受，从这点看方案 2 又增添了一点优势。

方案 2 是三套总线，因此从成本上增加了两套总线的开销。对于方案 1，总线控制器的冗余管理增加了软硬件的投资，硬件上新增了冗余管理处理设备，软件除了 FDIR 功能外，BC、BBC1、BBC2 的软件也各不相同，软件开发量和测试量均增大，在考虑成本时这部分费用不能忽略。

综上所述，在考虑冗余方案时，不能仅是定性分析，通过定量分析可以看出也许会被忽略的问题。在考虑成本时，除了关注硬件的成本外，软件复杂度的增加及其带来的质量保证开销也不容忽视。当然，软件一旦设计定型，在后续的发射任务中并没有开发成本。

3.3.3.2　冗余系统中的同步设计

（1）经验

为提高可靠性，运载火箭大量采用冗余设计技术，三冗余并行工作的模式应用较为普遍。在其中，同步控制技术是必须关注的要点，不同步会导致冗余部件之间状态不一致，进而影响表决功能。要想做到完全同步是困难的，在工程设计中必须考虑不同步的原因、后果并采取针对性的同步控制措施[18]。

（2）基本原理

不同步对冗余系统的影响有多方面，以航天控制的应用为出发点，影响系统不同步的机理主要表现为：

1）误差的累积效应。为避免共因失效，冗余系统中一般不允许共用某一套功能电路，因此各个冗余部件即使采用同一种设计，也会因为所采用的硬件差异而产生各种误差，主要是时钟电路和接口电路。这些误差的累积可能造成较大的同步偏差。例如，随飞行时间加长时钟电路导致冗余部件时间偏差增大。接口电路也是各种偏差的根源，例如 A/D 采样，完成采样的时间会有偏差；光耦隔离电路，信号转换的时间会有偏差，等等。因此，即使同一个输入信号，达到各个冗余部件的采样端口时已经不同步了。随着各种智能接口器件的应用，问题更加复杂。这类器件一般采用寄存器控制或类似内存存取控制的模式，只需完成设置和读取工作，具体的实现由器件自身完成。以 1553B 总线接口芯片为例，在通信故障情况下会重发以及切换通道后重发等，这就会造成采样时间的偏差。

2）周期的量化效应。飞行控制系统是按一定的周期采样信号并运行的，由于这样的特点，即使设备之间的微小差异（如前文所述接口电路的偏差）也会形成较为固定的量化偏差。例如，假设两台冗余设备恰好在信号有效的前后时刻采样该信号，那么采样时间靠前的设备将错过该信号，只能到下一个周期才能采到；而采样靠后的设备恰好在本周期采到，即使原来的差别很小，也将造成双机之间一个周期的采样偏差，放大了不同步的效果。

3）相位的混叠效应。如果三冗余系统中存在诸如电机脉冲控制的情况，则又会带来相位混叠效应的新问题，存在表决结果与预期严重不符的状况。

4）路径的放大效应。即使冗余系统运行的是同一个飞行软件，且每次软件不同路径下运算起点是同步的，但因代码中存在各种条件判断语句，当各自状态的组合不一样时，软件运行的路径也会有很大差别，并因这种差别产生不同的运行时间。当同步控制的指令恰好在所有这些条件分支之后时，就会产生较大的不同步时间偏差。也就是说，状态或路径的不同，也会将微小的偏差放大。

因此控制系统需采取多种措施进行同步控制：各冗余部件之间交换采样数据并采取多数表决方式，保证各种运算输入数据的一致性，避免计算产生的偏差；在总线通信中设计同步锁存信号，用该信号锁存采样点的数据，不管后续何时传输以及传输时延有多大，采样到的数据始终是同步一致的；缩短运算周期以减小量化误差；采用周期同步技术，在每个任务周期的起点通过三取二表决产生三个单机的周期中断信号，同步每个单机实时中断的起点；采用基于硬件指令陷阱的同步实现精确同步控制。

（3）应用分析

考虑输出带电信号并经外部不带电触点闭合后反馈至自身设备进行回采的设计。由于冗余系统在微观时间的不同步，运行较快的处理器采样到自回采信号后转换状态，可能导致运行稍慢的处理器不能有效采样自回采信号。为此，改进状态转换时机，采用基于周期延时的状态转换策略，采样确认后，延时一段时间再状态转换，在保证不影响后续采样（间隔时间较不同步的微观时间大）的情况下，确保冗余系统不同步时，各冗余模块均可实现正常的采样。

以某火箭推进剂利用系统三冗余控制方案为例，三 CPU 独立工作，输出三取二表决。针对三冗余同步问题，系统设计采用了冗余时钟同步的方案，以最大限度减少不同步现象的发生。但从原理上分析，仍会有采样相差一个周期的不同步现象存在，在 CPU 采样不

同步现象发生时，不同步的 CPU 之间采样时间相差 2.5 ms 的量化
周期。液位采样原理如图 3 - 41[21] 所示。

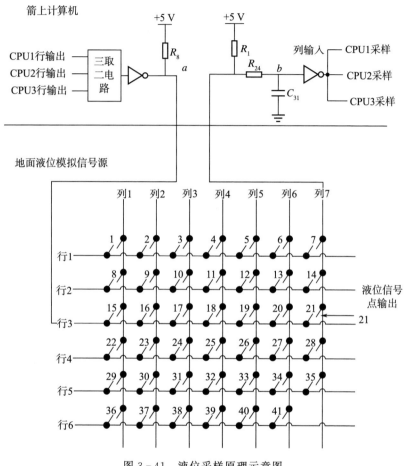

图 3 - 41　液位采样原理示意图

飞行软件采集第 i 点氧化剂（或燃烧剂）液位信号时，先通过控
制并输出 i 点所在行的行信号，之后读取 i 点所在列的列信号，如果
读到的列信号有效，则认为此次采集到第 i 点信号。连续采集到 40
个周期（1 个周期 2.5 ms），对此点信号进行确认。飞行软件在 1 个
周期内依次完成氧化剂第 i 点液位信号采样及判别、燃烧剂第 i 点液

位信号采样及判别、氧化剂第 $i+1$ 点液位信号采样、燃烧剂第 $i+1$ 点液位信号采样。处理流程如图 3-42（a）所示，其中调用到 2 个子程序单元，信号采样单元流程见图 3-42（b），列信号判别单元流程见图 3-42（c）。

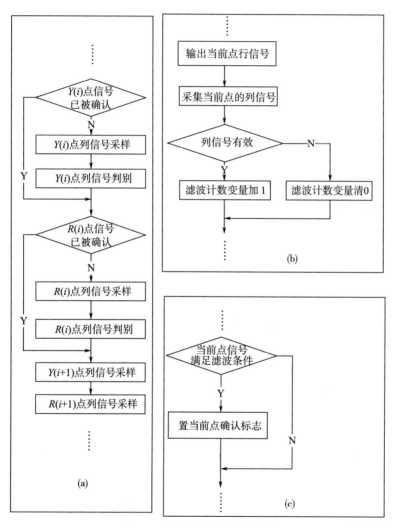

图 3-42 液位信号采集流程图

由于软件对液位信号的采样为查询方式，液位信号到达时刻与每周期查询点的时间先后关系不确定，且不同的 CPU 由于晶振差异，每周期内语句执行的速度不同，造成对于 1 个同源的列输入信号，不同 CPU 的采样结果会存在 1 个周期的差异，如图 3 - 43 中第 1 个 2.5ms 周期所示。

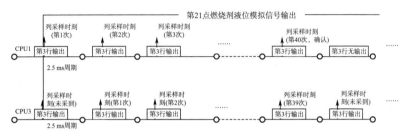

图 3 - 43　软件采样时序周期图

图 3 - 43 中的第 1 个周期，CPU1、CPU3 燃烧剂 21 点采样不同步，CPU1 比 CPU3 提前 1 个周期（2.5 ms）采到液位信号，因此 CPU1 连续采样到 40 个周期确认液位信号时，CPU3 只采样到 39 个周期，仍需 1 个周期才能确认该信号；但从下一周期起，CPU1 不再输出第 3 行，而切换到输出下一行，由于行信号是通过三取二输出的，即至少有 2 个 CPU 输出同一行，行信号才能有效输出，所以 CPU3 由于没有有效的第 3 行输出而无法采到燃烧剂 21 点的列信号，致使 CPU3 始终无法确认该点信号，此状态一直持续到燃烧剂 21 点采样窗口后沿结束后，最终导致 CPU3 将燃烧剂 21 点判为故障，而用 21 点理论装订值代替。

软件在冗余状态下采样不同步时，造成采样时间相差一个周期，会产生晚采样 1 个周期的 CPU 无法确认液位信号的现象。出现液位信号不能确认的原因需要同时具备下面 2 个条件：

1）不同 CPU 查询到液位信号的时刻不同，最后查到信号的 CPU 就会出现采不到信号的现象。如图 3 - 43 中 CPU3 比 CPU1 晚 1 个周期采到液位信号。

2) 对行末点信号采样。图 3 - 43 描述的是对燃烧剂第 21 点（即第 3 行最末点）的采样时序情况。而非行末点时，采样下一点不需要切换行输出，行信号始终有效。

此问题在三 CPU 测试状态下也会产生。当在行末点采样出现不同步，且有 1 个 CPU 晚时，该 CPU 无法确认行末点液位信号。

因此，改进行末点换行方法，采用周期延时的换行策略，即采样确认后，行信号在本周期输出不断开，而是延时若干周期后再断开。在保证不影响下一行第 1 点采样的情况下，确保 CPU 采样不同步时，各 CPU 均可正常进行液位信号的确认。采用这种策略彻底解决了此种三冗余控制状态下不同步现象带来的液位信号采样故障问题。

3.3.3.3　电气零位的甄别与处理

（1）经验

电气零位是测量到的被测产品的零位置信号，其在系统中被处理为包含采样误差和系统电环境零位信号的编码数字，该数字是物理世界的零位真实反映。在系统测试环境中，该数字通常并不是"0"，且测试状态不同时，系统零位信号也会在小范围内波动，可能为小的正数，也可能为小的负数。而负数在计算机中一般处理为补数，如果忽略了系统测试环境中电气零位采样的物理特性，小的负数作为无符号数处理为"大数"，系统将可能工作异常[22]。

（2）基本原理

控制机发出三相电流脉冲，经电机驱动器对利用系统三相脉冲信号进行放大，输出给步进电机的三相绕组，并在地面测试系统的前端控制台中用三相电压表进行监控，同时经 A/D 转换器进行模数转换后送后端控制台。后端控制台的 PLC 对模数转换后的三相电压进行判断处理，通过控制后端控制台的三相电压指示灯的亮灭进行指示。A/D 转换器输入量程有 1～5 V，0～10 V，- 10～10 V，根据步进电机绕组相电压特性及电压范围（0～5 V），考虑满足较高的采样精度，选择 0～10 V 量程，采样分辨率为 0.002 5 V，采样误差为

$\pm 0.2\%$（± 8BCD），即为 20 mV，A/D 转换采样机理如图 3 - 44 所示。

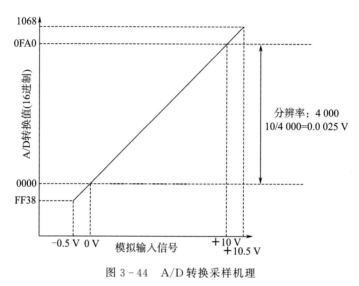

图 3 - 44　A/D 转换采样机理

三相绕组电压经 A/D 采样，送后端控制台，后端控制台的 PLC 对采样后的数字电压进行判断，当大于所设定的阈值时，认为相应绕组相不通，控制绕组相应指示灯灭；否则当小于所设定的阈值时，认为相应绕组相导通，控制绕组相应指示灯变亮。在系统设计中，设置阈值为 1 200，由图 3 - 44 可知阈值对应电压为 $10 \cdot \dfrac{1\,200}{4\,000} = $ 3 V，PLC 程序中相应设置相电压判定准则如下：

$$\begin{cases} V_{AD} > V_{SET}, \text{指示灯灭} \\ V_{AD} \leqslant V_{SET}, \text{指示灯亮} \end{cases}, \quad \text{其中，} V_{SET} = 1\,200 \qquad (3 - 36)$$

（3）应用分析

利用系统控制机给出三相电流脉冲，经电机驱动器对三相脉冲信号进行放大，输出给步进电机的三相绕组，控制步进电机运行。当转为真实电池供电后（简称转电），地面测试系统前端控制台的三个电压表指示正确；但经 A/D 模数转换后送后端控制台，在前端某相导通时，后端控制台该相对应的指示灯不亮（正常情况是导通相的指示灯应该亮）；当未转为电池供电或用模拟电缆替代电池时，前端控制台的三相电压表指示与后端控制台的指示灯相对应，指示正常。试验过程及试验现象见表 3 - 8～表 3 - 10（28 V 加电，控制机供电后步进电机零位工作在 A 相）。

表 3 - 8　箭上用电池，转电

脉冲	导通相	前端控制台电压表/V			后端控制台指示灯			起飞后
		A 电压表	B 电压表	C 电压表	A 指示灯	B 指示灯	C 指示灯	模飞情况
0	A	−0.001	5.030	5.010	灭	灭	灭	
1	AC	−0.004	4.980	−0.006	灭	灭	灭	
2	C	5.020	5.040	−0.004	灭	灭	灭	
3	BC	4.970	−0.005	−0.006	灭	灭	灭	模飞正常
4	B	5.020	−0.002	5.010	灭	灭	灭	
5	AB	−0.003	−0.004	4.960	灭	灭	灭	
6	A	−0.001	5.040	5.000	灭	灭	灭	

表 3 - 9　不转电，地面供电

脉冲	导通相	前端控制台电压表/V			后端控制台指示灯			起飞后
		A 电压表	B 电压表	C 电压表	A 指示灯	B 指示灯	C 指示灯	模飞情况
0	A	0.104	4.930	4.910	亮	灭	灭	
1	AC	0.141	4.950	0.138	亮	灭	亮	
2	C	4.930	4.940	0.101	灭	灭	亮	
3	BC	4.940	0.140	0.138	灭	亮	亮	模飞正常
4	B	4.930	0.104	4.920	灭	亮	灭	
5	AB	0.142	0.141	4.930	亮	亮	灭	
6	A	0.104	4.94	4.93	亮	灭	灭	

表 3-10 转电，模拟电缆供电

脉冲	导通相	前端控制台电压表/V			后端控制台指示灯			起飞后模飞情况
		A 电压表	B 电压表	C 电压表	A 指示灯	B 指示灯	C 指示灯	
0	A	0.071	4.730	4.710	亮	灭	灭	
1	AC	0.093	4.680	0.091	亮	灭	亮	
2	C	4.730	4.740	0.067	灭	灭	亮	
3	BC	4.680	0.092	0.091	灭	亮	亮	模飞正常
4	B	4.730	0.069	4.720	灭	亮	灭	
5	AB	0.094	0.093	4.670	亮	亮	灭	
6	A	0.070	4.740	4.720	亮	灭	灭	

从表中可以看出，三组试验（分别计为 1，2，3）过程相似，地面测试系统前端控制台 ABC 三相电压表指示正常，后端控制台指示灯 1 和 2、3 试验现象区别较大，起飞后模飞情况均正常。三相电压经 A/D 转换送到后端控制台时三相指示灯指示有区别，其中试验 2、3 指示正常，试验 1 指示错误。

进一步分析试验 1、2、3 由于供电电源不同带来的影响，可以发现在 1 和 2、3 三组试验中得到的三相电压（由前端电压指示表得到）是有区别的。在试验 1 中，A、B、C 三相导通时，A/D 采样到的电压很小，为 ±（1～6）mV，在 0 值附近。根据 A/D 采样精度（±0.2%即±8（BCD）），采样误差为 20 mV，采样值小于 A/D 采样误差。此时采样值可能为一个小的正数，也可能为一个负数。当为负数时，采样到的是补数 FF38～FFFF。由判定准则（3-36）可知，由于在后端 PLC 程序中，没有将补数当作一个有符号数进行比较，而被看作一个很大的正数，A/D 转换后的值大于门限值 1 200（3 V），PLC 控制器误判为此相不导通，因此导通相指示灯不亮。而且由于采样误差的随机性，有可能出现步进电机转动时，导通相指示灯闪烁的现象。在不转电时，导通相采样到的电压有 100 mV 以上；转电用模拟电缆时，导通相采样到的电压有 $70 \sim 100$ mV，因此在试验 2、3 中采样到的导通相电压均大于 A/D 采样误差（20 mV），由图 3-44 及判定准则（3-36）可知，导通相采样值是一个很小的正值，小于 PLC 程序中设定的阈值 1 200，所以判断不会出错，三相灯亮灭正常。由分析得知，由于 A/D 采样误差导致箭上用电池供电时，后端控制台 PLC 判断导通相电压有误，需要对判定准则（3-36）进行修改。

基于上述分析，可对软件进行改进，在后端控制台 PLC 程序中加入了负数判断的代码，修正后的电压判断准则为

$$\begin{cases} V_{AD} \leqslant V_{SET1}, \text{指示灯亮} \\ V_{SET} < V_{AD} \leqslant V_{SET2}, \text{指示灯灭} \\ V_{AD} > V_{SET2}, \text{指示灯亮} \end{cases} \quad \text{其中,} \begin{array}{l} V_{SET1} = 1\ 200 \\ V_{SET2} = 4\ 000 \end{array}$$

$$(3-37)$$

这样，当采样电压值大于 4 000 时，PLC 判断采样值是一个小的负数，采样到的值为补数，于是控制指示灯亮；当采样值小于 4 000，而大于 1 200 时，PLC 判断采样值为大于 3 V、小于 5 V 的电压值，控制指示灯灭；当采样值小于 1 200 时，PLC 判断采样值为导通相的电压值，为正数，于是控制指示灯亮。

3.3.3.4　考虑成本效率的设计

（1）经验

在多方案评估时，要突出设计净现值的概念，即用较少的投资获得同等的性能指标；并力求减少单一功能的单机，降低在共因配置方面的开销[23-25]。

（2）基本原理

所谓"净现值"，指的是用户为该指标支付的费用减去承包方为实现这个指标而消耗的费用。这个值越高，说明承包方获得的收益越大。假如这样的指标是可靠性指标，那也就意味着采用最经济的手段实现要求可靠性的设计。

对于电气系统而言，提高电子产品的可靠性有两种常用手段，选用高等级的器件、采用冗余设计。冗余设计的目的是考虑到元器件可靠性难以进一步提高而采取的补偿措施，但目前在许多应用中，两种手段同时使用，有可能导致净现值为负值，即"过设计"。采用高可靠性器件时，器件的单价贵，但器件数量少；采用冗余设计时，器件的单价相对便宜，但器件数量多；如果采用三冗余设计，器件数量将是三倍之多，这其中最终成本和对可靠性的影响需要进行对比。

所谓"共因配置"，指采用某种体制后，每台产品均需配置的基本单元。例如，采用1553B总线体制后，一般每台总线站点均需配置的硬件单元包括：处理器、总线接口、配套的外围芯片和二次电源等。每增加一台设备，均要增加这些开销，因此这部分也成为考虑成本效应的主要内容之一。

（3）应用分析

1）元器件质量等级对三冗余设计的影响。

为理解可靠性与成本的关系，本节以某型火箭综合控制器为例做简要分析。考虑到不同元器件高、低质量等级之间价格的差异、单价以及用量等，将该设备的元器件分为三类：

L1：普通分立元器件，不同质量等级之间价格差异较大，但单价相对集成电路而言较低，且用量多。例如各种阻容器件、二/三极管、门电路、变压器等。

L2：中小规模的电路，其特点介于L1与L3之间，包括光耦、晶振、固体继电器、稳压器、驱动器等。

L3：大规模及超大规模的集成电路、混合集成电路等，不同质量等级之间的价格差异大，单价很高，但用量较少。例如DSP、FGPA、FLASH、总线协议芯片、DC/DC、滤波器等。

综合控制器中各类器件的统计见表3-11。

表 3 - 11　某综合控制器各类器件数量与成本统计

	L1	L2	L3	总数
数量	2175	183	26	2384
数量占比	91.23％	7.68％	1.09％	100％
成本	181 507	531 900	408 500	1 121 907
成本占比	16.18％	47.41％	36.41％	100％

考虑五种情况（括号内的百分数为降低成本数）：

S1：全部采用最高质量等级的器件。

S2：全部采用较低质量等级的器件。

· 阻容器件由 J/K 或 GJB 降为七专（-35％）；

· 光耦由 JCT 降为 JP（-25％）；

· 二极管由 JCT 降为七专（-50％）；

· 固态继电器由 Y 级降为 W 级（-75％）；

· 稳压器由军级降为工业级（-10％）；

· FPGA 由 883 级降为军温工业级（-90％）；

· 54 系列单片集成电路降为工业级（-95％）；

· 其余进口元器件按价格下降 50％ 计算。

S3：仅 L3 器件采用较低质量等级器件。

S4：仅 L1 采用高等级器件，L2 与 L3 均采用较低质量等级
器件。

S5：采用高等级器件，未采用冗余设计。

针对上述假设，不同状态下成本与可靠性的统计见表 3 - 12。可
以看出，即使所有器件全部降低一个等级，可靠性的影响不足百万
分之四，成本将节省 60.92％，显然，采用较低质量等级的器件更为
合理。假设综合控制器在原方案（S1）下整个控制系统的可靠性为
0.996，如果采用 S2，控制系统的可靠性将降为 0.995 996；假设控
制系统各类控制器共 10 台全采用类似的方案，控制系统的可靠性将
变为 0.995 96，这样的可靠性指标系统也是可以接受的，但总成本

将节约 683 万。

表 3 - 12　某综合控制器不同质量等级下成本与可靠性的统计

	S1	S2	S3 (L3)	S4 (L2 _ L3)	S5
可靠性	0.999 998 541	0.999 994 637	0.999 998 426	0.999 997 251	0.999 996 241
成本	1 121 907	438 421	821 657	527 447	454 207
成本节省	—	60.92%	26.76%	52.99%	59.51%
可靠性降低	—	0.000 39%	0.000 01%	0.000 13%	0.000 23%

根据上述经验，在考虑成本效益的设计中，可以采用如下流程来实现满足可靠性指标的低成本设计：

a）按照采用非冗余设计的思路设计产品，并根据器件等级和手册中的可靠性指标，预测整机的可靠性。

b）如果整机可靠性指标不满足系统分配的任务要求值，或者超过任务要求值，通过调整方案设计，多轮迭代，使得可靠性指标预测值满足要求并留有适当余量。

从经济性角度考虑，可靠性指标略有余量即可，否则属于过设计。比如，可以指定一个指标，即失效率降低 20%。如要求值为 0.999，即其失效率为 0.001，降低 20% 后为 0.000 8，则可靠性目标值为 0.999 2。

c）针对上述设计中使用的高等级器件，选择降低到某一个较低质量等级，并采用 N 冗余设计，如果冗余后的可靠性已经超过原等级的可靠性，但其成本比原等级的 $1/N$ 还要低，则将原方案迭代为该冗余方案。

d）第 c）步迭代进行，最终确定成本与可靠性的最佳结合。

e）如果在设计迭代中发现，若将整机可靠性指标略作下降，则产品的成本可以大幅降低，此时可以将设计结果反馈给系统设计人员，降低任务分配值，并通过略微调高其他整机的指标来补偿。

当然，被调高指标的整机，其提高可靠性的实现应该在成本上影响很小，这一步骤才能奏效。

如果整机的可靠性要求很高，那么有可能在上述第 a) 步，即采用非冗余设计时，就已经无法找到任何满足要求的设计方案了。此时可以先选定一种冗余方案开展设计，如三冗余方案。本流程的核心是要通过迭代，找到最经济的器件选型及与其匹配的冗余方案，来满足可靠性指标要求并留有适当的余量。一般不选择同时调高质量等级并冗余设计的方案。

上述步骤的一个前提是，器件的质量具有可追溯性，即其从生产加工到应用中与可靠性评估相关的各种数据是可获得的、真实准确的；即使没有用户的反馈，其生产线也是有基本的质量一致性统计数据，以此为支撑才能评判其失效率。如果使用 COTS 器件，仅靠升级筛选是难以统计失效率的（不能保证批与批之间的质量一致性），因此 COTS 器件的选择要基于对某一厂家某个产品大量、多年的观测或使用经验来评估，一定是个案的处理而不是普适的，并且仍会引入一些残余风险。

2) 降低共因配置成本的影响。

共因配置是随着技术的发展而产生的，例如数字化、总线制等。数字化技术使设备的功能、性能有了显著提升，成本也大幅增加。同样以上述综合控制器为例，表 3 - 13 对比了两种设计方案成本。

表 3 - 13　两种综合控制器指标对比

新一代运载火箭综合控制器	传统火箭程序配电器
CPU：采用 SMJ320VC33（DSP）	CPU：采用 MD87C51（单片机）
输出时序：60 路	输出时序：40 路
接口：三冗余 1553B 接口；485 接口	接口：两路脉冲输入信号
可靠性指标：0.999 99	可靠性指标：0.999
器件总价：1 121 907	器件总价：287 382

新一代运载火箭综合控制器成本的增加主要是由于采用了 1553B 总线、高性能 DSP 处理器以及 FGPA 等大规模集成电路的应用。若要退回到传统设计方案，设计团队也会面临技术不够先进的较大压力。要降低成本，只能采取一种措施，即将共因配置的能力

发挥到最大，从而减少单一功能的产品，通过降低产品数量，来实现整体的成本优化。例如，利用综合控制器的处理能力来替代多台产品功能，而不仅仅还是发挥原来一台程序配电器的功能。虽然看起来单台成本增加了，但整体看，电气系统的成本降低了。这正是发挥了系统集成的优势，要避免产品性能增加后却仍只是完成原有功能。

然而，系统集成也带来了开发成本高、不同功能深度耦合的缺点。因此，采用平台化设计是缓解设计成本的有效措施。图 3 - 45 为采用设计平台配以 I/O 接口实现不同的功能，如 GNC、伺服控制等功能。

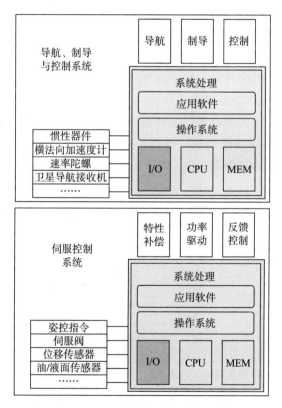

图 3 - 45　基于通用开发平台的设计

平台化设计的基本思路就是通过标准的体系结构、基本的软硬件配置、模块化的 I/O 接口，以一种开发环境组配不同的应用系统，从而避免重复开发、产品种类繁多等不利于资源共享、成熟度提高和成本降低的因素；同时通过模块的升级，满足技术发展需求。

采用分时分区（TSP）操作系统是缓解不同功能深度耦合影响的有效手段。当多个功能集成在一起时，由于这些功能的安全关键等级不一样，引发了低安全等级的功能失效影响高安全等级功能的担忧。而 TSP 可以对不同的任务分区，将某一功能的故障限制在分区内，如图 3 - 46 所示。

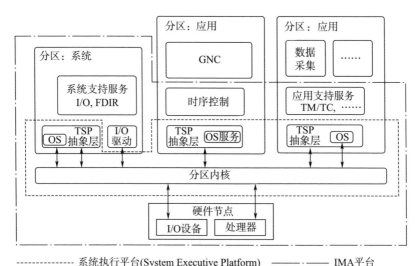

图 3 - 46　空间系统集成模块化电子系统开发平台

图 3 - 46 是 ESA 提出的空间系统集成模块化电子系统开发平台（IMA - SP platform）。该平台由多个逻辑层组成，包括：a）硬件节点；b）系统执行平台（SEP），涵盖独立分区内核、TSP 抽象层、用户操作系统；c）系统支持服务层，主要包括系统级的中间件软件，如 I/O 处理、FDIR 等；d）应用支持服务层，主要包括应用层面的中间件软件，如遥测/遥控接口（TM/TC）等。通过分时分区，

降低软件任务之间的耦合度，并进行分区独立管理，如遥测遥控功能的失效将不会影响 GNC 和时序控制。

　　TSP 的另一个优势是可以根据任务的优先级进行分时，先满足高优先级的任务，剩余的机时可以用于其他处理。在这种模式中，机时可以全部被利用，这与"控制周期＋循环"的模式有显著不同。后者必须预留出 20％的机时余量，以避免下一循环的任务被影响。采用 TSP，高优先级的任务会确保在确定的时间点被唤起并按确定的时间完成，而剩下的时间可以全部用于其他任务；即使这些任务没有被完成，到了确定的时间，高优先任务会拿回控制权；在任务完成后，继续完成那些低优先级未完成的任务。这也满足了将共因配置的功能发挥到最大的需求。

参 考 文 献

［1］ NASA Engineering and Safety Center Technical Report，Design，Development，Test，and Evaluation（DDT&E）Considerations for Safe and Reliable Human Rated Spacecraft Systems ［R］．Volume Ⅱ，June 14，2007，NESC Request Number：05 - 173 - E.

［2］ NASA HEADQUARTETS. Expand guidance for nasa system engineering ［R］．Volume 1：System Engineering Practices，March 2016.

［3］ 鲁宇．航天工程技术风险管理方法与实践 ［M］．北京：中国宇航出版社，2014.

［4］ 遇今，刘璟炜．宇航型号技术风险分析与控制 ［J］．质量与可靠性，2014，（1）：39 - 40，49.

［5］ 徐嫣，孙鹏，陶晓强．航天产品成功数据包络分析研究与应用 ［J］．质量与可靠性，2012，（增刊）：336 - 343.

［6］ MICHAEL G STAMATELATOS. NASA activities in risk assessment ［C］．NASA project management conference，March 30 - 31，2004.

［7］ JESSE LEITNER. Risk - based SMA：Audit and Assessment ［C］．2017 NASA Safety Center（NSC）Audits and Assessments Operational Meeting，Nov. 8，2017，Cocoa Beach，FL，USA.

［8］ RICH BARNEY. Risk - based safety and mission assurance：approach and experiences ［C］．5th Trilateral Safety and Mission Assurance Conference（TRISMAC）；4 - 6 Jun. 2018；Kennedy Space Center，FL；United States.

［9］ TUMER，IREM Y，BARRIENTOS，FRANCESCA，MESHKAT，LEILA. Towards risk based design for NASA's missions ［C］．2004 ASME International Mechanical Engineering Congress Expo；13 - 19 Nov. 2004；Anaheim，CA；United States.

［10］ NASA Engineering and Safety Center Technical Report，Design，Development，Test，and Evaluation（DDT&E）Considerations for Safe and

Reliable Human Rated Spacecraft Systems [R]. Volume I, May 1, 2007, NESC Request Number: 05 - 173 - E.

[11] 荆泉，杨双进，李京苑，等. 运载火箭技术风险控制的探索与实践 [J]. 航天工业管理，2014，(5)：16 - 19.

[12] 吕新广，宋征宇. 载人运载火箭迭代制导方法应用研究 [J]. 载人航天，2009，15 (1)：9 - 14.

[13] 何勇，吕新广，宋征宇. 适应推力下降故障的迭代制导方法研究 [C]. 中国航天运输系统新技术研讨会，上海，2018.

[14] 肖利红. 载人运载火箭姿态控制系统设计 [R]. CZ - 2F 型号系列科技报告文集 (中册)：366 - 379，2008.

[15] 宋征宇. 总线技术在运载火箭控制系统中的应用 [C]. 中国运载火箭技术研究院建院四十五周年学术交流论文集，北京，2002.

[16] 翟邵蕾. 采用三总线的运载火箭控制系统冗余技术研究 [D]. 北京：北京航天自动控制研究所，2008.

[17] MUELLER G E, KOHRS D, BAILEY R. Autonomous safety and reliability features of the K - 1 avionics system [C]. 52nd international Astronautical Congress，2001，10.

[18] 胡海峰. 运载火箭复杂容错控制系统可靠性分析 [J]. 航天控制，2014，32 (5)：84 - 91.

[19] 胡海峰，翟邵蕾，孙海峰. 基于全概率公式的运载火箭控制系统可靠性模型研究 [J]. 航天控制，2014，32 (3)：87 - 94.

[20] 宋征宇. 运载火箭冗余设计中的同步控制技术 [J]. 载人航天，2013，19 (2)：11 - 19.

[21] 徐淑华，崔宇，宋征宇. 推进剂利用系统液位采集故障的分析与改进设计 [J]. 航天控制，2013，31 (2)：79 - 83.

[22] 胡海峰，等. 推进剂利用及地面测试系统的故障分析与改进设计 [J]. 航天控制，2005，23 (2)：74 - 77.

[23] 胡海峰，宋征宇. 航天运载器飞行控制电子产品可靠性与成本分析 [J]. 航天一院六十年质量论坛之可靠性分论坛文集，2017，8.

[24] 宋征宇. 考虑成本效率的航天运输系统研制 [J]. 航天控制，2015，33 (6)：3 - 12.

[25] 胡海峰，宋征宇. 航天运载器飞行控制电子产品可靠性与成本分析 [J]. 导弹与航天运载技术，2018，365 (6)：65 - 69.

第4章　产品实现

产品本身也可以看作是一个微小的系统。因此，系统设计的一些最佳实践经验也可以应用到产品实现过程中。在系统设计阶段，明确并分解了产品的设计需求后，在产品的设计开发阶段，同样要进行多个具体方案的权衡和优选，必要时要向上层的系统设计过程进行反馈、修改相关设计约束并进行多轮迭代，从而达到整体优化的效果。而实现优化设计的主要技术手段，是开展面向各种要求/约束的设计，简称DFX（Design for X），其中X代表各种要求/约束。显然，面向功能/性能的设计是首要开展的工作，但并不是全部。在第3章中介绍的"基于风险的设计"，也可以看作"面向风险的设计"，其他类似的工作还包括"面向成本的设计""面向可靠性/安全性的设计"等。而与产品实现联系更加紧密的设计，包括"面向测试的设计（DFT）""面向制造/装配的设计（DFM/DFA）等。

本章首先结合国内外航天系统工程取得的成果，介绍产品实现的基本流程，重点聚焦于电气产品的实现。随后总结了最佳实践的经验，并对供电系统设计、面向制造的设计这两个领域的内容进行了专题讨论。在此基础上，通过一些具体案例的分析，进一步阐述最佳实践的有关内涵。关于电子产品以及电气系统的设计指南，在各种参考文献中能够找到大量有价值的信息，因此本章没有就这些方面的内容进行过多的阐述，而是对实际工作中经常容易发生的问题或者易被忽略的要素，在归纳和分类后进行讨论。一个定义明确、与其他设备或系统交互很少、工作在较为确定和稳定工况下的产品，是很难发生故障的；相反，出现故障的场合，往往是在动态条件与众多设备的耦合度较深、部分工况难以定量描述的情况下，例如彼此之间的电磁干扰、接口设计、进入稳态工作前的动态过渡过程、由于舱段分离带来系统拓扑结构的变化，等等；因此在具体案例中，主要从抗干扰设计、瞬态过程控制和潜通路分析等三个特殊的视角，来介绍产品设计中的关注要点。产品的实现最终离不开制造，制造的质量与采取的工艺及其过程控制密切相关，而产品的寿命也与使用条件和使用方式有关联。这些问题发生的根源看起来都很简单，但在实际工作中确实是容易产生，并且这些案例也容易被其他项目团队所忽视，因此在最后一节介绍工艺上可借鉴的经验教训。这些案例并不涉及航天特殊工艺，在其他工业部门也会发生，但由于飞行过程中对产品高可靠连续工作的要求、无法更换设备的限制以及故障扩展后带来的严重后果，所以一次微小的疏忽也会造成任务失败的巨大损失。

本章聚焦于硬件产品的实现，有关软件产品的最佳实践内容可以参考其他文献。

4.1　产品实现的基本流程

产品实现的基本流程如图 4-1 所示，主要包括设计开发和设计实现两个过程[1]。

在设计开发过程中，首先提出几种候选的实施方案，对其组成部分以及体系架构进行开发和评估，包括开发测试与验证模型，以及导航、制导与控制的各种算法的开发。随后进入分析和仿真阶段，仿真分析将确定传感器、执行器和控制器等硬件的体积和选型，稳定控制的品质与余量，入轨精度及其散布统计，以及可靠性等指标。此后开发工程样机进行验证，这一过程有可能会多次迭代。为了确保设计一次成功，避免方案反复，需要对每种备选方案进行评估，这种评估应该是定性与定量分析相互结合，单纯定性分析或纯粹依靠经验以及仅仅参考原有的设计，很难达到综合优化的效果或者在技术大幅进步的同时缓解风险，这也是采用 MBSE 开发方法的目的所在，即在统一的模型和参数下进行以仿真为基础的定量评估和比对。

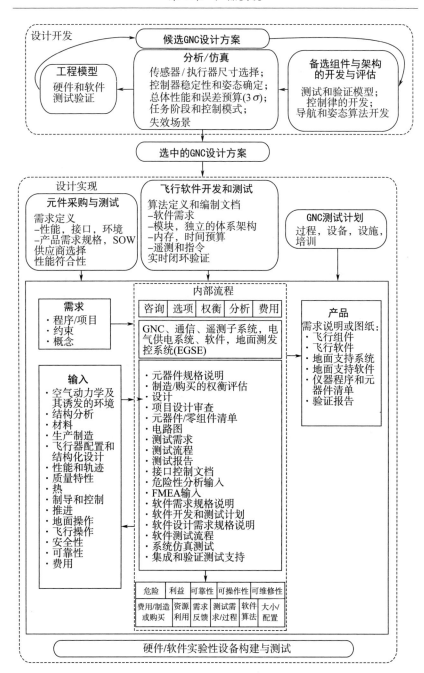

图 4-1 产品实现的基本流程

　　在设计实现过程中，上层需求将会进一步细化为产品的性能、接口需求，并对供方进行选择。在产品制造出来后，进行需求的符合度检查以及各种生产过程的测试等。与此同时，软件也开展算法的确定、需求规格说明编制，并按照软件工程化要求进行开发，开展闭环数学仿真验证，也称"模型在回路"或"软件在回路"测试。系统工程的一个重要经验，就是在硬件、软件产品开发的过程中，同步并且独立进行 GNC 系统测试的规划和设计，各种测试用例的设计是参照产品的需求描述来进行的，而不是在产品完成后，以及针对具体产品的特性再制定测试计划。针对需求的测试是系统级的验证，而对产品具体特性的测试是承包方过程控制的职责。

　　在产品实现的准备时期，首先需要进行决策的，是购买产品进行集成，还是沿用或开发新产品，如图 4 - 2 所示。这一过程的设计输入包括：所需的原材料、最终产品设计需求规格说明和配置文档等。如果自行开发，要评估各种支撑技术或产品的成熟度，以及由此对进度、经费以及风险的影响。当然，购买或采用货架产品也都存在适应性等问题。

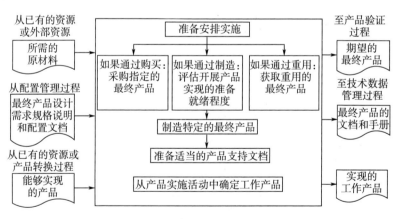

图 4 - 2　产品实现的输入与输出流程

4.2　产品实现的基本要素

4.2.1　最佳实践

1) 要确保需求分解的可跟踪性和完备性，避免遗漏或新增不必要的需求；需求应量化、可测试，且条件变化对性能的影响不能忽视；要将上层需求中的可靠性、安全性需求转换为具体的设计指标，避免定性的概念描述。

只有量化的需求才可测试，不能量化的需求则往往是隐患所在。任何量化的性能指标均是针对特定条件的，例如稳态工作条件、初始条件、过渡条件、工作完成结束的条件，等等，这些条件容易被忽略，在工作中需要明确。

2) 在采用新技术的产品和经过验证的成熟产品之间进行权衡。新技术的采用首先是刚性需求决定的，同时要考虑到未来的升级换代；而使用成熟的产品，需确保符合相关系统的验证条件。

刚性需求指如果不采用这种技术就会满足不了任务需求，包括性能、成本、计划的约束，其成熟度的发展必须是可负担得起的。在满足刚性需求后，有条件可以考虑其他需求，如促进技术发展、培养人才等。

由于电子产品和元器件的更新速度非常快，很难维持一个旧的设计状态很长时间，因此电子产品的体系架构从一开始就必须是可扩展的，采用标准的接口，同时还要避免专用电路。例如对于各种总线接口，采用可编程的协议模块＋接口模块的方式，比专用的接口电路模块的适应性更强。

要对成熟产品或重用产品的适应性进行分析和考核，而不是依赖于原始系统的原始验证和确认情况。

3) 从失败的教训回顾中得到的反馈可以推动将来可做和应做的事项，来提高安全性和可靠性。

常见的考虑问题的出发点包括：是否有某些原因/故障比其他更有可能发生？什么样的子系统或电子设备的部件更容易失效？如果有这样的原因/故障/子系统/部件，本项目的设计应如何规避或采取其他替代方案？又如，零组件可靠性的发展趋势是什么？电子元器件、机电部件、PCB、导线电缆的可靠性趋势是什么？对本项目的设计有什么启发？在思考时应多从典型案例、发生概率、趋势等梳理需要特别关注的问题。

4）选择合适的接地体制，并确保屏蔽的连续性。通过低阻抗抑制噪声电流、故障电流等造成的电压；通过高阻抗限制不期望的电流。根据对阻抗的要求选择合适的接地点。

对地的低阻抗称作连接阻抗，一般要小于零点几欧姆；对地的高阻抗，被称作隔离阻抗，一般为数十千欧姆以上。具体选择连接阻抗还是隔离阻抗因系统而异，任何介于这两个值之间的参考电阻都要特别小心考虑。同时，直流阻抗和交流阻抗都要考虑。

选择一个接地点可以避免旁路电流。但当单点接地导致线路过长而影响接地阻抗，或者旁路电流非常小对系统的影响可以忽略时，也可以根据设置的便利性多点接地。

当接地结构导致共模噪声时，可以用含有共模扼流圈和旁路电容的共模滤波器进行滤波。

当屏蔽层接地时，必须提供足够低的阻抗以流过电流。屏蔽的连续性不能被连接器、安装支架、复合材料的结构和多个部段连接等隔断，同时要避免电磁信号的泄漏。

5）关注动态条件下设备工作的过渡过程，这些过渡过程与设备的初始状态有关，而需求中关于性能的指标往往是针对稳态的。不合理的设计会导致初态的不确定，或设备无法进入稳态工况，从而影响安全性。

动态条件存在于设备上电工作、状态切换，以及断电过程中。上电过程存在电源的建压、最佳工作点的建立等过程，而切换状态则包括供电的转换、级段的分离、冗余的切换等。断电后设备虽然不再起作用,但可能对下一次使用有影响,因此也不能忽略。

因过渡过程难以预计,在 MBSE 中也很难建模,所以实物验证是必须的手段。近年来因过渡过程中参数的不匹配导致的故障屡次发生,应强调初始条件与性能指标的匹配性。

6) 设备对外接口要设置瞬态抑制或过滤电路以避免静电击穿,避免将内部集成电路等引脚直接引出连接至接插件。通过硬接地防止导电材料积累静电电荷,或通过体电阻率足够低的电介质材料进行接地,减小静电的危害。

对预防 ESD 损伤要特别谨慎,因为其不会总是导致立即失效,而是需要时间来发展,逐渐引起潜在的缺陷,并最终可能在真正需要该设备工作的时刻失效,而在此之前难以监测到任何异常。

4.2.2 供电系统的设计考虑

1) 电源系统要确保可靠,必须按可靠性最高的要求考虑。

供电是所有电气系统可靠工作的基础,各种可靠性设计、容错策略、故障隔离与重构,以及严重故障下的任务中止或者自毁控制等均离不开电。一旦电源系统失效,火箭将彻底失控,因此电源系统要按最高的(接近于 1 的)可靠性指标来设计,要保持输出的连续性以保障关键功能的运行。

采用冗余配置、或者利用参数裕度的方法,是确保可靠性的有效手段。当采用后者方案时,电池的容量会增大,要考虑持续大电流输出(容忍系统中短路)时的散热和安全性问题。

2) 单机产品除了确保自身工作的可靠性,还要考虑故障状态下对供电系统的影响,要避免造成共用电源系统短路或输出能力不足的情况发生。

影响电源的故障一定要隔离,防止故障传播。在单机的供电输入端要设计有短路保护电路,可以是短路保护电阻,限制故障下的吸收电流;也可以是断路器(熔断器),当吸收电流异常增大时,断开与供电系统的连接。设计者还需要考虑一种极限情况,故障可能恰好发生在略低于线路保护点的电流水平上，此时导线通过较大电流并可能会维持较长时间，因此供电能力一定要留出足够的余量。

3）直流一次电源在加电过程中，要考虑负载瞬变导致电压波动或者浪涌电流等对供电线路、用电设备带来的适应性问题。

由于用电设备的容性特性，在供电接通的瞬间可能会产生较大的浪涌电流，这不仅对供配电线路的承载能力是个考验，也会导致电源电压突然下降，从而影响其他用电设备；或者供电线路上压降大幅上升，而设备端电压不足，致使设备处于一种低压工作状态。

当设备端供电不足时，有可能设备也能正常启动，此时进入正常工作状态，瞬态过程结束，电流和电压逐步恢复正常；也可能设备无法启动，或者在低压下处于一种振荡的工作状态，并维持较大的吸收电流。当无法启动时，尽管不满足系统要求，但对产品并没有危害；而振荡工作状态有可能影响产品性能，这一点与前文所说的短路电流略低于保护点的情况很相似。

4）交流供电要考虑用电设备初始状态对电源本身的影响。

当系统中存在给交流电机供电的工况时，如果仅仅是启动电机，电机将从供电前的静止状态进入供电后的高速转动直至同步状态。但如果出现交流电源切换的情况，电机断开与原供电电源的连接，转速下降，扭矩降低，但仍保留反电势；此时切换到另一台交流电源，就有可能造成电源参数与电机不匹配、最终无法启动的问题。

5）一、二次电源之间要起到隔离作用，主电源和二次电源的供电母线隔离阻抗应该在兆欧级。

这种隔离不仅仅是要有足够大的直流阻抗，也要有充分的交流阻抗。一些二次电源产品为了方便通过 EMC 测试要求，在一、二次电源母线端对地配置了滤波电路，这导致一、二次电源母线通过地端（一般是壳体）构成了交流通路，当主电源母线出现电压波动时，相应的干扰信号也会传递到二次电源输出端。

6）二次电源的供电要考虑其电压上升过程对数字电路不同功能部件的匹配性。

随着大规模集成电路的使用，为了降低功耗，器件的内核电压、接口电压一般不相同，例如，内核电压为 1.8 V，接口电压为 3.3 V，其他器件的信号是 5 V，等等。在这种情况下多种二次电源或电源调节器并存，当主电源供电时，这些二次电源建压时间不可能完全一致，有可能出现器件无法复位、或者输出端不可控等情况。

4.2.3　面向制造的设计

4.2.3.1　基本概念

面向制造的设计（DFM），是一种使零件的组装更易于制造的设计方法，而这些零件在组装后将形成产品。DFM 关注降低整体零件生产成本，并使得制造操作的复杂性最小化。与其相似的另一个概念是面向装配的设计（DFA），这是一种便于装配的产品设计方法，它关心降低产品装配成本，尽量减少装配操作的次数，但这有可能导致个别零件在设计上更为复杂。有关 DFM/DFA 更多的讨论，可参见参考文献[2-4]。

图 4-3 给出了产品从设计到生产制造出来的成本分配。按传统的理解，设计仅占全部成本的 5%；而材料是主要成本的组成部分，占 50%；此外用于生产制造的成本为 30%，劳动力成本 15%。但是设计方案的好坏对材料的选用、加工性能、生产制造的流程，以及对设备的需求、对工人技能的要求等均有很大影响，因此设计对整个费用的影响达到了 70%，而生产制造仅占到了 5%，即原先认为在制造、材料选用等过程中花费的许多费用，几乎都是由设计方案而决定的。这是开展面向制造的设计的主要原因。

图 4-4 给出了需求与费用的对应关系，从而可以区分三种设计方案：敏感设计、鲁棒设计和边际设计。从图中可以看出，鲁棒设计在费用大幅降低的情况下，系统性能并没有太大的改变，甚至仍能保持性能余量。而敏感设计与鲁棒设计相比，在较高费用的情况下，其性能余量要优于鲁棒设计；但该设计方案对成本比较敏感，

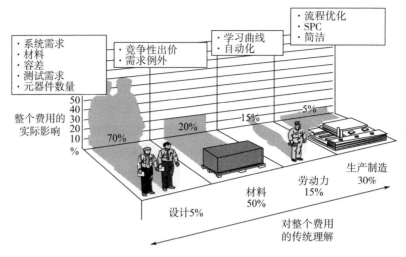

图 4 - 3　产品研发成本分配

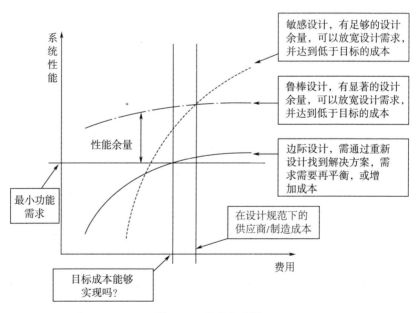

图 4 - 4　需求与费用

当费用降低后，性能也急剧下降。边际设计则刚刚能满足用户要求。但是在实际工作中，设计者仅仅知道性能与容差的关系，生产方仅知道费用与容差的关系，很少有人考虑或熟悉性能与费用的关系。因此，这正是设计团队与制造团队需要沟通的地方，以共同达到鲁棒设计（在费用不确定性较大的情况下）或敏感设计（在有相对确定且充裕的经费条件下）。

4.2.3.2 设计准则

面向制造的设计（DFM）和面向装配的设计（DFA）是将产品设计和工艺规划集成为一个共同的活动，从而设计出一种既经济又容易生产的产品。从图 4-3 可以看出，生产成本的 70%（材料、加工和装配成本）由设计决策决定，而生产决策（如工艺规划或机床选择等）仅占成本的 20%。

控制系统产品由电子产品（如计算机）、机电产品（如惯性测量设备）、化学产品（如电池）等组成，其中关于电子产品 DFM/DFA 的研究成果较为丰富[5,6]。综合各方面的成果，总结以下基本原则：

1）了解当前或过去产品的制造问题，并制定指导原则。

从过去的经验教训中学习，而不是重复过去的错误，这是理解所有的问题和当前、过去的产品可制造性的重要方面。任何制造系统设计的核心都是一组设计原则或指导原则，这些原则是为了帮助设计者降低制造项目的成本和难度，例如：从可靠的来源选择高质量的部件。统计发现，在下一阶段装配过程中发现和修复缺陷需要花费 10 倍于本阶段解决问题的成本。因此，在部件装配中发现零件缺陷需要花费 10 倍的成本；在最终装配过程中发现部件装配缺陷也要 10 倍的成本；在分销渠道中发现问题又增加了 10 倍，等等。所以零件必须可靠，应能够在所需的过程内提供一致的质量。

2）消除减小公差要求的过约束。

过约束是指比最小必要的指标还要严格的约束。

为鲁棒设计明确最佳容差。在设计之初就确定所有公差的变化对零件或系统质量的影响，其结果应是所有的公差都能优化从而实现鲁棒设计，以较低的成本提供高质量。

　　理解容差产生的代价并合理选择容差。每一道工序都有其实际的"极限"，即在生产线上给定的技能水平所能达到的最佳值。如果容差要求比极限值还要严格，则必须使用下一个更精密（和昂贵）的工艺。设计者必须理解要求逐步加严而带来成本阶跃上升的"阶梯效果"，并熟知每个工序的公差限度。

　　3）零件的设计与选用。

　　减少零件总数。减少产品中零件的数量可能是降低制造成本的最佳实践。较少的零件意味着更少的采购、库存、搬运、加工时间、开发时间、设备、工程时间、装配难度、服务检查、测试等，一般来说，它降低了产品在其整个生命周期中所有活动的强度。那些不需要与其他零件有相对运动的零件，一般选择相同的制造材料；那些使其他部件的装配极为困难的零件，应是消除的首要目标。应多考虑基于单件结构的设计和制造工艺。

　　模块化设计。在产品设计中，模块的使用简化了诸如检查、测试、装配、采购、重用、维护和服务等制造活动。模块在最初设计过程中增加了产品更新的通用性，便于在最终组装之前运行测试，并有助于用最小化的产品变化来实现更新。需要注意的是，在使用中连接可能是一个限制因素。

　　使用标准组件。标准部件比定制产品便宜，降低了产品的交货时间，且标准部件的可靠性更为确定。此外，标准部件的使用部分缓解了制造商对生产计划的关注。

　　设计多功能部件。多功能部件减少了设计中部件的总数，从而获得了与减少零件总数同等的好处。例如，同时作为电导体和结构构件，或同时作为散热元件和结构构件的一部分。

　　设计多用途部件。在一家制造单位，不同的产品可以共享已经设计好的多用途零件。这些零件在不同的产品中可以有相同或不同的功能。

　　避免难以处理的零件，如太小、易碎、过于锋利等。

4) 简化制造过程。

采用自顶向下的装配设计。

采用易于制造的设计。选择材料和制造工艺之间的最佳组合，以尽量降低整体制造成本。一般来说，应避免油漆、抛光、精加工等最终工序。过高的公差、表面光洁度等是常见导致成本和周期上升的主因。通过零件自定位避免调整，而调整实际上是在弥补设计的不足。

最小化装配方向。所有部件都应该从一个方向装配。如果可能的话，增加部件的最好方法是在上面、垂直方向、平行于重力方向（向下）进行操作。这样，重力的作用有助于装配过程，而选择其他装配方向则要补偿重力的影响。

减少额外的处理。这些处理包括定位、定向、固定等。为了便于定位，应尽可能使用对称部件。如果不可能，则必须放大不对称性以避免装配差错；必要时使用外部导向功能来帮助零件的定位，并在后续的操作中保持零件的方向不变。如果必须使用电缆，可以引入一个虚拟接插件来配对，这样电缆就可以很容易地定位。在设计产品时，要尽量减少生产过程中废料、零件等的流动。同时为产品选择适当和安全的包装。

尽量使同一零件可以在左右手两种模式下工作。如果不能同时执行这两个功能，则向左右部分添加功能，使它们相同。

面向夹具的设计。对制造过程的充分了解使得能够根据夹具来设计零件的尺寸，特别是面向自动化或机械化的零件设计，需要关注夹具的功能。机床、装配台、自动传输和自动装配设备需要能够在一个已知的位置抓取或夹住零件以便后续操作。

减少设置。对零件加工，保证零件和夹具设计等所有关键尺寸具有相同的设置。如果将零件拆下后再定位，则会降低相对于原来位置的加工精度。

采用并行设计降低工具复杂性。使用并行工程设计零件和模具，降低模具的复杂性、成本、交货期，并最大限度地提高吞吐量、质量和适应性。

5）防止装配错误的设计。

对称设计零件。使每个部分"视图"（在绘图意义上）对称，这样就不需要有方向的装配。在自动装配中，对称零件不需要特殊的传感器或机构来正确地定位它们。额外的使零件对称的成本（额外的孔或其他任何必要的功能），与不必开发复杂的导向机制及避免质量问题而节省的成本相比，是可以承受或忽略的。

如果零件做不到对称，应使其非常不对称。最利于装配的零件是在所有视图中均对称的，最糟糕的零件是那些稍有不对称的，可能因为工人或机器未能注意到不对称而装错。更糟的是，这个零件可能被强迫安装上（因容差过大或极限容差组合所致）。所以，如果对称性无法实现，则可让零件很不对称，以避免安装错误。自动化机械可以通过廉价的传感器定位这些零件，非常不对称的零件甚至可以通过传送带上的简单固定导轨来定位。

使不同零件的差异非常明显。对于工人来说，不同的材料或内部特征可能并不明显，因此要确保零件差异是显而易见的，尤其在快速装配、工人处理许多不同部件的情况下，这一点尤为重要。使用标记、标签、颜色或不同的包装（如果是单独包装）来区分不同的零件，例如使用不同的（但功能相同的）涂层来区分公制和英制紧固件。

防止堆叠部件粘在一起或使用特征混淆。

有关电气产品 PCB 面向制造的设计，可参考文献 [7 - 9]。

4.3　案例分析

4.3.1　抗干扰设计

4.3.1.1　离散 I/O 控制信号的抗干扰设计

（1）经验

控制系统设备之间的离散 I/O 控制信号，宜采用较高幅值的电压信号作为有效信号，并设计一定的抗干扰门槛，电平信号优于脉冲式或沿触发的模式。

（2）基本原理

运载火箭控制系统的设备并不总是集中在某个舱段的某个部位，有些分隔得还较远。系统中不可避免存在各种干扰，因此用于传输的控制信号电平不应太低，例如 5 V、15 V 的信号等很容易被干扰，这类信号最好仅用于设备内部而不是设备之间。

在资源约束不是十分紧张的情况下，控制信号宜以电平控制为优，即当信号有效时，输出高电平（或低电平）并一直保持，这种处理方式比沿触发或脉冲信号更可靠。受控设备对输入信号的采样可以采用多次采样、多数表决的方式，这也能起到抗干扰的效果。

（3）应用分析

采用光耦隔离，并设计有一定的门槛电压，是一种可靠的接口设计方案，如图 4 - 5 所示。

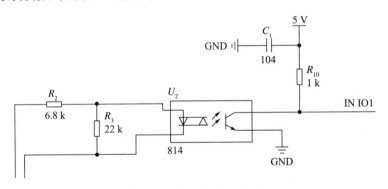

图 4 - 5　光耦隔离接口电路

图中 R_3 是用于设计抗干扰门槛的电阻。考虑光耦的输出电流，其值受到输出电路的限制，假设其输出电流为 I_{out}。根据光耦的传输比 $CTR = \dfrac{I_{out}}{I_{in}}$，可以折算出需要的光耦输入电流 $I_{in} = \dfrac{I_{out}}{CTR}$。

光耦输入二极管的伏安特性决定了其导通压降随着阳极电流的变换幅度都比较小，即无论阳极流过了多大的电流（在允许范围内），其导通压降均近乎不变。假设其导通电压为 V_t。

假设光耦的二极管没有并联 R_3 电阻，那么，当输入电压 $V_{in} = V_t + I_{in} \cdot R_2$ 时，光耦将会导通。

如果光耦输入端并联电阻 R_3，则输入电压至少要达到

$$V'_{in} = V_t + \left(\frac{V_t}{R_3} + I_{in}\right)R_2 = V_{in} + \frac{V_t}{R_3}R_2 \qquad (4-1)$$

光耦才会导通，即导通电压提高了 $V_t \dfrac{R_2}{R_3}$，意味着低于 V'_{in} 的信号均被视作无效信号而不响应，这就是抗干扰设计的由来，V'_{in} 即为抗干扰门限值。

上式还可以表示为如下的形式

$$V'_{in} = V_t\left(1 + \frac{R_2}{R_3}\right) + \frac{I_{out}}{CTR}R_2 \qquad (4-2)$$

其中，V_t、CTR 由光耦特性决定，I_{out} 由输出电路决定，因此 V'_{in} 仅与电阻 R_2，R_3 有关。通过合理选择这两个电阻，可以设置抗干扰门限。

在控制系统中，其直流电流的电压为 28 V，因此推荐使用 28 V 作为开关量信号或离散控制输入输出信号的幅值，并将门限设置在 18 V，即低于 18 V 的信号均视作无效。

当电压高于 18 V 时，光耦的导通电压几乎不变，但光耦输入电流增大，导致光耦输出端的阻抗也降低，其输出电流略有变化，最终体现在 CTR 略有变化。

事实上，光耦的传输比 CTR 很难控制在一个具体的数值，而是一个范围。因此在设计过程中要考虑整个传输比范围内的门限值都要满足要求，并且对最终实现的产品进行实物测量以验证。如果传输比的离散性较大，就有可能出现同一种设计方案在不同产品上表现差异较大的情况（例如，按照标称的传输比设计出门限值为18 V，但实测结果可能是 14 V，这就是由于实际的 CTR 大于标称设计值的缘故）。

光耦隔离的另一个好处是，如果仅有较高的电压，但提供不了足够的电流，也不能使光耦导通。这就隔离了绝大部分的干扰信号。

4.3.1.2 屏蔽的接地与连续性

（1）经验

屏蔽是提高 EMC 的有效手段，但只有在屏蔽层连续且有效接地的情况下才可以。屏蔽层的连续性容易因电缆的连接以及终端的处理而遭到破坏[10-12]。

（2）基本原理

1）电缆屏蔽[13-18]。

电缆抗电磁干扰的主要方法是使用屏蔽，屏蔽层围绕着内部信号或电力传输导体。屏蔽可以通过两种方式作用于电磁干扰。首先，它能反射能量；再次，它可以接载噪声并把它传导到地端。无论哪种情况，电磁干扰都无法到达导体。在任何一种情况下，仍有一些能量通过屏蔽，但它们是高度衰减的，以至于不会造成干扰，如图 4-6 所示。

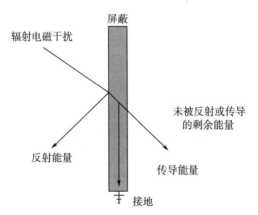

图 4-6 电磁干扰传播方式

两种典型的屏蔽端接方法是 360°包覆和单端接地。单端接地是将屏蔽层连至端接线（缆）接地，但这种接法有一定的缺点。首先，它们强制屏蔽电流以不对称的方式流动，从而产生更高的传输阻抗；非屏蔽的线缆（及相关的环路）将作为一个噪声受体或噪声辐射体。因此这种接法的屏蔽效果将低于 360°端接。360°包覆式的端接可以消除任何可能导致电磁干扰泄漏的孔径，通过包覆层的接地可以确保接地路径的低阻抗和对敏感线路的完全覆盖。

完整的360°屏蔽处理可以被定义为任何以圆周方式端接屏蔽的方法，即使在电缆或线缆进入连接器时也不会暴露在屏蔽层外。各种360°包覆式端接的示例[19-21]如图4-7所示，包括：

- 通过线缆端接标准尾罩壳体和电缆屏蔽层（Pigtail）；
- 通过铜带连接电缆屏蔽层到一个标准的尾罩壳体上（Tape）；
- 电缆屏蔽层扩展包覆到 EMI 尾罩壳体（EMI）；
- 通过外部编织层将电缆屏蔽层和标准连接器固联（Overbraid Clamp）；
- 通过外部编织层将电缆屏蔽层和 EMI 后壳体固联（EMI Overbraid）。

线缆端接标准尾罩壳体和电缆屏蔽层

铜带包覆标准尾罩壳体和电缆屏蔽层

电缆屏蔽层扩展包覆到屏蔽尾罩

通过金属编织层将电缆屏蔽层和连接器固联

金属编织层将电缆屏蔽层和屏蔽尾罩固联

图 4-7　360°包覆式端接示例

从图4-8中可以看出，采用线缆端接（类似于小辫子，有时也俗称猪尾电缆）对噪声抑制的效果要比其他方式差一些，在某些频

段性能差异达 35 dB 以上，因此这种方式不被推荐。如果确要采取
这种方式，缩短猪尾电缆的长度，尽量少地将电缆暴露在屏蔽层外，
能够对屏蔽效果起到一定的改善。大量测试数据表明，其余四种
360°屏蔽端接方式中的任何一种对 20 MHz 以上的频率提供了相当的
保护。这主要是由于所有终端的圆周性质，几乎没有暴露的电线存
在，感应效应被最小化。然而，在一些测试中发现，从 50 kHz 到
20 MHz的信号，采用金属箔带屏蔽的效果较低（将近 10 dB），相比
于其他 360°端接方法，这可能与箔带和内部屏蔽导体之间的互感以
及箔带层之间的有限电容有关。

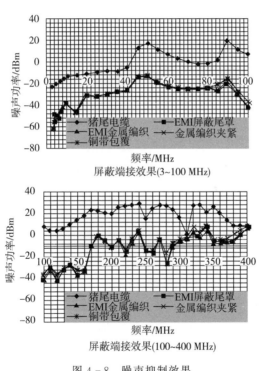

图 4 - 8　噪声抑制效果

当单屏蔽电缆组件不满足必要的电磁干扰保护时，双屏蔽电缆
可以产生额外的噪声抑制能力。

2）接地[22-27]。

箭上控制系统采用浮地的配置，如图 4 - 9 所示。这种"信号地"与其他地系统和导体电气系统完全隔离。因此，地系统的噪声电流不会传导耦合到信号电路中。浮地系统可以隔离从设备壳体返回的信号，从而防止壳体上不希望的电流直接耦合到信号电路。

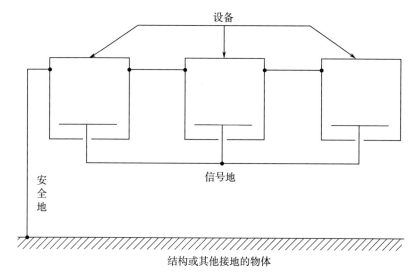

图 4 - 9　浮地设计示例

浮地系统的有效性取决于它们与其他附近导体是否真正隔离；浮地系统必须真正浮起。在大型设施中，很难实现和维持有效的浮地系统。但对于运载火箭的控制系统这样一个规模相对较合适的系统，其供电主要是通过电池和 DC/DC 变换器，这样的浮地系统是最实用的。

图 4 - 10 是多台设备单点接地示例。通过这种配置，信号电路被参考到一个点，然后这个单点连接到设备地上。理想的单点接地网络，是众多独立的接地导体从设施地面上的一个接地点延伸到位于整个系统中许多电路的回线。这种类型的接地网需要大量导体，一般不够经济。代替理想的接地方法，是对单点接地不同程度的近似方法。

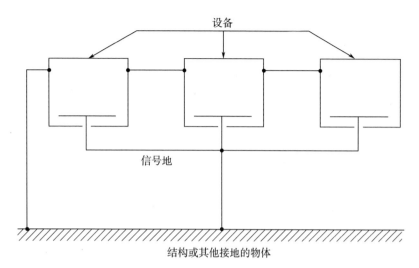

图 4 - 10　多台设备单点接地示例

　　图 4 - 11 所示的配置为用于向单点接地设计提供近似接地母线的示例。图中所示的地面总线系统假定为树的形式。在每个系统中，每个子系统都是单点接地，每个系统的接地点与单个绝缘导体都连接到接地母线。

　　图 4 - 12 所示的多点接地是信号地面网络常用的第三种结构。这种配置为设备内的各种电子系统或子系统建立了许多导电路径。在每个子系统中，电路网络与地面网络有多个连接。因此，在一个设施中，多点接地网络里任意两点之间存在大量并行路径。

　　多点接地简化了复杂设备内部的电路结构。然而，多点接地有一个重要的缺点。电源电流和其他高振幅、低频电流通过设备的接地系统可以直接耦合到信号电路，从而产生对低频电路的干扰。此外，多个接地环路被创建，这使得它更难以控制辐射发射或由共模接地环路效应引起的易感问题。此外，为使多点接地是有效的，所有点的地面导体之间的距离必须小于干扰信号的 0.1 个波长，否则，公共接地阻抗和地面辐射效应将变得很明显。一般来说，多点接地配置在较高频率（30 MHz 以上）趋于最佳。

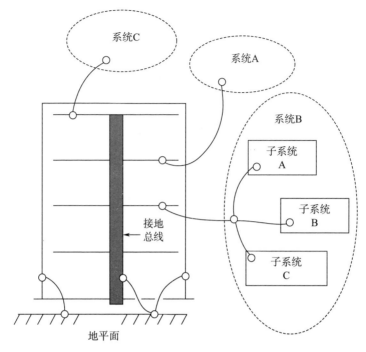

图 4 - 11　多系统单点接地母线示例

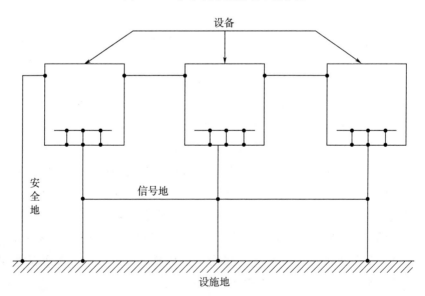

图 4 - 12　多点接地设计示例

（3）应用分析

在某系统试验现场，地面测发控设备均已加电，发生了伺服机构自行启动的情况，此时地面操作人员并未发出启动伺服机构的指令。伺服机构的启动指令应由操作人员通过后端主控计算机发出，该指令由后端 PLC 采集后，通过 I/O 映射到前端 PLC，并由前端 PLC 将该指令转换为开关量控制信号，启动中频电源并将中频电源输出接至伺服机构电机。

为查找故障原因，修改前端 PLC 程序，增加对控制变量"使能"的记录功能，即只要启动伺服机构的控制变量被置位有效，则计数器加一并仍将该变量置位无效。如果计数器一直为 0 而伺服机构启动，则说明不是由 PLC 引起。在故障复现的过程中，记录的计数器不为 0，说明确实由 PLC 发出了启动指令。

进一步，在 PLC 输入端接入笔录仪，确认 PLC 控制变量置位。从笔录仪发现，PLC 输入端信号存在较大的干扰，并且在无意中发现，当操作人员碰触到笔录仪机柜中电源滤波模块的输入电缆时，干扰大幅增加，计数器记录到了很大的值；而保持该电缆静止时，干扰信号减小，计数器的值几乎为零。

仔细观察该电缆，发现其屏蔽存在虚接情况。该电缆用于为 PLC 机柜提供 220V 市电，经 AC/DC 转换为 24V 直流并为 PLC 模块供电。为了提高抗干扰能力，该供电电缆首先连至电源滤波组合，再在电缆外加屏蔽层。在与电流滤波组合连接的插头端，屏蔽层编出一小截电缆（俗称"猪尾电缆"）焊接在一个金属垫片上，该金属垫片连接至插头后壳附件上的螺钉。

插头附件为一个圆形开口环，该附件将进入插头后壳的电缆进行紧固，开口的两端用螺钉连接，同时螺钉穿过后壳的一个开孔起到固定附件的作用，并且螺钉与开孔接触，使得猪尾电缆连接的金属垫片、螺钉、插头后壳良好导通，而插头后壳通过滤波组合的壳体接地，从而使电缆屏蔽层接地。但在现场发现，该螺钉没有完全紧固，且螺钉直径比开孔要小很多，使得该螺钉存在较大的晃动自由度，有可能导致螺钉与壳体接触的脱开，其效果是屏蔽层与地时接时断。

通过试验发现，在上述情况下，当螺钉与壳体良好接触或螺钉与壳体彻底断开，PLC 输入端的干扰均很小；而当螺钉与壳体似接非接时，干扰大幅增大。如果屏蔽层与壳体时接时断，将导致能量的传导路径一直处于变化中，进而导致电磁信号能量分配的变化，这一变化将会使接地网络中存在较大的干扰，进而影响到 PLC 的输入。经复查，只要有 20 μs 宽度的信号，就有可能被 PLC 视作有效信号。而在静态条件下，无论螺钉与壳体连通或断开，由于存在多条接地路径，能量传导处于一种稳态，系统中干扰很小或几乎没有。

最终结论：测试中操作人员无意触碰了供电电缆，由于屏蔽连接不稳固，产生了较大的干扰；因 PLC 抗干扰弱，导致 PLC 伺服机构启动的控制变量被置位，进而导致伺服机构启动。为确保良好屏蔽，可以用铜带连接电缆屏蔽层到后壳体（不再通过附件及其连接螺钉），并将 PLC 有效信号的确认从 20 μs 延长到 500 μs。

4.3.1.3 隐性干扰源的抑制

（1）经验

实现电磁兼容设计的一个主要手段是抑制干扰源，而抑制干扰源的主要措施包括控制射频设备的功率、滤波，以及选用干扰小的元器件。对于明显的射频信号，EMC 设计容易得到重视；然而，有许多隐性的干扰源，很容易被忽视。隐性干扰指的是由于负载变化、工作电流调整、PWM 控制、开关信号的频次增大等产生对电子产品内部信号的影响。EMC 设计要尽可能考虑全工作状态和各种任务剖面。

（2）基本原理

隐性干扰源并非传统的射频设备，在某种工况上，它们对设备没有任何影响；但会随着工作条件的变化而成为干扰源，例如负载、电流、频次的变化，或者温度的变化等。这些干扰源的外在表现为直流或低频设备，但在其内部或者条件变化时，具有一定的高频辐射或传导能力，并且主要以影响电子设备内部为主。

以串行总线通信为例，当总线接口电路持续或间隙地以高速或低速进行数据传输时，传输线路对周边器件产生干扰影响的强度均不相同；当单机 EMC 试验采用间隙式低速数据传输未发现问题，并不代表在持续高速传输状态下对其他信号没有影响。

设备负载的变化也会产生影响，尤其在地线设计不合理的情况下。负载的变化导致器件吸收电流忽大忽小，这有可能引起地线上的干扰，有可能影响精密信号的测试精度。因此在印制板中一定要合理设置地层或增大地线面积，缩短地线的长度。

PWM 电路也是典型的隐式干扰源，要将干扰频率与设备的工作频率分开，保持足够的隔离度，避免共振耦合干扰。然而，随着温度或其他条件的变化，频率可能会发生漂移，有可能降低隔离度。在这种情况下需要对整个工作温度进行扫描测试。

在 EMC 设计中，如果梳理出隐性干扰源，还要考虑与其他功能模块的耦合影响。单元测试时一般是单个功能逐项地串行测试，而在实际应用中的真实状态是该功能与其他功能并行工作。因此即使在单元测试中单独通过各项功能测试，在系统应用中仍有可能出现不兼容，并可能激发出新的工况。

（3）应用分析

1）频次增大导致抗干扰裕度降低。

以某加速度组合的测试为例，其测试原理如图 4 - 13 所示。地面设备通过总线与设备中的总线接口芯片进行通信，提出采样请求；总线接收请求后，设备开始自检测，并将检测结果通过总线接口芯片再传送至地面设备。这一交互完成了一次测试过程。加速度表的信号通过三冗余的计算机板分别采样并分别传送至地面。

在检查过程中，地面测试设备按 1 kHz 的频率发送测试请求，该加速度组合以同样的频率将测试数据返回至地面设备。测试过程中发现由计算机 B 板采样的不水平度参数 Exzb 超标，其要求值为 $-2.9 \times 10^{-3} \sim +2.9 \times 10^{-3}$ rad，而实测结果为 -4.2×10^{-3} rad。重复

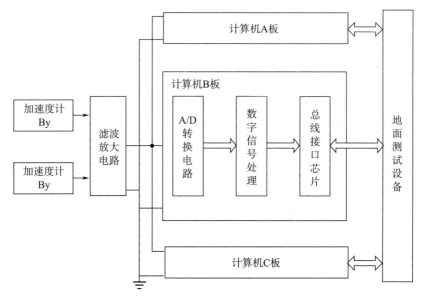

图 4 - 13　加速度组合测试原理框图

测试多次后发现现象依旧。检查早先的测试结果，为 $-2.4×10^{-3}$ rad。而计算机 A、C 板的测试结果均正常。

在复查早先的测试过程中，地面设备仅发送一次请求，并取回了自检测数据。而在出现超差的此次测试中，测试过程以 1 kHz 的频率进行，实际飞行中以 50 Hz 的频率输出数据。当频率增大时，接口芯片的工作电流有较大幅度的增长，有可能产生地线上的噪声；频率越高，噪声影响越大。

为了验证这一推论，操作人员监测了设备内部采样点的采样电压并统计其离散度，结果发现，A、C 路的采样电压离散度为 1 mV（1σ），而 B 路的离散度最大达 26 mV，虽然电压很小，但足以产生 $2.6×10^{-3}$～$5.3×10^{-3}$ rad 的测试误差。

为了对比 A、C 路与 B 路的差异，复查了三路的地线设计。A、B、C 三组地线在同一层放置，未进行妥善分割和保护，B 组地线存在较多"窄区"，且地线最长，较易受到干扰而产生额外的电位差波动，进而对此类精密的参数测量造成影响。

　　另取一台同样的产品，按 1 kHz 的频率申请测试并记录数据，超差现象复现。将出现问题的产品采样频率降至 200 Hz，其测试结果为 -2.4×10^{-3} rad，与先期的测试结果吻合；而采样点的电压离散度降为 1.7 mV，测试结果显著减小。

　　修改设计将 A、B、C 三路的地线均设计在独立地线层，其他技术状态不做更改，将测试请求频率提高到 1 kHz，测试结果均正常，电压离散度均在 1 mV 以下，其影响约 2×10^{-4} rad。

　　上述案例总结如下：

　　a）由于接口电路持续工作，工作电流增大，引入了较大的地线干扰，导致 B 路测试数据超差。

　　b）仅有 B 路超差而 A、C 路正常的原因是 A、C 路的地线设计更合理。

　　c）之前测试合格因为仅采样一次数据，接口电路仅发送一次数据，电流小且影响也小。

　　d）改进地层设计后，即使频率增大对测试也没有影响。

　　2）光纤速率陀螺电源模块全温范围频率漂移对零位的影响。

　　在某光纤速率陀螺的测试中，发现其输出零位（1 ms）会出现波动，系统要求的零位误差绝对值小于 0.02（°）/s，而波动时，零位幅值最大为 ±0.03（°）/s，持续约 150 s 后消失。该现象能够复现，通过用测量设备观测零位波形，其波动时零位正负基本对称，由稳定值逐渐变大，然后逐渐变小至恢复稳定。复测其他产品，有少部分产品也有类似现象，波动幅值高于或低于 0.02（°）/s 的情况都有，而在稳定状态下零位一般为 0.000 9～0.007（°）/s，远低于系统要求值。

　　为了快速隔离故障，将速率陀螺中的二次电源更换后，波动现象消失；而将原电源模块安装在未波动的速率陀螺中，也出现了波动。说明电源模块与速率陀螺之间存在不兼容的情况。

　　监测二次电源开关频率，发现其频率在加电后，从初始的

498.3 kHz持续向下漂移，而波动发生时电源的开关频率已降至 493.5 kHz，这一频率恰好是陀螺调制信号倍频率。随着加电时间的增加，频率继续降低，错开了调制频率，零位输出恢复稳定。

复测不同电源模块的输出，其开关频率普遍存在下降变化的情况，约 3～10 kHz。加电 15～20 min 后频率基本维持不再变化。但绝大部分电源模块的频率均大于 500 kHz，这一频率对速率陀螺零位无影响。

图 4-14 为光纤陀螺工作原理，干涉光信号经光电探测器的光电转换出，将模拟信号通过 A/D 转换器以固定周期（ω_0，陀螺的本征频率）转换为数字信号，将该数字信号送入数字逻辑电路进行信号解调处理；对解调的误差信号进行数字积分，旋转角速率值存储在寄存器中，速率的二次积分产生数字斜坡调制信号，发送给 D/A 转换器。D/A 转换器接收到数字调制信号后转换为模拟信号并通过运算放大器进行放大后，提供给 Y 波导，完成对陀螺的闭环控制。

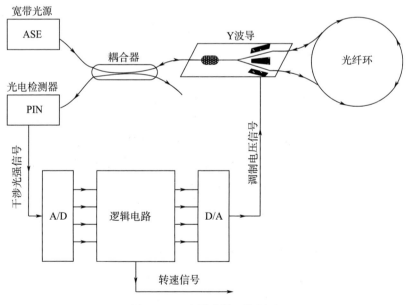

图 4-14　光纤陀螺工作原理

信号的偏置调制与解调如图 4 - 15 所示。

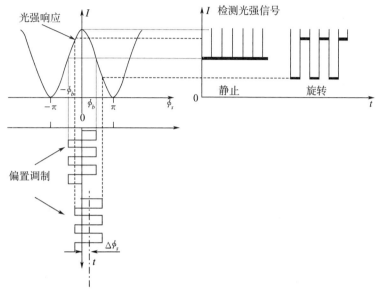

图 4 - 15 信号偏置调制与解调

考虑闭环反馈后，光电探测器接收到的光功率响应为 Sagnac 相位差的余弦函数

$$I(t) = I_0 + I_0 \cos(\Delta\phi_s + \Delta\phi_{fb} + \phi_b) \qquad (4-3)$$

其中，$\Delta\phi_s$ 为 Sagnac 相移信号，与旋转角速率有关；$\Delta\phi_{fb}$ 为闭环反馈信号，ϕ_b 为偏置相移。

当 $\phi_b = \pi/2$，且令 $\Delta\phi(t) = \Delta\phi_s + \Delta\phi_{fb}$，则

$$I(t) = I_0 \pm I_0 \sin[\Delta\phi(t)] = I_0 + r(t) \qquad (4-4)$$

最终闭环调制的信号为叠加在直流分量 I_0 且振幅为 $I_0 \sin[\Delta\phi(t)]$，频率为 ω_0 的方波信号。

方波的傅里叶级数可以表示为

$$r(t) = \frac{4}{\pi} I_0 \sin[\Delta\phi(t)] \sum_{n=1}^{\infty} \frac{(-1)^{n+1}}{2n-1} \cos[(2n-1)\omega_0 t] \qquad (4-5)$$

通过隔直电路之后，将直流分量滤除，仅剩方波信号。从上式

可以看出，该信号只含有奇次谐波信号，且（$2n-1$）次谐波的幅度为基波的 $\dfrac{1}{2n-1}$。调制后探测器输出信号频域图，如图 4 - 16 所示。

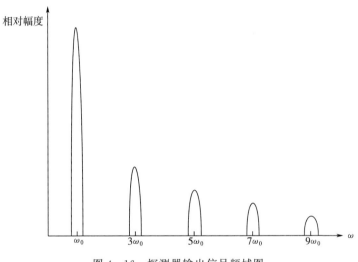

图 4 - 16　探测器输出信号频域图

陀螺仪的调制频率（ω_0）由光纤环的长度确定，其调制频率的稳定性由晶振精度决定。经计算和测量，该产品的频率为 98.7 ± 0.003 kHz（-55 ℃～+85 ℃）。当二次电源的开关频率随通电时间发生漂移时，出现其开关频率与陀螺仪调制频率的 5 倍频（493.5 kHz）接近，开关频率作为干扰信号被陀螺仪检测到并输出，表现为陀螺零位出现波动现象。

采取措施：更换电源模块并进行全温范围扫描，确保其开关频率＞500 kHz。

4.3.1.4　感性负载的匹配

（1）经验

感性负载要有电流释放回路。当一个电磁继电器由机械开关或半导体控制迅速断电，释放的磁场会产生相当规模的瞬态电压来分散存储的能量和抵制电流的突然变化。例如 12VDC 继电器，在断电时可以产生 1 000～1 500 V 电压。随着现代电子系统的出现，这种比较大的电压瞬变产生了电磁干扰、半导体击穿和开关损耗问题。因此，通过其他元件抑制继电器线圈产生瞬变电压，从而将峰值电压限制到一个更小的水平，已成为普遍的做法[28-30]。

（2）基本原理

感性负载装置产生电尖峰，可降低诸如按钮、选择器开关、PLC 输入接口和开关等元件的使用寿命。当连接到感性负载时，开关需要受到保护。感性负载的设备包括继电器、电动机启动器、电磁阀、电机等。接触保护装置能滤除电尖峰，因此应在使用任何感性负载的场合添加上。即使感性负载和开关在单独的组件上，开关也可能受到电感负载的影响而损坏[31-32]。电尖峰可通过供电线路传输并通过直流电源。

针对继电器等感性负载，可以采取多种浪涌抑制的保护措施[33-34]。最常用的感性负载的接触式保护装置是可变电阻（Varistor）和 RC 网络，这些保护装置与感性负载并联。为了达到最佳效果，应将保护装置尽可能地靠近感性负载。如果接触保护装置不能被放置在感性负载端，可将其与开关并联。感性负载的接触式保护装置电路如图 4 - 17 所示。

可变电阻 Varistor：选择可变电阻的电压比工作电压高 10%～15%。

RC 网络：采用下面的公式确定 RC 网络的适当值，需要注意的是 RC 网络不推荐在可控硅电路中使用。

$$电容值（微法拉） = I^2/10$$

$$电阻值（欧姆） = \frac{V}{10I[1 + (50/V)]}$$

其中，I 为在开关触点打开之前的负载电流（安培），V 为开关触点闭合前的电源电压。

当抑制电路与继电器线圈并联时，可以使用以下任何一种：

1）双向瞬态抑制二极管。其伏安特性与两个阴极对阴极（或阳

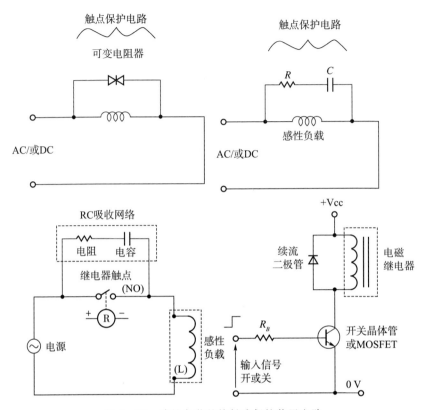

图 4-17　感性负载的接触式保护装置电路

极对阳极）互连的齐纳二极管类似。

2）一个反向偏置整流二极管串联齐纳二极管。

3）金属氧化物可变电阻（Metal - Oxide - Varistor，MOV）。

4）带电阻串联的反向偏置整流二极管。

5）在条件允许的情况下，电阻通常是最经济的抑制电路。

6）反向偏置整流二极管。

7）使用电阻电容"缓冲器"一般是最经济的解决方案，但不再被认为是切实可行的解决方案。

8）使用一个双线并绕的线圈，将第二绕组作为抑制装置。其缺点是增加了继电器的成本和尺寸。

如图 4 - 18 所示，当继电器接通时，二极管反向偏置，因此，电流只会流经负载。当继电器关闭时，释放的磁场将维持电流方向。此时续流二极管将开始导通，其正向电压降峰值通常约 1.2 V。结果是，释放的磁场不能产生比二极管压降额定值大的电压尖峰，有效地保护了 SSR 免受损坏。

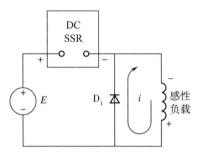

图 4 - 18　继电器感性负载反峰抑制电路

因此，用简单的恢复二极管与电磁继电器的线圈并联作为抑制电路，将保护执行开关功能的其他开关、半导体或固态继电器，但可能导致电磁继电器本身过早失效。

典型的电磁继电器内部结构如图 4 - 19 所示。

在电磁继电器返回到其"静止"位置时，衔铁的速度对继电器避免触点严重电弧或"点焊"的能力起着重要的作用。当线圈断电时，电压尖峰越大，磁场衰减的速度就越快，衔铁回到"静止"位置的速度越快。在线圈上放置一个抑制二极管减慢继电器关闭时磁场的衰减，反过来也减慢了衔铁回到静止位置的速度。因此，继电器更难抑制负载电流的流动，触点上的附加电弧可能严重降低继电器的整体可靠性。当感性负载较大时，电弧可能产生足够的热量将触点再焊接在一起，并阻止继电器断开与负载的电流。

继电器在断电时，其衔铁将加速向不通电的静止位置运动。在触点开路的瞬间，电枢的速度将对继电器避免"点焊"的能力起到

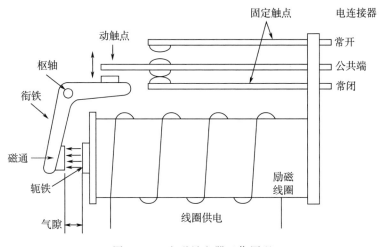

图 4-19　电磁继电器工作原理

重要的作用，它提供足够的力来打破由高电流阻性负载（或高冲击电流）"制造"的任何轻微焊接。衔铁的速度受抑制线圈的影响最大。由于抑制线圈提供导电路径，从而使继电器磁路中存储的能量缓慢衰减，电枢运动将被延迟，甚至可能暂时反转方向。反方向和触点重新接通（特别是当结合电感负载时）往往会导致随机的、间歇性的"点焊"接触。

　　因此，在这样的应用中必须加入一个电路，该电路允许电压在达到损坏负载开关的水平之前消散，但电压也必须足够高，使电枢能够迅速回到其静止位置。通常是通过增加一个齐纳二极管与抑制二极管串联。如图 4-20 所示，当继电器断开时线圈上的电压仍有一条传导通路通过抑制二极管，类似于图 4-18。然而，直到反向电压达到串联齐纳二极管的雪崩电压时，磁场才会放电。这允许磁场的快速衰减，随后电枢快速返回到静止位置。测试数据表明，一个没有受到抑制的电枢回到静止位置用时 1.5 ms，增加一个二极管，其相应时间增加到 6 倍。但将 24 V 齐纳二极管与续流二极管串联，仅造成额外的 400 μs 延迟，仍然具有提供足够抑制电压尖峰的能力。

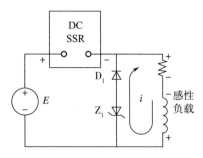

图 4 - 20　齐纳二极管与抑制二极管串联的感性负载反峰抑制电路

　　基于对电枢运动的影响和对常开触点的优化，最好的抑制方法是使用硅瞬态抑制二极管。这种抑制器对继电器断电时的动态影响最小，因为继电器瞬态将被允许达到预定的电压水平，然后允许电流以低阻抗流动。这导致存储的能量很快被抑制器消耗掉。瞬态抑制二极管可作为双向元件，并允许继电器在安装时不用考虑极性。但如果使用单向瞬态抑制器，整流二极管必须与它串联，以阻止正常工况时的电流流动。瞬态抑制器的脉冲能量等级应超过任何预期的瞬态，如线圈断电或电机在应用中产生的"声音"。

　　当主负载在常闭触点上（或常开触点的负载很小或没有）时，可能只需使用整流二极管作为继电器抑制器（或者是一个整流二极管和一个较小的串联电阻）。对常开触点性能产生不利影响的衔铁减速运动通常会改善常闭触点性能，这是由于电枢减速运动导致较低的冲击速度，在过去已经被用来改善某些继电器的常闭接触性能。

　　使用齐纳二极管的一个重要注意事项是：齐纳二极管的电压、续流二极管的压降，以及直流电源电压，这三者的总和不得超过SSR 的额定电压。

　　在某些情况下，一个简单的电阻放在线圈中足以抑制反向电压尖峰和保护负载开关。然而，必须考虑功率耗散，因为当开关处于导通态时，负载电流流过电阻器，电阻器将发热。但当允许的瞬态电压足够大且功耗可耐受时，这种方案可以接受，因为仅从故障模式和影响分析的角度来看，这种电阻器相比上面提到的齐纳二极管和续流二极管有更少的附加故障风险（前提是它的阻值足够高，以避免对继电器的释放动力学产生有害影响）。但必须注意的是，一种继电器的最佳电阻值不一定适合另一种类型的继电器电路。

（3）应用分析

1）系统间未设计消反电势电路导致继电器触点粘连。

某火箭在进行发射区点火和紧急关机电路检查时，动力系统增压和气管脱落。控制系统给出动力系统增压控制指令，动力系统开始给Ⅱ级燃箱、氧箱进行增压；当Ⅱ级增压完成好后，增压信号断开，增压阀正常断电，增压指示灯断开，控制系统具备向Ⅰ级增压的条件。动力系统Ⅰ级增压的过程与之类似。但测试中Ⅰ级燃箱增压完成好后，控制系统Ⅰ级增压信号未能断开，增压阀也未正常断电，增压指示灯未灭，动力系统手动断开增压阀。在测试结束、所有系统断电后，控制系统对Ⅰ级燃箱增压阀断电继电器 K704/3, 6 常开触点进行测量，结果处于导通状态（此时应为断开状态）。

控制系统实现增压控制的功能电路如图 4 - 21 所示。控制系统通过 C13X1 电缆与动力系统传送一级、二级增压和气脱信号。当Ⅱ级增压好后，向动力系统给出Ⅰ级氧箱和燃箱增压信号，K703、K704 继电器闭合。当Ⅰ级增压好后，断开 K703、K704 继电器供电，给Ⅰ级增压阀供电的 K703、K704 继电器常开触点应断开。

从图 4 - 21 看出，控制系统继电器触点 K703/K704 所带负载为动力系统增压电磁阀，是感性负载，动力系统未设计消反电势电路，控制系统也没有进行消反电势处理。当 K704、K703、K702、K701 触点断开时，电磁阀感性负载释放能量，形成反电势电压，统计数据见表 4 - 1。

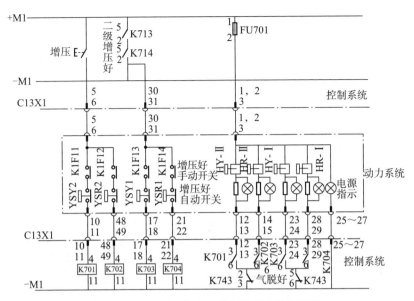

图 4 - 21　控制系统芯级增压控制电路原理图

表 4 - 1　故障电路验证试验反电势电压统计

序号	监测位置	反电势电压/V	持续时间/ms
1	K704	380（峰值）	约 250
2	K703	380（峰值）	约 1
3	K702	380（峰值）	约 1
4	K701	380（峰值）	约 1

　　将 K704 控制的电磁阀更换为备份电磁阀，反电势电压未发生明显变化，但持续时间缩短为 15 ms，说明相同设计生产的电磁阀存在差异；更换 K704 路输出的控制电缆，反电势电压未发生明显变化，但持续时间缩短为 1 ms，说明原控制电缆分布参数存在差异。在没有设计消反电势电路时，在继电器触点 K704 断开过程中承受电磁阀产生的高压反电势冲击，同时电缆分布参数的耦合加剧了冲击的累积效应，最终导致触点部位烧蚀粘连，其余控制通路由于持续时间

短，触点尚未粘连。

在电磁阀两端增加消反电势电路，继续监测继电器 K704 触点两端的电压波形。经测试，反电势电压峰值降为 42 V 左右，持续时间约为 130 μs，结果表明电磁阀消反电势电路纠正措施有效，如图 4 - 22 所示。

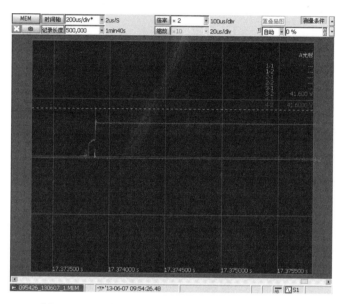

图 4 - 22　增加消反电势电路的监测电压（见彩插）

由此可知，引起粘连的原因是由于触点负载为感性负载，在触点断开过程中产生拉弧（高压反电势）使触点粘连造成常开触点无法断开。

2）电液阀的释放时间控制。

运载火箭配置的电液阀对断电时释放时间有严格的要求（要求从断电到衔铁动作时间的间隔为 30～50 ms）。实现断电释放时间有两种方案，一是采用图 4 - 23 所示的电路，调整 R 的阻值；二是采用图 4 - 24 的电路，增加稳压二极管和调整 R 的阻值。其中 L 为电液阀的等效电感，r 为电液阀的等效内阻。

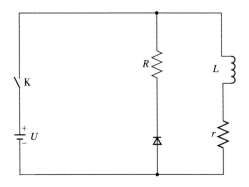

图 4 - 23　电磁阀消反电势电路模型一

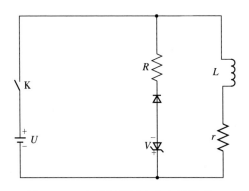

图 4 - 24　电磁阀消反电势电路模型二

根据图 4 - 23 所示电路模型，建立电磁阀断开后电路方程（忽略二极管压降）为

$$L\frac{\mathrm{d}i}{\mathrm{d}t}+i\times(r+R)=0 \qquad (4-6)$$

$$\frac{\mathrm{d}i}{\mathrm{d}t}=-\frac{r+R}{L}\times i$$

$$\frac{\mathrm{d}i}{i}=-\frac{r+R}{L}\mathrm{d}t$$

$$\int\frac{\mathrm{d}i}{i}=-\int\frac{r+R}{L}\,\mathrm{d}t$$

$$\ln i = -\frac{r+R}{L}t + C$$

$$i = e^{-\frac{r+R}{L}t} \times e^C \tag{4-7}$$

令 $e^C = k$，当 $t = 0$ 时，$I_0 = \dfrac{U}{r}$，将此关系代入上式，得到 $k = \dfrac{U}{r}$，因此，得到电流方程为

$$i = \frac{U}{r}e^{-\frac{r+R}{L}t} \tag{4-8}$$

计算中认为电路中电流降为 $0.05I_0$ 时能量释放完毕，因此消反峰时间 T_1 即从 0 时刻到电流下降为 $0.05I_0$ 的时间间隔。

由 $$\int \frac{\mathrm{d}i}{i} = -\int \frac{R+r}{L}\mathrm{d}t \Rightarrow \int_{I_0}^{0.05I_0} \frac{\mathrm{d}i}{i} = -\int_0^{T_1} \frac{R+r}{L}\mathrm{d}t$$

$$\Rightarrow T_1 = \frac{L}{R+r}\ln 20 \tag{4-9}$$

而衔铁动作时间也与流经电磁阀线圈的电流有关，假设通过线圈的电流下降为某一值 $I_1 = kI_0(0 < k < 1)$ 时，电磁吸力小于反向阻力，衔铁开始动作，因此衔铁动作时间为从 0 时刻到电流下降为 kI_0 的时间间隔。根据上面公式可得

$$\int_{I_0}^{kI_0} \frac{\mathrm{d}i}{i} = -\int_0^{T_2} \frac{R+r}{L}\mathrm{d}t \Rightarrow \quad T_2 = -\frac{L}{R+r}\ln k \tag{4-10}$$

从上面两个公式可以看出，消反峰时间和衔铁动作时间与初始电流无关，而与回路阻值和线圈电感有关。在线圈电感一定的情况下，阻值越大，时间越短。

另外可得出，由反向电动势导致的施加在固体继电器触点 K 两端的正向电压 $U_1 = R \cdot \dfrac{U}{r} + U$（忽略二极管压降）。

根据图 4-24 的电路模型，建立电磁阀断开后的电路方程（忽略二极管压降）为

$$L\frac{\mathrm{d}i}{\mathrm{d}t} + i(r+R) + V = 0 \tag{4-11}$$

$$L\mathrm{d}i + i(r+R)\mathrm{d}t + V\mathrm{d}t = 0 \tag{4-12}$$

$$L\mathrm{d}i = -i(r+R)\mathrm{d}t - V\mathrm{d}t \tag{4-13}$$

$$\frac{\mathrm{d}i}{-i(r+R)-V} = \frac{\mathrm{d}t}{L} \tag{4-14}$$

$$\frac{\mathrm{d}i}{i(r+R)+V} = -\frac{\mathrm{d}t}{L} \tag{4-15}$$

$$\int \frac{\mathrm{d}i}{i(r+R)+V} = -\int \frac{\mathrm{d}t}{L} \tag{4-16}$$

$$\frac{\ln[(r+R)i+V]}{r+R} = -\frac{t}{L} + C \tag{4-17}$$

$$\ln[i(r+R)+V] = -\frac{r+R}{L}t + C(r+R) \tag{4-18}$$

$$(r+R)i + V = \mathrm{e}^{-\frac{r+R}{L}t} \times \mathrm{e}^{C(r+R)} \tag{4-19}$$

$$i = \frac{\mathrm{e}^{-\frac{r+R}{L}t} \times \mathrm{e}^{C(r+R)} - V}{r+R} \tag{4-20}$$

令 $\mathrm{e}^{C(R+r)} = K$，当 $t = 0$ 时，$i = \dfrac{U}{r}$，将此关系代入上式，得到

$$\frac{U}{r} = \frac{K-V}{r+R} \tag{4-21}$$

$$K = \frac{(r+R)U}{r} + V \tag{4-22}$$

因此

$$i = \frac{\mathrm{e}^{-\frac{r+R}{L}t}\left(\dfrac{r+R}{r}U + V\right) - V}{r+R}$$

$$i = \frac{U}{r}\mathrm{e}^{-\frac{r+R}{L}t} + \frac{(\mathrm{e}^{-\frac{r+R}{L}t}-1)V}{R+r} \tag{4-23}$$

比较式（4-8）、式（4-23），可发现式（4-23）在式（4-8）的基础上多一项 $\dfrac{(\mathrm{e}^{-\frac{r+R}{L}t}-1)V}{R+r}$，由于 $\mathrm{e}^{-\frac{r+R}{L}t}-1 \leqslant 0(t > 0)$，所以在相同的 t 时刻，增加了稳压二极管的消反峰电路的反峰电流会更小；

而且稳压值 V 越大，$\dfrac{(e^{-\frac{r+R}{L}t}-1)V}{R+r}$ 的绝对值越大，相同 t 时刻的电流就会更小。

　　增加稳压二极管和增大消反峰电阻，均可以使电流下降速度变快，起到加快泻放的效果，并且两种方式虽然都能加快释放时间，但也都增加了反向电动势。那么究竟是增加稳压二极管还是增大电阻呢？

　　设衔铁动作需要的电流为 $k_1 I_0$，$0 < k_1 < 1$，采用电阻 R 时需要时间为 T，则

　　由 $k_1 \dfrac{U}{r} = \dfrac{U}{r} e^{-\frac{R+r}{L}T}$，可得

$$T = \frac{L}{(R+r)} \ln \frac{1}{k_1} \tag{4-24}$$

　　a）增大电阻的方法。

　　若增大电阻为 R_x，使得达到电流 $k_1 I_0$ 的时间为 $k_2 T$，其中 $0 < k_2 < 1$，计算此时的 R_x 值，再计算相应的反峰电压。

$$k_1 \frac{U}{r} = \frac{U}{r} e^{-\frac{R_x+r}{L}k_2 T} \Rightarrow k_1 = e^{-\frac{R_x+r}{L}k_2\frac{L}{(R+r)}\ln\frac{1}{k_1}}$$

$$\Rightarrow 1 = \frac{R_x+r}{R+r} k_2 \tag{4-25}$$

$$\Rightarrow R_x = \frac{R+r}{k_2} - r$$

则电阻为 R_x 时的反峰电压为

$$U_1 = I_0 \times R_x = \frac{U}{r}\left(\frac{R+r}{k_2} - r\right) \tag{4-26}$$

增加的反峰电压为

$$U_{增1} = U_1 - U_0 = \frac{U}{r}\left(\frac{R+r}{k_2} - r\right) - \frac{U}{r}R \tag{4-27}$$

$$= \frac{U(R+r)}{r}\left(\frac{1}{k_2} - 1\right)$$

b) 增加稳压二极管的方法。

若采用稳压二极管，使得达到电流 $k_1 I_0$ 的时间同样为 $k_2 T$，其中 $0 < k_2 < 1$，计算此时的稳压二极管的稳压值 V。

$$k_1 \frac{U}{r} = \frac{U}{r} e^{-\frac{R+r}{L} k_2 T} + \frac{(e^{\frac{R+r}{L} k_2 T} - 1) V}{R+r}$$

$$\Rightarrow k_1 \frac{U}{r} = \frac{U}{r} e^{k_2 \ln k_1} + \frac{(e^{k_2 \ln k_1} - 1) V}{R+r}$$

$$\Rightarrow k_1 \frac{U}{r} = \frac{U}{r} k_1^{k_2} + \frac{(k_1^{k_2} - 1) V}{R+r} \qquad (4-28)$$

$$\Rightarrow k_1 \frac{U}{r} = \frac{U}{r} k_1^{k_2} + \frac{(k_1^{k_2} - 1) V}{R+r}$$

$$\Rightarrow V = \frac{U}{r} (k_1 - k_1^{k_2}) \frac{R+r}{k_1^{k_2} - 1}$$

反峰电压增加量 $U_{增2}$ 即为稳压二极管的稳压值 V。

$$\frac{U_{增2}}{U_{增1}} = \frac{\dfrac{k_1 - k_1^{k_2}}{k_1^{k_2} - 1}}{\dfrac{1}{k_2} - 1} \qquad (4-29)$$

计算 k_1、k_2 在 $(0,1)$ 区间内变化时的 $\dfrac{U_{增2}}{U_{增1}}$ 的值，见表 $4-2$。

表 4 - 2 反向电动势 $U_{增2}/U_{增1}$ 数据对比表

k_2/k_1	0.1	0.2	0.3	0.4	0.5	0.6	0.7	0.8	0.9
0.01	0.389	0.496	0.581	0.654	0.721	0.783	0.841	0.896	0.949
0.02	0.388	0.495	0.58	0.654	0.721	0.783	0.841	0.896	0.949
0.05	0.383	0.492	0.578	0.653	0.72	0.782	0.841	0.896	0.949
0.1	0.375	0.487	0.575	0.65	0.718	0.781	0.84	0.896	0.949
0.2	0.36	0.477	0.568	0.646	0.716	0.78	0.839	0.896	0.949
0.5	0.316	0.447	0.548	0.632	0.707	0.775	0.837	0.894	0.949
0.8	0.278	0.42	0.528	0.619	0.699	0.77	0.834	0.893	0.948
0.9	0.267	0.411	0.522	0.615	0.696	0.768	0.833	0.893	0.948
0.95	0.261	0.407	0.519	0.613	0.695	0.767	0.833	0.893	0.948

可以看出，在（0，1）区间内，$U_{增1} > U_{增2}$，也就是说为了加快反峰电流的泻放速度，采用增大消反峰电阻造成的瞬间反峰电压增大的幅度大于增加稳压二极管的方式，而且需要达到的电流越小，要求的时间越短，两者相差的幅度就越大。

根据以上公式，分析两种电路形式下使电液阀带载达到 40 ms（介于 30～50 ms 中间）的衔铁动作时间需要的电路参数。

a）增大电阻的方法。

若以 10 Ω、50.2 ms（实测值）为基准计算，则 $k_2 = 0.7968$，根据 $R_x = \dfrac{R + r}{k_2} - r$，计算得 $R_x \approx 24$ Ω，试验中 $R_x \approx 27$ Ω。

b）增加稳压管的方法。

同样以 10 Ω、50.2 ms（实测值）为基准计算，此时 $k_2 = 0.796\,8$，从试验数据读得 $k_1 \approx 0.08$，根据公式（4-28）计算得

$$V = \frac{U}{r}(k_1 - k_1^{k_2})\frac{R + r}{k_1^{k_2} - 1} \approx 2.4\ V \qquad (4-30)$$

通过以上计算可看出，若想使电液阀衔铁动作时间为 40ms，可以通过增大电阻 R 为 27 Ω 或增加 2.4 V 稳压管的方法，而两种情况下增加的反峰电压分别为（27-10）×28/38＝12.5 V 和 2.4 V，采用稳压管的方法产生的反向电压明显低于增大电阻的方法。

以上分析了两种形式的电路消反峰效果，不管是增大电阻 R 还是增加稳压二极管都可以在断电后使衔铁的动作时间变短，并且增加稳压管的方法产生的反向电压要低于增大电阻的方法。如果采用增大电阻阻值，虽然可以将衔铁动作时间缩短，但会因此产生过高的反峰电压，一方面导致高频分量增加，对系统造成电磁干扰，另一方面，也会导致加在固体继电器两端的电压过高，可能会对继电器造成损坏，影响整个系统的安全。采用增加稳压管的方法，虽然减缓了上述问题，但由此增加了稳压二极管元器件，需考虑新引入的失效模式。

4.3.2　瞬态过程的控制

4.3.2.1　预充电电路

（1）经验

运载火箭控制系统供配电电路越来越多地呈现为大容性负载，配电电路在加电瞬间给负载产生几十乃至上百倍稳态电流的浪涌电流，对供配电电路产生大的瞬态电应力冲击。预充电电路能够实现配电过程的预充和缓启动，有效抑制大容性负载供电瞬间的浪涌电流。

（2）基本原理

运载火箭控制系统包含诸多的分系统以及单机设备，为了有效抑制干扰，各设备在设计时均采用带有滤波电路的电源模块，DC/DC 电源模块前端一般采用集成滤波模块、π 型滤波电路，从而使各设备呈现大容性负载特性。为了避免有故障时对其他供电设备产生影响，在供电输入端串接保护电阻，供配电电路如图 4-25 所示。

如果不考虑预充电的设计，则当地面控制 KJ_1 开关闭合时，继电器 K_1 线包供电，随后其触点 K_1 接通，地面电源直接向箭上设备供电。在 K_1 接通的瞬间，电容近似为短路，电源的负载主要为保护电阻和箭地供电电缆的线阻。箭上设备中保护电阻的阻值较小，当多台设备同时供电时，各设备中的保护电阻等效为并联，并联阻值进一步减小。而为了避免供电电缆自身产生过大的压降，供电电缆的线阻也很小。

以某应用场合为例，$R_1 = 0.13\Omega$，$R_p = 0.333/5 = 0.066\ 6\Omega$（五台设备并联），电源电压为 28 V。则接通瞬间的电流为 $I = 28/(R_1 + R_p) = 142.4\ A$。而在稳态工作的条件下，每台设备的电流将比上电瞬间小很多，一般不超过 2 A，五台设备为 10 A。如何选择 K_1 触点将是设计考虑的重点。如果按照稳态电流来选择，则该触点在加电时会经历较大的浪涌电流，会对触点 K_1 产生冲击，在地面进行测试时，将频繁经历箭上设备加电和断电过程，从而影响触点的工作可靠性。如果按照瞬态电流来选择，则继电器的功率、体积、重量将大幅增加。另一个问题是，线路压降与保护电阻相比已处于较大的份额，在上例中，供电线路上的压降将达到 18.5 V，而箭上设备端的电压仅为 9.5 V，需要进一步降低供电电缆的阻抗，否则箭上设备可能无法正常工作。而进一步降低供电电缆阻抗的结果是带来浪涌电流的进一步增大。而较大的浪涌电流也会导致地面电源调压过程的波动，已经由该电源供电的其他通路会出现电压下跳的情况，当严重时，下跳的电压可达 20 V 左右，可能导致设备复位或重启，这对系统是不利的。

解决上述问题的方法是采用预充电的设计电路，或者采用单个设备分别加电的方法。对于后者，传统继电器分别配电的设计就显得过于复杂，因为供电通路众多，加电过程比较耗时；此时可选择数字配电的方案。本节重点讨论预充电设计。

预充电的原理对照如图 4-25 所示，当 KJ_1 开关闭合时，K_1 继电器线包加电，但此时 K_1 触点还没有闭合，地面电源通过 KJ_1、预充电电路先给箭上设备供电，此时主要是给容性负载中的各种电容（滤波电容、分布电容等）充电；大约在几个 ms 之后，K_1 触点接通，地面电源通过 K_1 给箭上设备供电，此时由于预充电的工作，电容不再等效为短路，K_1 接通瞬间的电流大幅减小。

考虑预充电电路，其等效电路如图 4-26 所示，K_1 线包继电器等效为一个电阻。考虑到继电器线包的阻抗远大于其他电路的阻抗，为简化分析，下面讨论中不再考虑。

可以计算如下参数：

加电瞬间电流为 i，其中 i_{sur} 为继电器触点可接受的浪涌电流

$$i = \frac{V}{R_0 + R + R_j + R_p} \leqslant i_{sur} \qquad (4-31)$$

继电器两端电压为 V_{re}，其中 V_{rmin} 为继电器动作的最小电压

$$V_{re} = i \cdot (R + R_j + R_p) = \frac{V \cdot (R + R_j + R_p)}{R_0 + R + R_j + R_p} \geqslant V_{rmin}$$

$$(4-32)$$

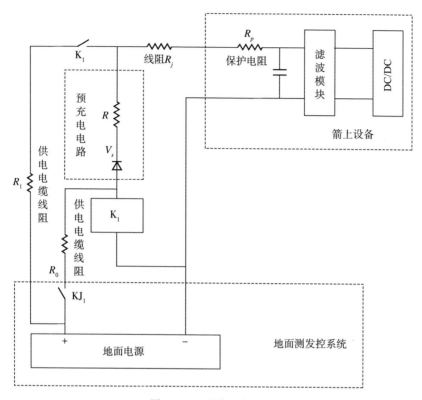

图 4-25　预充电的原理

R_0 为箭地供电线路的线阻，当 R_0 的阻值相对于 $(R + R_j + R_p)$ 较大时，V_{re} 将较小，有可能继电器触点无法接通。而此时，箭上设备两端的电压更小，设备处于供电不足的状态，有可能出现功能紊乱或振荡，进而导致设备的等效阻抗与完全加电后稳态工作不同，从而使这种供电不足的状态保持；而继电器触点无法接通，始终无法提供新的供电通路，整个系统将无法正常工作。

箭上设备两端的电压为 V_{de}，其中 $V_{d\min}$ 为设备工作的最小电压

$$V_{de} = i \cdot R_p = \frac{V \cdot R_p}{R_0 + R + R_j + R_p} \geqslant V_{d\min} \qquad (4-33)$$

对于采用 28V DC/DC 模块的设备而言，可以根据其电源模块的

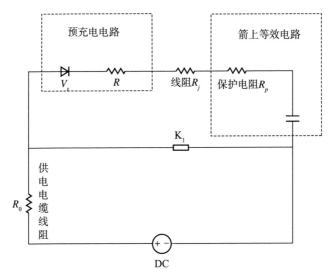

图 4 - 26　预充电电路等效电路

最低工作电压来设置 $V_{d\min}$。例如，考虑电源模块工作电压为 14～40 V，再考虑到设备在启动期间消耗的电流及其在输入保护电阻上的压降，$V_{d\min}$ 可以取为 17V。而 $V_{re} \geqslant V_{de}$，即当设备端电压大于 17 V时，继电器线包的电压也在 17 V 以上，能够可靠启动。

保护电阻 R_p 是设备中首先明确的，在此基础上调整确定其他阻值。

（3）应用分析

在某设计方案中，R_0 采用双点双线，其阻值为 2.3 Ω。设计共有 12 台设备汇总在一起统一供电，其保护电阻的等效值 R_p 约为 1.48 Ω，而箭上供电线缆阻抗 R_j 约为 0.16 Ω，R 为 1.25 Ω。

在此情况下

$$V_{de} = \frac{28 \times 1.48}{2.3 + 1.25 + 1.48 + 0.16} = 7.98(\text{V}) \qquad (4-34)$$

$$V_{re} = \frac{28(1.25 + 1.48 + 0.16)}{2.3 + 1.25 + 1.48 + 0.16} = 15.59(\text{V}) \qquad (4-35)$$

该电路继电器的电压约 16V，继电器能够工作，但设备端电压仅为 8 V 左右，无法正常启动电源模块，且该电压偏低，对电容的充电效果并不理想。

1）改进方法 1。

将箭地供电的电缆由 2 根扩充为 8 根，即电阻 R_0 减小为 0.57 Ω，则

$$V_{de} = \frac{28 \times 1.48}{0.57 + 1.25 + 1.48 + 0.16} = 11.98(\text{V}) \qquad (4-36)$$

电压有效提高，但仍显不足，且该电压对电源模块而言处于临界状态，不是系统设计所期望的。

2）改进方法 2。

取消预充电电阻（即用线路阻抗发挥预充电的限流作用），$R = 0$ Ω，则

$$V_{de} = \frac{28 \times 1.48}{2.3 + 0 + 1.48 + 0.16} = 10.52(\text{V}) \qquad (4-37)$$

$$V_{re} = \frac{28(0 + 1.48 + 0.16)}{2.3 + 0 + 1.48 + 0.16} = 11.65(\text{V}) \qquad (4-38)$$

设备仍处于一种临界状态，而继电器两端电压偏低，继电器无法动作。

3）改进方法 3。

取消预充电电阻，$R = 0$ Ω，同时箭地供电的电缆由 2 根扩充为 4 根，即电阻 R_0 减小为 1.15 Ω，则

$$V_{de} = \frac{28 \times 1.48}{1.15 + 0 + 1.48 + 0.16} = 14.85(\text{V}) \qquad (4-39)$$

$$V_{re} = \frac{28(0 + 1.48 + 0.16)}{1.15 + 0 + 1.48 + 0.16} = 16.46(\text{V}) \qquad (4-40)$$

情况有所改观，设备能够启动，但总体余量不足。

4）改进方法 4。

取消预充电电阻，$R = 0$ Ω，同时箭地供电的电缆由 2 根扩充为 8 根，即电阻 R_0 减小为 0.57 Ω，则

$$V_{de} = \frac{28 \times 1.48}{0.57 + 0 + 1.48 + 0.16} = 18.75(\text{V}) \qquad (4-41)$$

$$V_{re} = \frac{28(0 + 1.48 + 0.16)}{0.57 + 0 + 1.48 + 0.16} = 20.78(V) \qquad (4-42)$$

从该方案看，设备端的供电电压已经大于 18 V，设备能够迅速进入稳态工况；而继电器端的电压大于 20 V，继电器也能正常工作。18 V 的电压也能迅速为电容充电，其浪涌电流理论为

$$i = \frac{28}{0.57 + 0 + 0.16 + 1.48} = 12.67(A) \qquad (4-43)$$

实际测量的最大电流约 15A（主要还有分布电容的影响），这个电流对继电器的选择已经比较方便了。从图 4-25 可以看出，当继电器接通瞬间，将增加从 R_1、K_1 的供电电路。由于此时设备已基本进入稳态，其工作状态的输入阻抗已发生变化，流经 K_1 的瞬态电流已经很小。同时电压约下跳 3V，这是系统可以接受的电源电压波动。

4.3.2.2 复位控制

（1）经验

在多电源系统中，复位电路的设计要考虑不同电源的建压过程和供电顺序，要确保每个电源有足够的复位时间，并关注复位前各个电源负载的初态对设备或系统的影响。

许多类型的集成电路都制造成逻辑电路工作在不同的电源电压水平下。例如，一个现代的微处理器芯片，其核心逻辑采用 2.5V 供电，输入/输出接口采用 3.3V 供电。一些控制器集成电路与 ISA、EISA 总线接口需要一个 5V 的电源。在多电源系统中，由于各个电源上电不同步，如果内核模块已经完成复位，但 I/O 模块或者 FPGA 等上电过程还没有完成，它们将无法完成复位应有的操作。未完成复位的 I/O 接口其输入/输出状态不确定，或者高低电平状态不确定，这将有可能导致设备故障。如果涉及安全关键的信号，还有可能造成信号误触发。

（2）基本原理

1）供电顺序。

更高的元件密度和更高的处理器速度要求较低的核心供电电压，

多电压系统则开始出现。第一个这样的系统是核心和逻辑部分双电压设计，但随着 FPGA、定制 ASIC 等产品的进一步发展，增加了第三、甚至第四的电压水平。

与多级电压电源一起工作的设备通常需要一个上电序列来进行适当的初始化。由于核心逻辑工作电压比外围或 I/O 电路低，因此核心电压首先升高。通过使得核心逻辑电源电压先于 I/O 电源电压爬升，与核心逻辑关联的电压电平转换电路可以正确初始化。

为防止闭锁和上电过程中最大限度地提高可靠性，多电压系统通常包括加电顺序要求，或跟踪 I/O 接口和内核电压。跟踪通常意味着 I/O 和核心电压必须一起上升，并且（通常）核心电压不能超过 I/O 电压 0.30 V。加电顺序一般意味着内核电压必须先建立，还可以指定核心电压和 I/O 电压建立之间的延迟时间[35]。

2）上电复位。

在多电压系统，产生上电复位（POR）信号的最简单方法是监测 3.3 V 或 5 V 逻辑电源。在上电时，当逻辑电压超过阈值时，监视器（supervisor）启动一个复位周期，以确保处理器的有序开启。但是，在低电平电源电压下运行的核心设备的完整性也要得到保证。这些电平是由线性或开关电源产生的，在复位周期过去之前，要确保这些电平在规定范围内。在多电压设计中通过监测一个单一的电压，可能出现其他电压建立过程未被兼顾的风险；没能适当供电的设备可能会以不稳定的方式加载总线或响应，从而导致软件偏离预期程序。因此，可靠设计的良好基础必须包括监视所有电压的能力[36]。

电子元器件一般以 5 V 和 3.3 V 供电最为常见，近几年随着低功耗器件的大量使用，1.5 V、1.8 V、2.5 V 电源也被采用。电路设计中往往采用 DC/DC 电源转化模块提供二次电源。同时使用多种电源时，可采用多种电源模块，或采用一种电源模块加多个直流电压转换器的方案，下面就两种典型情况作简单分析。

　　a）采用多电源模块设计的电路。

　　这种设计一般包括 28/5 V 电源模块和 28/3.3 V 电源模块。其中 5 V 电源模块主要给电路内 5 V 器件供电，3.3 V 电源模块主要给电路内 FPGA、ASIC 供电，以及供给直流电压转换器进行更低电压的转换。这里应当指出，如果采用线性调压器（LDO）进行电压转换，上级电压通常采用 3.3 V，因为常用的 1.5 V、1.8 V、2.5 V 与 5 V 电压相比压降很大，在进行电压转换的时候将损失更多功率，同时增加系统的散热负担。

　　对于这种设计，由于不同电源模块的指标差异，存在上电顺序的问题。如果 5 V 达到稳定的时间比 3.3 V 早，那么将可能造成如下问题：5 V 器件已经运行正常，而 3.3 V 的 FPGA、ASIC 还未加载或还未初始化完毕。如果电路内 MCU 单元为 5 V 供电，那么 MCU 初始化 FPGA 和 ASIC 失败，电路工作将不正常，FPGA 加载失败。

　　b）采用单电源模块设计的电路。

　　系统设计中为了兼容各种电压也常采用 28/5 V 单电源模块和加直流电压转换器的方案。单电源模块也存在上电顺序先后的问题。因为 5 V 之外的其他电压通过直流电压转换器转换，因此小于 5 V 的电压上电肯定晚于 5 V。

　　在上述情况下，设计合理的复位电路是保证正常工作的关键。数字电路被复位以建立起预定状态（即初始数字值填充在寄存器、存储器等中）。在多电源系统下，一些现有的上电复位技术只检测最后出现的电源电压的爬升。然而，在此之前 POR 信号等状态是不确定的。这可能导致芯片的意外行为，如三态逻辑电路的竞争和内存不期望的读或写操作。所有这些情况都可能导致过度和不受欢迎的电流消耗。

　　图 4 - 27 描述了上述场景，包含 n 个数量的电源。很显然，信号复位（假定为低电平）不被启动直到最后电源 VDDn 电压开始爬升。虚线显示了可以被不同供电域驱动和识别的上电复位区域（POR）。

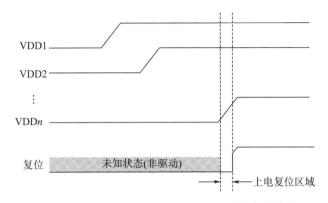

图 4 - 27　只检测最后出现电源电压爬升的复位控制

　　图 4 - 28 显示了另一种更为可靠的 POR 方法，复位生成序列独立。不像图 4 - 27 所示的复位波形，一旦出现任何供电电压爬升，复位信号变为低电平，因此避免了上文提到的危害。在最后供电信号爬升到一定电压前，复位信号一直维持，直至恢复到高电平。最后一个电压所对应的复位周期最小值一般是 140 ms，即保证最后一个电压供电的设备至少有 140 ms 的复位时间。

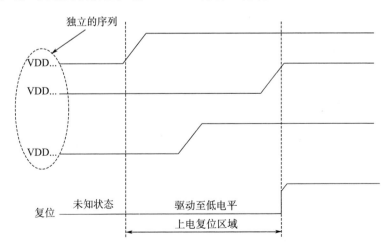

图 4 - 28　改进的上电复位电压建立场景

针对上电复位，许多器件公司均提供了应用说明[37-40]，从而指导用户针对具体产品进行设计。

（3）应用分析

在某速率陀螺加电测试后，其输出始终为 -0.004（°）/s，其零偏稳定值为 0（°）/s。经查，该固定数为信号处理电路对陀螺仪零位进行温度补偿的补偿值，说明信号处理电路未采样到陀螺仪的数据。经查，程序未能加载，即 PROM 中的程序未能加载到 FGPA 中，说明 FPGA 复位异常，如图 4-29 所示。

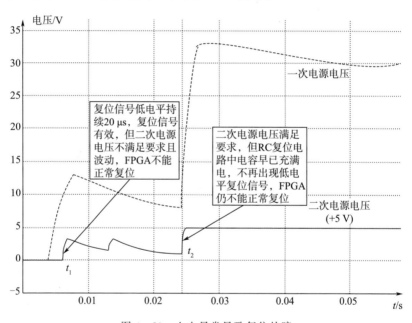

图 4-29　上电异常导致复位故障

FPGA 内部采用 RC 电路实现复位信号的延长，根据要求，复位信号应满足小于 0.7 V、持续时间不短于 20 μs 的设计。但由于预充电电路参数选择不合理，在前 20 ms（t_2 时刻之前）内，28 V 的电压在 7～14 V 附近，使得二次电源的电压在 0.8～3.5 V 之间波动。但在二次电源输出电压的同时，即 t_1 时刻，复位信号已处于低

电平并持续 20 μs，但此时 5 V 的输出电压偏低且电压不稳定，
FPGA 无法正常工作；在此之后，电容已充满电，复位端的电压即
为二次电源电压，当其电压最终上升到 5 V 时（即 t_2 时刻），尽管
FPGA 供电正常且处于正常工作状态，但复位信号不再出现低电平
的情况，等效于未能正常复位，致使 FPGA 输出异常。

　　改进方法：修改预充电电路，使得预充电时刻一次电源电压大
于 16 V，16 V 为二次电源正常工作的最低电压，此时二次电源输
出 5 V，FPGA 正常供电。在二次电源上升为 5 V 之前，其复位信
号为不定态。当二次电源快速升为 5 V 后，其向 RC 电路的电容充
电，复位信号（即电容端电压）为低电平，持续时间为 20 μs，在
这期间 FGPA 正常复位，如图 4 - 30 所示，之后复位信号恢复为高
电平。

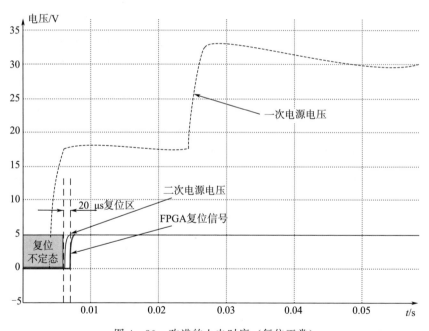

图 4 - 30　改进的上电时序（复位正常）

4.3.2.3　中频电源的切换控制

（1）经验

中频电源在地面测试和射前为伺服机构提供能源，起飞后转换为高压液能源或高压气能源。中频电源采用主副热备工作模式，主机故障时切换为副机工作，切换过程中电机转速逐渐下降。切换时间短有利于减小故障影响、缩短射前流程，但此时电机仍在高速旋转，副机由于不能准确捕获确定转子位置，不能实现同步从而易触发过载保护，副机切换不成功，则伺服机构停止工作。切换时间长则有利于中频副机启动，时间长于电机停转时副机类似于冷启动，则主副热备变更为主副冷备模式，但切换过程中由于能源瞬间缺失导致测试中断。如果参数设计在临界值，多数情况下多台电机均能切换成功，但由于边界条件的变化、电机参数的离散性等，例如电机绕组具有离散性、电机带载能力有差异、转速下降快慢不同，均可能导致切换过程偏离设计预期。同时，副机带载仅发生在主机故障时，属于小概率事件，容易被当做"次要功能"而未得到充分的考核。上述原因最终可能导致切机不成功。

因此主机发生故障时，主副机切换的过程为带载切换，切换过程有严格的约束。既要确保副机切换时电机转速低于其转子位置能被捕获解析的最大启动转速，同时要保证副机能够克服此时的负载转矩。此外，在地面测试过程中应模拟切换过程，开展强度测试，增加测试次数和子样。

（2）基本原理

伺服机构配套的电机为永磁同步电机，定子采用三相 Y 接绕组，采用无转角位置传感器的矢量控制方式，由变频器电源进行驱动控制。该矢量控制也称为磁场定向控制，矢量控制的基本原理为[41-43]：电磁转矩的生成可看成是两个磁场相互作用的结果，可认为是由转子磁场与电枢磁场相互作用生成的。电磁转矩可以表达为转子磁链与定子电流矢量的乘积

$$T_e = p\psi_f i_s \sin\beta = p\psi_f \times i_s \qquad (4-44)$$

转子磁链矢量 ψ_f 的幅值不变，通过控制定子电流矢量的幅值及与转子磁链矢量的夹角，就可以控制电磁转矩的大小，这就是永磁同步电机以转子磁场定向的矢量控制原理。

采用无位置传感器矢量控制算法，基于反电动势对磁极位置进行估算，采用 i_d 为 0 的控制算法，其控制原理框图如图 4-31 所示，内环为电流环，外环为速度环。定子电流经过坐标变换由静止坐标系转换为两相旋转坐标系上的直轴电流 i_d 和交轴电流 i_q，通过控制 i_q 从而调节电机输出电磁转矩 T_e，使其满足负载要求。电机正常运行转矩为 10 N·m 时，i_d 电流接近于 0，i_q 电流约为 15 A。

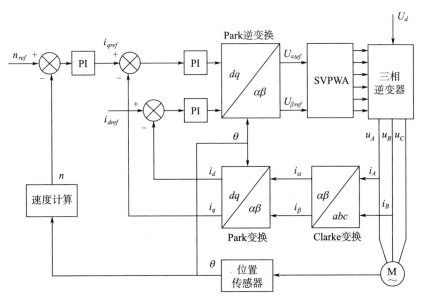

图 4-31 无位置传感器的矢量控制原理框图

电机的启动过程分为三个阶段：

1）转子预定位阶段。

变频电源向绕组通直流电，持续一段时间后，线圈产生一个合成磁场，转子向合成磁场的轴线方向旋转，直到转子磁极与合成磁场轴线重合。以该电机为例，在 18 A 磁通电流的作用下，转子转动到某一位置使磁极与磁场重合，维持时间最大 400 ms。此阶段内，若绕组产生的驱动力矩小于负载力矩，则会出现电机转子不能预定位至设定位置而导致启动失败。

2）外同步加速阶段。

按照预先设定好的换相顺序使功率管轮流导通，同时换相频率不断上升，直到达到预定的设置匹配频率。电机换相是预先设定的，转子的实际启动情况如果与预先设定的情况不完全相同，会出现换相超前或滞后，当这种情况较为严重时就会出现失步，从而启动失败。

3）外同步到自同步切换阶段。

转子旋转升速，同时产生反电动势。电机的换相点依据反电动势过零点的计算值，进入速度、电流双闭环控制阶段。电源需提供足够的控制力矩，同时准确估算反电动势信号。

在上述任何一个阶段，如果变频电源提供驱动转矩不足或者受电磁干扰等因素影响反电动势估算不准，都会出现电机转子实际运行状态与电源预先设定不相符的情况，使电机不能进入同步状态而导致启动失败。

（3）应用分析

1）一级中频切换高速启动失效。

伺服机构电机为永磁同步电机，中频电源选用 Bangfiglioli ACT401-25 变频器组成功率电路，采用无传感器的矢量控制方式，每路输出由一台主机变频器和一台副机变频器组成，当主机出现故障时，自动切换到副机供电，切换时间为 T_{switch}。在无传感器永磁同步电机矢量控制中，转子的初始位置是一个很重要的量，如果初始位置估算得不准确，则可能在电机启动时发生反转或者导致电机启动失败，也有可能影响系统启动后的运行性能。

当从主机切换到副机时，副机变频器首先进行快速同步，即转子的位置检测。根据变频器的特性，当输出电机旋转频率为 250 Hz 时，如果需要确定其转子位置，在定子绕组上的测试脉冲时间需达

到 $100 \sim 300$ ms，否则给出错误的检测频率并最终造成同步失败，触发变频器保护。

伺服机构永磁同步电机定子绕组通过频率为 f 的对称三相交流电流后，气隙中便产生电枢旋转磁场，旋转的速度为 $60 f/n$。当电机旋转频率为 250 Hz 时，对应电机转子转速为 $60 \times 250/4 = 3\,750$ r/min，也就是说，当副机接通时，如果电机转速高于 3 750 r/min，电机的反电动势也高，对变频器原设定的三段式启动方式产生较大干扰，造成反电动势检测和转子位置估算不准，在同步电流闭环控制中，出现电流紊乱，不能实现 i_d 为 0 的预设控制方式，从而增大变频器与电机快速同步失败的几率，出现过流保护故障。

在某次试验中，为模拟一级中频主机故障导致切换启动失效，启动过程如图 4 - 32 所示。主机断电、副机启动过程中，实测硬件延时约为 140 ms（T_{switch}）。此时根据产品在单元测试中的数据，伺服机构 1 分机断电后转速降至 n_{is}，远大于最大启动转速 n_{im}。启动异常定位于供电切换过程中，即中频主机电源关断后，伺服机构电机还在高速运转，此时副机给电机供电时，未能实现同步，触发过载保护，启动失败。一旦 1 分机启动失败，出现保护，其他伺服机构也不能启动。而 2 号机、3 号机在切换启动时，其转速下降得更快，虽然也超过 n_{im}，但失效的概率大幅降低。

进一步复查测试历程，该状态在研制和发射历程中 4 年间总共测试 8 次，均正常切换，但测试频次少，设计参数余量不足，带载切换处于临界状态而未暴露，第 9 次测试时启动异常。

通过增加副机启动延时，确保切换时，电机转速低于最大启动转速 n_{im}。设置延时为 1.5 s，此时负载为 9 N • m，经 100 次验证启动过程均正常。

2）二级中频启动故障。

二级伺服机构在举一反三过程中，采取延时 1.5 s 后启动副机的类似措施，但再次发生切换失败，显示中频电机转速为 16 000 r/min（正常应为 12 000 r/min）。而未增加 1.5 s 延时时，反而能正常

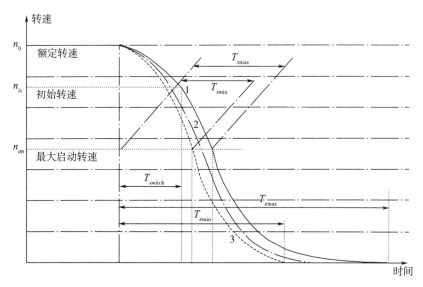

注：1机、2机、3机转速曲线不尽相同，转速下降存在差异。

图 4 - 32　一级中频切换启动过程（见彩插）

启动。

　　经分析，二级伺服机构电机在断电后 1.5 s，伺服机构工作压力稍微下降，仍然接近额定工作压力，作为电机负载的液压泵转动力矩仍然较大，因此电机再次加电启动时，电机负载较大，与常态启动相比，属于带载启动，而此电机带载启动能力不足。经测试，此时伺服机构压力降到 17.53 MPa，对应电机需克服的启动负载转矩为 3.6 N·m，与空载相比有显著差异。限于电机自身带载启动能力不足，导致电机转子启动时与预先设定参数不相符，最终启动失败。二级中频启动过程如图 4 - 33 所示。

　　当未采用延时并再次启动时，电机转速不为 0，同时该电机的反电动势还未能造成转子位置估算不准的情况，但电机的转速弥补了带载能力不足的弱点，使得电机仍能启动。

　　为了避免可能出现的反电动势的影响，并同时考虑到带载启动的能力，需要增大切换的延时，不仅使电机转速降为 0，同时确保伺

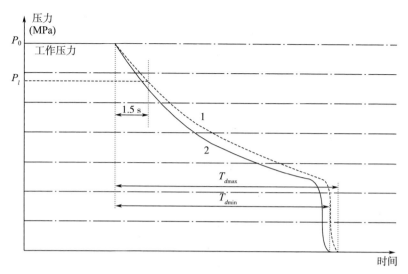

注：1 机和 2 机泄压曲线不尽相同，压降快慢存在差异。

图 4 - 33　二级中频启动过程

服机构彻底泄压，因此延时增大到 20 s。

而对于一级伺服机构，电机带载启动能力较强（＞9 N·m），其延时的设置仍为 1.5 s。

4.3.2.4　亚稳态

（1）经验

数字电路，尤其 FPGA 等的设计，要避免亚稳态[44-47]。对跨时钟域的信号、来自其他系统的信号均要经过同步后进行处理[48-50]。如果数据输出信号在下一个寄存器捕获数据之前解析为有效状态，则亚稳态信号不会对系统操作产生负面影响；如果亚稳态信号在到达下一个设计寄存器之前没有解析成低或高状态，它可能导致系统失效。当亚稳态信号在规定的时间内不能解决时，如果目的地逻辑捕获到不一致的逻辑状态，则可能会发生逻辑故障，即不同目的寄存器捕获了亚稳态信号的不同值。由于无法确定这样的状态持续多久，所以实际上的亚稳态是用统计来描述的[51]，即由平均无故障时间（MTBF）这个参数来描述，这与所涉及的两个频率的乘积成反比：时钟频率，和异步数据变化频率的平均值（假设这两个频率是独立的且没有相关关系）。

为了减少亚稳态产生的危害，最常用的技术有：对异步信号进行同步处理和采用 FIFO 对跨时钟域数据通信进行缓冲设计。

（2）基本原理

数字设备（如 FPGA）中的所有寄存器都定义了信号定时要求，允许每个寄存器在其输入端正确地捕获数据并产生输出信号。为确保可靠运行，对寄存器的输入必须在时钟边沿之前的最小时间（寄存器建立时间或 T_{SU}）和时钟边缘后的最小时间（寄存器保持时间或 T_H）内是稳定的，这样寄存器的输出在时钟沿后延迟特定的时间（clock - to - output delay，T_{CO}）可用。如果数据信号转换违反了寄存器 T_{SU} 或 T_H 的要求，输出可能进入亚稳态。在亚稳态中，寄存器输出在一段时间内处于高电平和低电平之间的值，这意味着输出到规定的高或低状态的转换被延迟超过规定的 T_{CO}。

在同步系统中，输入信号必须满足寄存器的时序要求，所以一般不会发生亚稳态。亚稳态问题通常发生在一个信号在不同的电路中传输，而这不同电路处于不相关或异步时钟域。在这种情况下不能保证信号会满足建立和保持时间的要求，因为信号可以在相对于目的地时钟的任何时间到达。然而，并不是每一个信号转换违反了建立和保护时间的要求就必然会产生亚稳态输出结果。寄存器进入亚稳态的可能性和返回稳定状态所需的时间取决于用于制造该设备的生产工艺技术和运行条件。在大多数情况下，寄存器将很快恢复到稳定的定义状态。

亚稳态一般产生于信号传输（包括跨时钟域信号传输、异步信号采集）、异步复位电路、同步复位电路中。亚稳态振荡时间 T_{met} 关系到后级寄存器的采集稳定问题，T_{met} 影响因素包括：器件的生产工艺、温度、环境等，甚至某些特定条件，如干扰、辐射等都会造成 T_{met} 增长。

1）信号传输中的亚稳态。

当数据在目的寄存器 T_{SU} 至 T_H 时间窗口发生变化，即当数据的建立时间或者保持时间不满足时，就可能发生亚稳态现象，如图 4 -34 所示。

a）在跨时钟域信号传输时，由于源寄存器时钟和目的寄存器时钟相移未知，所以源寄存器发出的数据可能在任何时间到达异步时钟域的目的寄存器，无法保证满足目的寄存器 T_{SU} 和 T_H 的要求。

b）在异步信号采集中，由于异步信号可以在任意时间点到达目的寄存器，所以也无法保证满足目的寄存器 T_{SU} 和 T_H 的要求。

由图 4 - 34 可知，当产生亚稳态 T_{co} 时间后会有 T_{met} （决断时间）的振荡时间段，当振荡结束回到稳定状态时为 "0" 或者 "1"，这个是随机的。因此，会对后续电路判断造成影响。

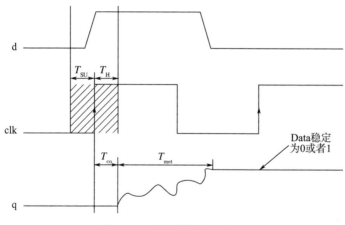

图 4 - 34　信号传输的亚稳态

2）异步复位电路的亚稳态。

在复位电路设计中，复位信号基本是异步的，其模型如图 4 - 35 所示。如果异步复位信号的撤销时间在 $T_{recovery}$ （恢复时间） 和 $T_{removal}$ （移除时间） 之内，那势必造成亚稳态的产生，输出在时钟边沿的 T_{co} 后会产生振荡，振荡时间为 T_{met} （决断时间），最终稳定

到 "0" 或者 "1"，有可能会造成复位失败。异步复位时序如图 4 -
36 所示。

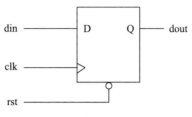

图 4 - 35　异步复位电路模型

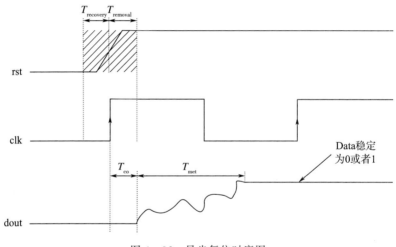

图 4 - 36　异步复位时序图

3）同步复位电路的亚稳态。

一般而言，复位信号是异步的，但也有设计采用同步复位电路，
并且认为不会发生亚稳态，其实不然，同步电路也会发生亚稳态，
只是几率小于异步复位电路，模型如图 4 - 37 所示。

同步复位会额外消耗资源，本节只讨论同步复位的亚稳态产生
情况。当输入端 din 为高电平，且复位信号的撤销时间在 clk 的 T_{SU}
和 T_H 之间时，亚稳态就随之产生。如图 4 - 38 所示时序，在 clk 的

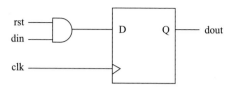

图 4 - 37　同步复位电路模型

T_{SU} 和 T_H 内，输入数据为"1"，复位和输入数据相与后的数据也在 clk 的 T_{SU} 和 T_H 内，因此，势必会造成类似异步信号采集的亚稳态情况。

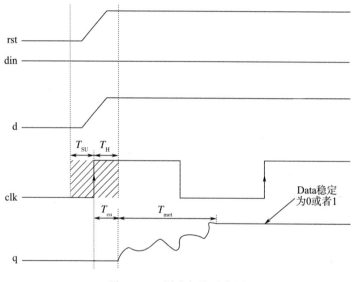

图 4 - 38　同步复位时序图

当一个信号在不相关或异步时钟域中的电路之间传输时，其被使用前必须将该信号同步到新的时钟域。新时钟域中的第一个寄存器充当同步寄存器。为了尽量减少由于在异步信号传输时亚稳态引起的故障，电路设计者通常在目的时钟域使用一系列的寄存器（同步寄存器链或同步器），将信号重新同步到新时钟域。这些寄存器允许用额外的时间将一个可能产生亚稳态的信号，在其被后续设计使

用前，解析到已知的值。在同步器中，寄存器到寄存器路径的时间
延时是处理解决亚稳态信号的时间，也被称为可用的亚稳态处置
时间。

同步寄存器链或同步器，被定义为一个序列的寄存器，满足以
下要求：

①链中所有寄存器都采用相同的或相位相关的时钟。

②链中的第一个寄存器由非相关时钟域的信号驱动，即异步
驱动。

③每个寄存器仅扇出到一个寄存器，除了链中的最后一个寄
存器。

同步寄存器链的长度是满足上述要求的同步时钟域中寄存器的
个数。图 4 - 39 所示为长度为 2 的同步链示例，假设输出信号馈送
多个寄存器目的地。

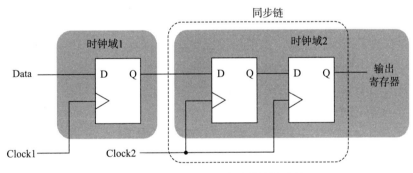

图 4 - 39　长度为 2 的跨时钟域同步链

通过使用同步器来隔离不满足要求的信号以减小亚稳态的影响。
最简单的同步器是单触发器，但是很难保证触发器将有足够的时间
来解决亚稳态。推荐的解决方案是给触发器整个时钟周期来解决。

考虑图 4 - 40 的电路，其中 D1 信号转换非常危险地靠近时钟上
升沿，这有可能导致以下 6 种结果，如图 4 - 41 所示。

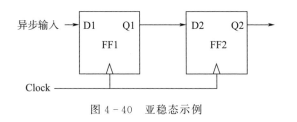

图 4 - 40 亚稳态示例

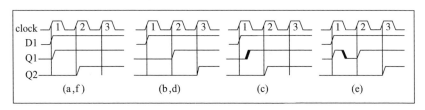

图 4 - 41 亚稳态导致同种电路的多种执行结果

①图（a）：Q1 能够在时钟周期 1 的开始就转换，并且 Q2 将在时钟周期 2 复制该信号。

②图（b）：Q1 可能完全错过了 D1。当然它将肯定在时钟周期 2 上升，Q2 也将在之后的一个周期上升。

③图（c）：触发器 1（FF1）处于亚稳态，但是它的输出仍保持低。之后亚稳态得以解决，Q1 上升（加粗的上升沿）。这将发生在本周期结束前，然后 Q2 在周期 2 上升。

④图（d）：FF1 处于亚稳态，它的输出保持低，当亚稳态解决后，输出仍保持低。这看上去与图（b）类似。Q1 将在周期 2 强制上升，且 Q2 在周期 3 上升。

⑤图（e）：FF1 进入亚稳态，它的输出上升。之后，亚稳态解决，输出变为低（在 Q1 中可见一处小差错）。到周期 1 结束时，Q1 还是低。它在周期 2 上升，然后 Q2 在周期 3 上升。

⑥图（f）：FF1 进入亚稳态，输出变为高。之后，亚稳态解决，输出仍保持高。Q1 看上去与图（a）类似。Q2 在周期 2 上升。

电路设计的底线是 Q2 不是亚稳态，Q2 变为高，比输入晚一或两个周期。同步电路交换亚稳态的"模拟"不确定性（在连续时间内连续的电压水平变化）为一个简单的"数字"不确定性（在不确定的离散时间点上离散的电平转换），其结果是正确的输出将在一个或两个周期后转换。除了这种"周期"不确定性外，输出信号是一个可靠的、合法的数字信号。

为了保证正确操作，我们假设在图 4-41 中，D1 保持高至少两个周期［例如图 4-41（b）、（d）、（e）］，FF1 将确保在周期 2 的上升沿从其输入端采样到"1"。但发送方并不知道 D1 必须保持多长时间，接收方也不知道发送时钟的速度有多快，所以接收方也不能简单地对周期计数。为了解决这个问题，接收方必须发送一个确认信号。发送方送出请求后，由顶层同步电路同步，接收方发送命令响应信号，该信号由发送端同步，只有此时发送方才被允许再次改变请求信号。这种往返握手是正确同步的关键，但很显然增加了设计的复杂性。

图 4-40 仅是一个较为理想的解决亚稳态的方案，它隐含地满足了图 4-42 所示的 T_{met} 要求。当第一个寄存器发生亚稳态后，经过 T_{met} 的振荡稳定后，第二级寄存器能采集到一个稳定的值。但有时同步寄存器链需要足够长，如图 4-43 所示。由于振荡时间 T_{met} 受到很多因素影响，T_{met} 时间有长有短，当 T_{met} 时间长到大于一个采集周期后，第二级寄存器就会采集到亚稳态。在这种情况下，亚稳态产生了窜扰，从第一级寄存器传到了第二级寄存器，同样也可能从第二级寄存器窜扰到第三级寄存器。这样会让设计逻辑判断出错，产生亚稳态传输，可能导致系统死机崩溃。

为此，可能需要使用三个、四个，或者五个寄存器来确保消除亚稳态。另一个解决方案是使用一个正常的双触发同步器与较慢的时钟，例如时钟频率减半，如图 4-44 所示。

需要注意的是，同步器不能同步数据，它只是同步控制信号。尝试逐位地同步数据通常导致灾难性的结果；即使所有的数据都同时切换，一些位可能在经过一个周期后完成转换，而其他位可能需

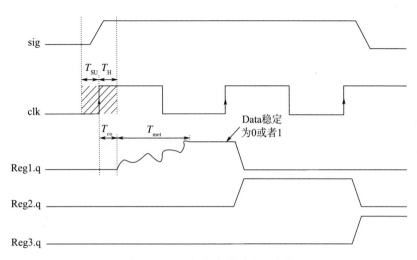

图 4 - 42　三级寄存器消除亚稳态

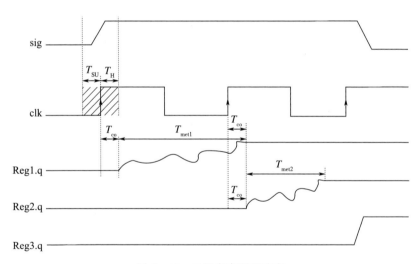

图 4 - 43　二级寄存器亚稳态

要两个周期，这都是由于亚稳态造成的。另一个被禁止的做法是由两个不同的并行同步器来同步相同的异步输入，一个可能解决为 1，而另一个为 0，从而导致不一致的状态。这在箭地之间容易发生。

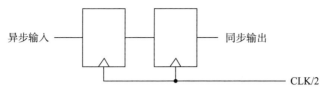

图 4 - 44　时钟频率减半的亚稳态解决方案

　　由于任何异步输入信号，或者在不相关的时钟域之间传输的信号，都可以在目的寄存器时钟边缘的任何点上进行转换。因此，在数据转换之前，设计者不能预测信号转换的时序或目的地时钟边缘的数目。此时，若异步总线信号在多个时钟域之间传输并被同步，则数据可以在不同时钟边缘上进行转换，其结果是总线数据的接收值可能不正确。

　　为了解决上述数据传输问题，可采用双时钟 FIFO（DCFIFO）逻辑来存储信号值，也可采用握手逻辑。FIFO 逻辑使用同步器来传输两个时钟域之间的控制信号，然后数据在双端口存储器被读和写。一些公司提供了 DCFIFO 宏操作，包括为控制信号提供不同级别的延迟和亚稳态保护。总之，在一个合理设计的系统中，只要每个信号在使用前都能解析到一个稳定的值，该设计就能正常工作。

　　（3）应用分析

　　某计算机处理板在进行高温试验时，在 80℃ 环境保温 3 个小时后，发现该处理板 1553B 总线没有输出。当降至常温状态后，计算机板工作正常。重复高温保温试验状态，故障现象能够复现。

　　经过分析，1553B 总线芯片均是在时钟的上升沿采集到片选信号（SELECT *）有效后，在相邻的下降沿锁存读写信号的状态，并根据该状态进行相应操作。为了满足 1553B 总线的时序要求，保证片选有效时读写信号已经稳定，在 FPGA 设计中对 1553B 的片选信号采用同步 1 拍再输出的处理方式。

　　计算机处理板访问时序如图 4 - 45 所示，CLK 为处理器输出的时钟信号，即 FPGA 使用的系统时钟。STRBn 为处理器启动外部访

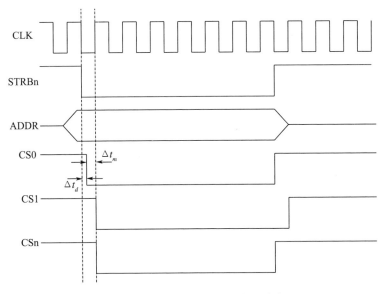

图 4 - 45 某计算机处理板访问时序

间时输出的片选信号，ADDR 为地址总线，CS0 为 STRBn 与地址信号组合输出的片选信号，当 STRBn 为低且地址为 1553B 总线的地址时，CS0 输出为低。CS1 为 CS0 信号经过时钟信号 CLK 同步 1 拍后的信号，为了避免 1553B 总线片选信号因为同步处理导致后延推后，CS0 和 CS1 信号经过或门组合后输出，CSn 即为最终输出的 1553B 总线片选信号。

　　CS0 是 STRBn 与 ADDR 的组合信号，其与 STRBn 之间的延时 Δt_d 会随着温度的升高而增加；而系统时钟 H1 进入 FPGA 后直接使用了全局时钟树进行驱动，其延时时间远小于组合信号的延迟时间。STRBn 在时钟 H1 的下降沿产生，CS0 有 0～3 ns 的延迟，因此该信号与时钟上升沿之间的余量 Δt_m 有 7～10 ns；当 CS0 延迟后与时钟上升沿接近时，有可能因为触发器的建立时间不足，导致输出产生亚稳态，最终影响 1553B 总线的访问。

　　通过实测，随着温度的升高，对 FGPA 芯片加热，CS0 与时钟上升沿的余量从 5 ns 缩短到 2.6 ns，余量逐渐变短。该现象与环境温度有关，解决措施是将 CS1 同步一拍改为同步三拍规避亚稳态。

4.3.2.5　逻辑互锁

（1）经验

电源上电使设备进入稳定的工作状态是非常关键的过程，尤其在系统环境下，由于设备较多且电缆长，系统上电时设备经受的电环境往往比单机测试的工况复杂，电路器件在上电过程中可能处于多种状态。如果电路 A 的状态确定需要电路 B 的某个信号，而电路 B 能正常工作的前提需要电路 A 提供某个信号，则两个电路存在逻辑互锁状态，就有可能造成二者均不能进入可靠工作状态。

（2）基本原理

在上电过程中，DSP 等处理器内置锁相环电路，在处理器未复位时，锁相环可能处于不确定状态。外部晶振时钟输入到处理器的锁相环，通过倍频后形成处理器的主工作时钟，一般也会作为其他电路（如 FPGA 等）的工作时钟，由此埋下了隐患。

复位电路一般通过 FPGA 来实现电源电压检测、滤波以及延时控制，FPGA 芯片管脚在上电过程中也可能处于不定态，并且 FPGA 的工作需要确定工作时钟。

由此可见，逻辑互锁易发的场景为：DSP 的锁相环需要可靠的复位后才能正常地工作，并输出主工作时钟；FPGA 需要在主工作时钟下完成相应的逻辑功能，输出复位信号。当刚上电时，FPGA 由于锁相环的不定态没有工作时钟而无法输出复位信号，而 DSP 因没有复位信号而无法使锁相环正常工作，进而导致无法产生工作时钟。一旦进入上述状态，DSP 和 FPGA 都将无法工作。

（3）应用分析

某控制设备在电源品质较好的单机测试电环境下上电工作正常。但在系统综合试验中，系统上电时供电母线电压存在明显波动，设备上电异常。

外部输入为＋5 V 电源，经过本板的三次电源转化为处理器以及 FPGA 的 I/O 和内核工作电源。外部晶振输出 10 MHz 时钟，通过处理器锁相环 5 倍频后到 50 MHz，作为处理器的主工作时钟。同时处理器锁相环输出的 50 MHz 的 H1 时钟，作为 FPGA 的主工作时钟，FPGA 内部的所有逻辑功能均在该 H1 时钟下工作，其逻辑关系如图 4 - 46 所示。

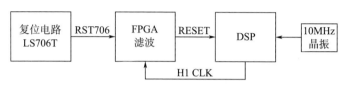

图 4 - 46　复位与时钟的逻辑关系图

该处理器上电后锁相环可能处于 MAXSPEED、LOPOWER、IDLE2 或 undefined 状态，仅在复位信号为低时正常输出。复位电路由 FPGA 产生，其内部对复位信号进行了 12 个时钟周期的滤波，防止处理器意外复位。代码如下：

```
140  --------------------------------------------------------------------
141  ---706T reset
142  --------------------------------------------------------------------
143  UUT_rst706:process(h1)              --- 电源芯片复位信号滤波处理
144     begin
145        if rising_edge (h1) then
146          rst_reg <=rst_reg(12 downto 0) & frst706;
147          if rst_reg(13 downto 2)=x"000" then
148             rst_706<= '0';
149          elsif rst_reg(13 downto 2)=x"fff" then
150             rst_706<= '1';
151          end if;
152        end if;
153     end process;
154  --------------------------------------------------------------------
```

图 4 - 47　复位滤波处理

从图 4 - 47 看出，FPGA 输出复位信号需要靠 H1 时钟确定状态。因此在上电过程中，若无 H1 时钟，则 FPGA 的 I/O 引脚输出也为不定态（高电平或低电平）。FPGA 内部复位电路触发器的输出初态和系统的电环境相关，如果系统的电环境在稳定情况下，可出现固定初态，在系统电环境不稳定的情况下可出现不固定初态。当上电 FPGA 输出的复位信号初态为低时，H1 时钟和复位信号不存在互锁的情况，DSP 可正常工作；当上电 FPGA 输出的复位信号初态为高时，H1 时钟和复位信号存在互锁的情况，DSP 板工作异常。

最终解决措施是将 10 MHz 晶振输出的时钟直接接入 FPGA，作为复位滤波使用，由此 FPGA 可以不受锁相环的影响而输出可靠的复位信号。当复位有效时，锁相环也能正常工作，但锁相环产生的时钟不再对 FPGA 的工作有任何影响，如图 4 - 48 所示。

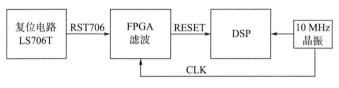

图 4 - 48　消除互锁状态的设计

4.3.3　潜通路的分析

4.3.3.1　基本原理

（1）经验

对于多点汇流的正、负母线，要特别关注在浮接的状态下构成潜通路，要尽可能在同一位置汇流。在供电状态下，各处汇流点处于同电位，即使有微小的电位差，也很难形成潜通路。但是，当这些汇流点处于浮接时，这种情况一般发生在断电或者有插头断开等情况，其电位不再钳制在原电位，不同汇流点之间就会构成通路。尽管潜通路有许多种类并且有不同的危害，但上述同电位点在浮接状态下的潜通路比较常见，需要特别关注。

（2）潜通路分类与分析方法

广义潜通路包括潜电路、潜在路径、潜在定时、潜在指示、潜在标识等[52-54]。

1）潜电路：包含在设计中的信号或电流路径，它会导致不期望功能的发生，或者抑制需要的功能。这不包括元件故障和静电、电磁或漏电通路作为故障因素，也排除由于参数临界或轻微超出公差条件而导致不当的系统性能。潜电路表示的状况并不总是活动的，不依赖于元件故障。

2）潜在路径：使电流沿着意外的路径流动。

3）潜在定时：导致或阻止电流的流动，从而在一个意外的时间点启动或禁止一个功能。

4）潜在指示：导致原因不明确或虚假的系统工况显示。

5）潜在标识：通过操作者的错误引起不正确的激励。

潜通路的分析方法主要有：系统检查、故障树分析、布尔代数、拓扑结构分析等。系统检查是逐个地检测电路的支路，对预期功能进行直观的评价，寻找导致故障的途径；故障树分析是假定将未知电路故障的输出作为故障树的顶事件，利用符号逻辑规则探索达到顶事件的路径；布尔代数是用布尔方程表示完全的电路逻辑，并与精简的布尔表达式就期望的功能算法进行比较；拓扑结构分析是建立电路的拓扑模型，进行潜通路分析，如图 4 - 49 所示。

（3）应用分析

本书将通过专门的章节来介绍各种案例。

4.3.3.2　插头分离不同步

箭地和级间分离过程中，可能导致原钳位于固定电平的信号失去参考电平，于是电流流经通路变化产生非预期的潜通路，导致异常复位、关机、断电，危害极大。

1）各复位信号线通过系统运行过程中需要分离的插头时，应将各级复位信号分开。否则，当负线所在的分离插头先分离，正线所在的插头后分离时，在二者时间差内，容易引入潜通路。

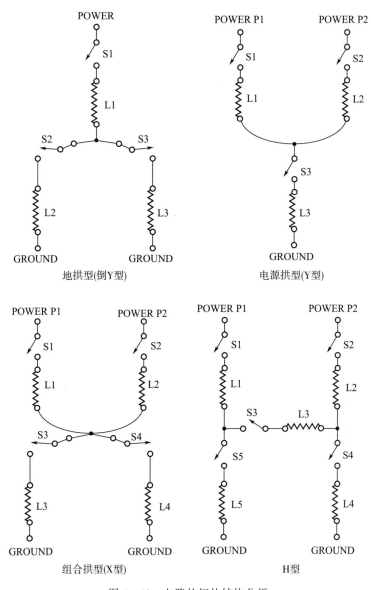

图 4-49　电路的拓扑结构分析

图 4 - 50～图 4 - 52 给出了潜通路的示意。在图 4 - 50 中，地面测发控系统给出的复位信号同时送到了一级和二级设备。复位信号的正端由地面测发控系统控制，负端通过分离插头 2 连至负母线。

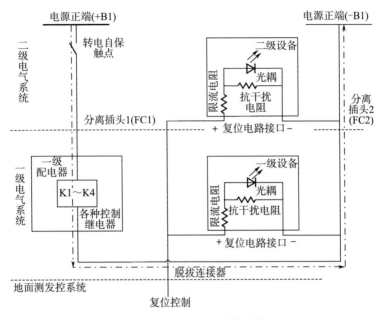

图 4 - 50　一、二级未分离前

当火箭起飞后，火箭与地面测发控系统的脱拔连接器断开。当一、二级分离时，如果分离插头 2 先断开，一级设备复位电路的负端不再被钳位（-B1），由此构成了如图 4 - 51 中虚线所示的潜通路，一级设备和二级设备的复位接口电路形成了串联关系，将有可能导致二级设备的光耦导通，致使其误复位。

图 4 - 52 为改进后的电路，其中一级与二级设备的复位信号正端没有在箭上连接在一起，而是分别引至地面测发控系统，在测发控系统中将二者连接在一起。当起飞后脱拔连接器断开，两个设备的复位信号没有连接关系，原有的潜通路也就不复存在。

2）历史上因同位点浮接造成的潜通路，最为著名的当属美国红

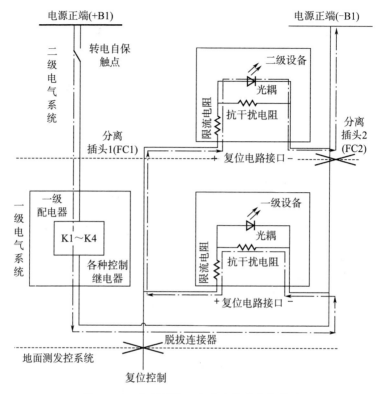

图 4 - 51　分离插头 2 先分离构成的潜通路

石导弹，示意图如图 4 - 53 所示。

在脐带连接插头均连接的情况下，图中左下角的地线即为28 V 负母线，与右下角的地线是等电位。当尾部连接器未断开时，点火控制触点接通，电流流经点火控制指示灯到达接地点，该接地点视同电源负母线，不会沿着灭弧电路流向关机控制线圈。但是当各个插头分离不同步时，比如尾部连接器先断开（提前于脐带分离插头 29 ms），则通过关机线圈的灭弧电路构成了如图 4 - 53 中虚线所示的潜通路，致使关机线圈供电，发射中止。

3）由于分离插头动作不同步带来的断电问题。

断电控制的潜通路分析如图 4 - 54～图 4 - 56。图 4 - 54 为分离

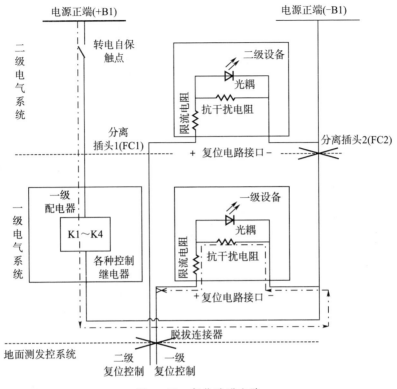

图 4 - 52　复位改进电路

插头未分离的情况，副配电器 1 与 2 的断电信号在箭上并联在一起。＋B1 信号经转电自保触点流经副配电器 1 的 KZ 继电器至－B1 母线。

　　图 4 - 55 为分离插头 a 先分离的情况下形成的潜通路。此时副配电器 1 继电器 KZ、KD 的负端不再连接至－B1，由此信号反向流经 KD 继电器和消反峰电路，并通过并接的断电线路流经副配电器 2 的 KD 继电器，有可能导致副配电器 2 误断电。

　　改正措施如图 4 - 56 所示，其原理同复位电路的修改。将副配电器 1 与 2 的断电控制端的并接点设置在地面测发控系统，起飞后脱拔插头断开，这两个断电控制端不再连接在一起，从而消除了潜通路。

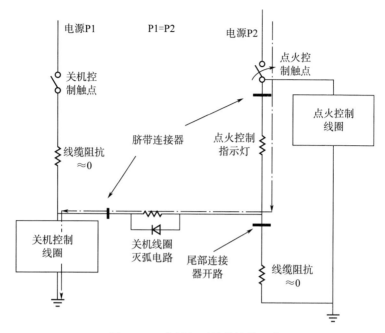

图 4-53　美国红石导弹的潜通路

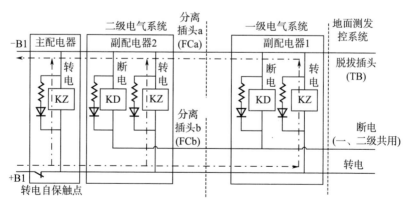

图 4-54　分离插头未分离前电路原理框图

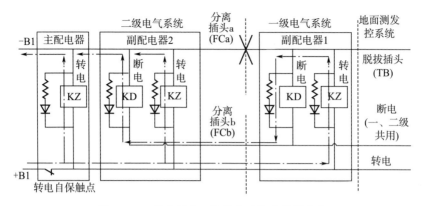

图 4 - 55　分离插头 a 先分离后构成的潜通路

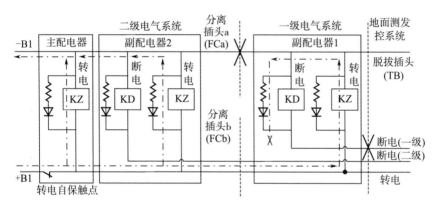

图 4 - 56　改进后电路

　　类似的问题在箭地脱拔插头不同步分离时也会产生潜通路，图 4 -57 给出了另一个示例。在 TB1、TB2 均连接的状态下，＋W 加电，此时地面采样电阻测试的＋W 电压为 28V，＋B 电压为 0V；当 TB1 断开时，＋W 电压变为 14V，＋B 电压变为-14V（图中两个采样电阻值相同）；当 TB2 断开时，＋W，＋B 均为 0V。其潜通路在 TB1 断开、而 TB2 未断开时如图虚线所示。潜通路的主要原因，是由于 TB1 断开后，TB1 箭上段的 m、n 点的电压不再被钳位在-B，而是成了中间连接点。

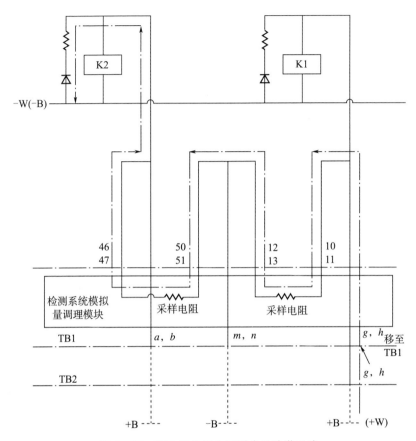

图 4 - 57 箭地脱拔插头不同步导致潜通路

4.3.3.3 双向电路

输入、输出接口电路应尽量避免使用"双向电路"。所谓双向电路，就是正反向电阻差别很小，电流正反向都能流过的电路。

图 4 - 58 给出了遥测采样引起的潜通路示例。

箭上系统在运行过程中发出心跳指令，心跳指令是脉冲信号，可以等效为开关的通或断。遥测系统和地面测发控系统均对心跳指令进行测量。地面测发控系统采用＋M1 母线，地面设备加电后母线就带电。遥测系统的测量取自箭上＋B 母线，＋B 母线仅在箭上加电

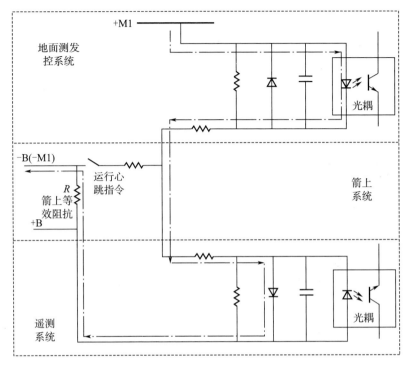

图 4 - 58　遥测采样引起的潜通路

后才带电。当箭上还未加电时，＋B 端不带电，地面测发控系统的
＋M1 供电通过光耦测量通路并经遥测电路中光耦的反向二极管和分
流电阻连至- M1（－B）端，构成了虚线所示的潜通路，地面测发控
系统的光耦导通；而这一光耦本应在心跳指令开关闭合时才导通。
为消除潜通路，在＋M1 与地面测发控的光耦采样电路之间增加一级
开关，仅在＋B 接通时刻才将＋M1 供电与光耦电路连通。

　　系统中同时由遥测和地测进行采样的电路并不少见，另一种方
案是通过二极管隔离，如图 4 - 59 所示。遥测系统中的隔离二极管
阻断了潜通路，这样，无论＋B 和＋M1 谁先上电，都不会产生潜
通路。

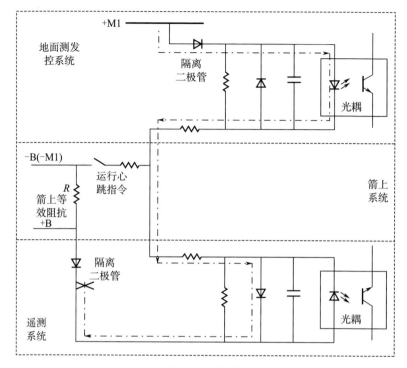

图 4 - 59　采用二极管隔离避免潜通路

4.3.3.4　继电器动作不同步

用继电器执行时序指令的实际时序，必须考虑包括继电器动作时间在内的所有相关的电路延时，保证在最坏情况下也能满足设计要求。

加电指令不同步、指令同步但继电器动作不同步均可能引起潜通路。如图 4 - 60 所示的简单电路，当供电控制开关按下后，继电器线包 KE 加电，其触点闭合，将＋B1 输出给箭上用电设备。KE继电器供电通路如图中虚线所示。当转电继电器 KZ 加电后，触点 KZ 闭合，从而对 KE 继电器线包形成自保。在最初的设计中，供电控制与转电控制按钮同时按下，这时就有可能出现以下情况：转电控制按钮略微提前于供电控制按钮按下，导致 KZ 线包先带电，触点 KZ 闭合；此时当供电控制按钮按下时，供电电流如图 4 - 60（b）所示，即有两路电流，第一路通过 KE 继电器线包，第二路通过 KZ 闭合触点至箭上设备，此时 KE 触点还未闭合。

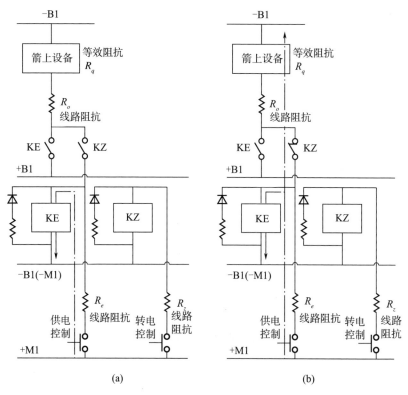

图 4 - 60　加电指令不同步的潜通路分析

R_e 为地面控制线路的线阻，R_o 为箭上配电电路的线阻，R_q 为箭上设备的等效电阻，继电器 KE 两端的电压为电阻 R_e 和 $R_{KE}//(R_o + R_q)$ 的分压，即

$$U_{KE} = U(1 - \frac{R_e}{R_e + [R_{KE}//(R_o + R_q)]}) \qquad (4 - 45)$$

为了电缆减重，箭地连接电缆一般较细，即 R_e 阻值较大。而箭上配电电缆为了降低压降，一般多线并联，即 R_o 较小，而 R_q 是

箭上多台设备的并联，阻值也较小，在这种情况下，U_{KE} 的电压可能低于继电器动作电压，导致 KE 继电器未动作。

解决措施是控制工作时序，即供电控制指令先执行，延时一段时间后接通转电控制开关。

当同一个指令控制多个不同的继电器时，由于继电器动作的不同步，也有可能造成不期望的结果，以图 4 - 61 所示的电路为例进行说明。

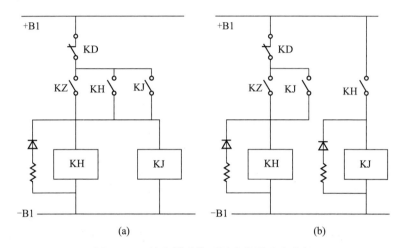

图 4 - 61　继电器动作不同步的潜通路分析

图 4 - 61（a）是一个简单的供电自保电路。其中 KH 继电器控制给火工品供电母线供电，由于火工品引爆需要较大的电流，该继电器功率较大，动作延时较长。而 KJ 为箭上普通电子产品供电，其动作延时略短。当转电触点 KZ 闭合后，KH、KJ 线包带电，其触点闭合，从而形成自保电路。

当需要断电时，常闭触点 KD 断开，导致 KH、KJ 线包失电，其触点也将断开。但在安全性设计中，要求火工品母线先断电，然后控制设备再断电；反之，控制设备在断电过程中可能会造成状态的不确定，从而有可能导致火工品指令输出的异常，而此时由于火工品母线还未断电，这样就会产生安全隐患。在图 4 - 61（a）的断电过程中，KJ 继电器的动作就快于 KH，即火工品母线后断电。

　　为此将电路修改成图 4 - 61（b）的情形，KH、KJ 的自保控制电路完全分开，其中 KJ 的自保由 KH 触点单独完成。KD 触点断开后，KH 线包失电，经过延时一段时间，KH 触点断开，此时火工品母线已断电，且 KJ 线包也失电，再经过一段延时，KJ 触点断开。用这种设计方案确保 KJ 触点在 KH 触点之后才断开，消除了安全隐患。

4.3.3.5　其他

　　本节将提出其他几种有可能造成潜通路的情况[55-56]。

　　1）应尽量避免在源、地侧混设断路器。

　　如图 4 - 62 所示。当 S1 闭合而 S2、S3 均处于断开状态时，可能导致 $C_1 \sim C_3$ 全带电。

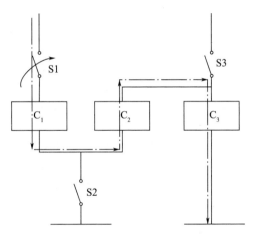

图 4 - 62　源、地侧混设断路器导致潜通路

　　2）不同系统之间有条件的顺序操作与控制，应采用"握手＋定时"的逻辑控制方式。当控制顺序不能改变而又必须定时与非定时混合控制时，必须对混合部分的时间偏差做"最坏情况分析"，以避免能够导致改变控制顺序的潜通路。

　　如果两个相邻的指令完全靠定时来控制，则彼此之间有着严格的先后顺序。但当定时外有其他条件也能触发这些指令时，其先后顺序有可能被破坏，原本后发的指令可能先发；若后发的指令在发送同时清除前序所有的条件，则本应先发的指令可能永远不会发出。

3）线或供电电路断电分支不要设置在每个"或"分支上，要尽可能设置在相加点之后；否则，可能存在抑制"断电"功能或产生意外"供电"功能的潜通路。

如图 4-63 所示，左图为不恰当的设计，KD 断电触点无法断开手动供电信号，右图为正确的设计。

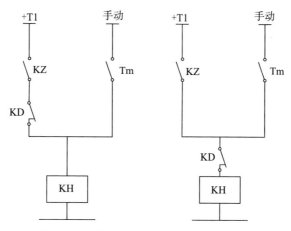

图 4-63　线或供电电路断电的潜通路分析

4）尽量不用不带电常闭触点做不同分系统之间的状态指示或连锁信号（标志）。否则，在外系统通电运行而本系统断电状态下，存在误发指令或标志信号的潜通路。

不带电常闭触点本身就有二义性：继电器不工作或系统未加电。

5）多用户的公共信号源到各用户之间，或多个信号线控制一个用户时，都要加隔离二极管，以消除各信号源到用户之间的双向通路。

6）对控制感性负载的触点或开关管的保护（灭弧）不宜采用并电容或阻容串联电路，可采用在感性负载上并电阻串联二极管的方式。

　　因为作为灭弧用的电容一般都较大，使得电容或阻容串联电路本身就是一个瞬时电流路径。

　　7）火工品桥丝的限流电阻不能共用，也不能用电缆的分布电阻代替，即使是并联的火工品。

　　一个桥丝发生短路故障会形成对其他桥丝旁路的潜通路，从而抑制其他桥丝的引爆功能；即使未短路也引入了使火工品引爆电流一致性差的缺陷。

　　如图 4-64 所示，左图为 n 个火工品并联，共用一个限流电阻。右图所示为第一路火工品 H_1 引爆后短路，其将所有其他火工品的端电压钳位在 0 V，影响这些火工品的引爆。

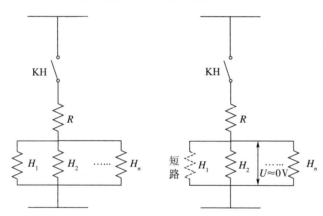

图 4-64　火工品限流电阻共用的潜通路分析

　　有关其他潜通路的案例，可见参考文献[57-58]。

4.3.4　工艺的优化设计

4.3.4.1　清洗对多余物的控制

　　（1）经验

　　在结构设计中要避免导致污染物、多余物堆积的设计，例如盲孔等；结构设计要有利于清洗。如果有可能，应设计有过滤器，这样更换、清洗组件和重组会变得更加方便。采用清洁液清洁元件、产品等，并达到所需的清洁水平，但首先也要对清洗液进行有效控制，建立相应的标准，完成各种检验并记录；控制好流体的成分、纯度、清洁度和使用场合，并满足清洗效果和与被清洗材料类型的兼容性；同时，清洁方法和程序应该有明确的规定。清洁完毕进行颗粒检测时，应将清洁的元件放在包装袋中，以防止元件被污染。

（2）基本原理

清洗是去除多余物的有效手段。选择清洗液的基本原则包括：

1）无毒性，无论是吸入还是洒在皮肤上应均不构成危害。

2）不爆炸。

3）在正常使用下无腐蚀性。

4）不燃。这并不是说将清洗液限制在非燃液体，可燃性清洗剂允许有限和谨慎地使用。不仅仅在清洗过程中要避免燃烧，甚至在后续的产品包装、储存、使用过程中，也要小心避免。

5）对环境无害。要减少废液，清洗剂应该是可回收的或一次性的。一个好的处理系统是没有污染物排放到环境中的系统，一个更好的系统是完全没有排放的系统。

6）与系统或产品材料兼容。清洁液的纯度和组成应该达到一定水平，以使其达到所需的清洗清洁度而不影响产品。清洗液不应与被清洗的产品发生反应、结合、蚀刻或引起其他立即的或以后的性能退化。

清洗可以分为一般清洗和特殊清洗。

一般清洗：根据被清洗对象的特点，从自来水、自来水加洗涤剂或肥皂水、蒸馏水、去离子水等中选择清洗液，并尽可能采用不加热的干燥方法，也可考虑机械清洗和干燥方法。

特殊清洗：分为超声波清洗[59-61]、浪涌清洗和精密清洗[62-64]。

1）超声波清洗。

超声波清洗是利用超声波发生器所发出的交频讯号，通过换能器转换成交频机械振荡而传播到介质——清洗液中，强力的超声波在清洗液中以疏密相间的形式向被洗物件辐射，产生"空化"现象，即清洗液中的"气泡"产生破裂。当"空化"达到被洗物体表面破裂的瞬间，产生远超过 1 000 个标准大气压力的冲击力，致使物体的面、孔、隙中的污垢被分散、破裂及剥落，使物体达到净化清洁。该方法特别对深孔、盲孔、凹凸槽的清洗是较理想的设备。

使用前应先测试超声波清洗设备，以确认有足够的气化，从而保持良好的清洁效果。超声波清洗设备中使用的流体应按照制造商的建议使用；使用替代流体需进行测试，以验证替代流体是否有清洁效果，并与要被清洗的物品相兼容。

铝、镁和其他多孔材料可能不适用于超声波清洗。

2）浪涌清洗。

浪涌清洗通过形成浪涌式水柱，提高对管道内壁的冲刷力，将内壁残留成分清洗干净。

清洗过程中要对压力或流量进行控制，防止被清洗元件或系统受到压力或真空导致的损伤。不可用这种流程清洗像压力容器等物品，它们对压力循环疲劳敏感。

3）精密清洗。

对于精密清洗，一般在每平方英尺的表面用 100 mL 未使用的精密清洗溶剂进行冲洗。通过搅拌、晃动或在必要的表面喷洒测试溶剂，以获得可靠的测试样本；并立即排出测试溶剂以避免颗粒沉积在被测物体表面。

清洗的效果需要通过对清洗液进行清洁度分析，清洗完成的依据是颗粒物的测定结果满足要求。一般采用"颗粒计数法"（可参考 SAE-ARP-598）测定液体中的颗粒污染[65,66]。此方法描述了通过膜过滤来对液体样品中的污染颗粒进行测量和计数的过程，该程序允许测量 5 μm 或更大的污染颗粒，相邻两次运行结果的平均值最大变化不应超过 20%。该程序可用于所有样品，滤膜应与冲洗液相容。但要注意的是，测试方法并非只有一种，不同方法测试相同样品的结果可能由于每个方法的技术特点不同而不同。

有关控制系统机电产品清洗工艺的研究成果还可参考文献[67-69]。

（3）应用分析

某伺服机构在测试中发现，当电源启动后，伺服机构零位角度输出异常。在两次启机过程中，其零位出现了偏差（简称零偏），发现零偏存在逐渐增大或逐渐减小的异常变化过程，数据见表4-3。

表 4-3　伺服机构零位变化

工作剖面	时间段/s	零位*/（°）	说明
第一次启机工作段	0～1.671	0.015	工作正常
	1.671～4.533	0.099	出现零偏
	4.533～30.031	0.145	零偏增大
第二次启机工作段	0～67.496	0.196	零偏增大
	67.496～104.036	—	执行指令动作
	104.036～168.713	0.128	零偏减小
	168.713～206.872	—	执行指令动作
	218.165～263.454	0.057	零偏减小

注：* 系统要求的零偏<0.1°。

经分析，从出现零偏到零偏逐渐增大，然后逐渐减小直至消失的异常变化过程，说明在伺服机构喷嘴挡板处可能出现多余物。

图4-65是力反馈型喷嘴—挡扳伺服阀的示意图，多余物位于喷嘴—挡嘴之间。当多余物未到达此位置时，对伺服机构的工作没有影响。当多余物抵达此间隙时，部分堵塞油路，导致伺服阀电流出现零偏；此后，堵塞情况进一步加剧，零偏增大；当伺服机构接受指令开始动作后，挡板离开中位，多余物逐渐离开喷嘴挡板控制间隙，伺服阀的零偏逐渐减小，直至多余物消失，伺服阀恢复正常。

造成伺服阀敏感的多余物直径在0.04 mm以上。以目前国内外的技术和工艺水平，还不能100%杜绝在制造、装配过程中引入微小多余物。在伺服阀前置级液压放大器的油路上游设置有高精度油滤组件，过大的多余物会被油滤拦截，不会进入前置级油路中。因此，喷嘴挡

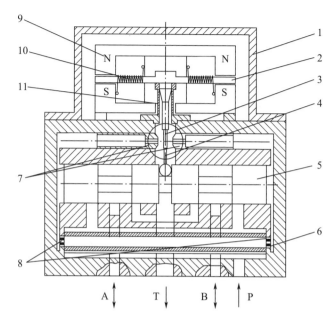

1—力矩马达；2—衔铁；3—挡板；4—反馈杆；5—阀芯；6—滤油器；
7—喷嘴；8—固定液阻；9—永久磁铁；10—线圈；11—弹簧管

图 4-65　力反馈型喷嘴—挡板伺服阀示意图

板间隙处的多余物应该来源于节流孔至喷嘴体油路中的残存物。

伺服阀油路复杂，多个变通径、交叉孔、盲孔、堵头、密封圈处会产生油液流线死区的位置，可能驻留多余物，如图 4-66 所示。

油路中有高速液流，但上述死区均处于低速静流位置，局部区域流速低于 0.001 m/s，在这些静流区如果残留多余物，则不容易清洗。需要采取液流冲击及振动等综合措施，包括：

1）检查油路清洗过程中是否存在冲洗盲区，并采用双向冲洗的措施。

2）伺服阀验收交付之前增加高频磨合试验，通过施加高频信号，使得伺服阀的内部油路处于高频压力变化状态，将可能残存的多余物带入高速液流通道，小的多余物随着液流离开伺服阀，大的多余物也可以提前暴露。

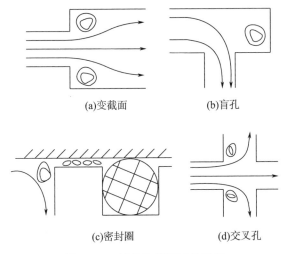

(a)变截面　　　　　　　　(b)盲孔

(c)密封圈　　　　　　　　(d)交叉孔

图 4 - 66　油液流线死区示意图

后续可以考虑改进伺服阀结构以及通过制造手段尽可能减少低速静流区。

4.3.4.2　锂离子电池的使用

（1）经验

锂离子电池作为一种常用的电源，具有能量密度高、循环寿命长、记忆效应小、不使用时自放电速度慢、荷电保持能力强等特点，越来越普遍地应用到运载火箭中。大型锂离子电池组的不当储存和使用会带来灾难性的后果，电池组电池设计、电池部件选择、电池充电和监控程序、电池购买控制和设施安全程序是锂离子电池应用的弱点。单体电池按容量、内阻、中值电压和自放电率等参数严格筛选，确保单体电池的一致性；采用电源管理器进行锂离子电池的均衡充电，避免过充和过放，这些是锂离子电池安全可靠应用的关键点[70-71]。

（2）基本原理

锂离子电池是一种二次电池（充电电池），主要依靠锂离子在正负极之间的往返嵌入和脱嵌来工作，以实现能量的存储和释放。以钴酸锂正极、石墨负极系锂离子电池为例：充电时，在外加电场的作用下，

正极材料 $LiCoO_2$ 分子中的锂元素脱离出来，成为带正电荷的锂离子 Li^+，从正极移动到负极，与负极的碳原子发生化学反应，生成 LiC_x，从而"稳定"嵌入到层状石墨负极中。放电时相反，内部电场转向，Li^+ 从负极脱嵌，顺电场方向，回到正极，重新成为钴酸锂分子 $LiCoO_2$。参与往返嵌入和脱嵌的锂离子越多，电池可存储能量越大。

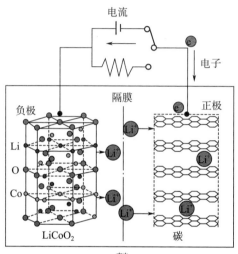

正极反应：$LiCoO_2 \underset{\text{放电}}{\overset{\text{充电}}{\rightleftharpoons}} Li_{1-x}CoO_2+xLi^++xe^-$

负极反应：$C+xLi^++xe^- \underset{\text{放电}}{\overset{\text{充电}}{\rightleftharpoons}} CLi_x$

电池反应：$LiCoO_2+C \underset{\text{放电}}{\overset{\text{充电}}{\rightleftharpoons}} Li_{1-x}CoO_2+CLi_x$

图 4-67　锂离子电池充放电原理图

锂离子电池主要构成均为正极、负极、隔膜、电解液及外壳。单个电池包含氧化剂（阴极）、燃料（阳极）和有机电解质，它们由密封容器中的多孔聚合物层隔开，每个电池组还包括电池管理系统（BMS）。锂离子电池危害程度取决于电池参数（即电流和电压）和能量密度。造成事故有以下原因[72]：

1）充电前，电池电压在存储过程中异常低，指示可能内部有软短路的电池单体。

2）电池被过充电。

3）充电电流设定过高。

4）无过电压或过温报警。

5）电池管理系统（BMS）功能不够完善。

6）对单个单体没有电压监测和控制。

7）外部工作温度超过推荐值。

8）其他产品质量和管理缺陷。

锂离子电池充电应配套适当的 BMS，采取以下措施可减缓或避免电池故障[73-75]：

1）制定适当的电池操作和存储指南，以避免充电前电压过低（即低于安全阈值）。

2）使用适当的 BMS 并在指定区域内充电。

3）评估充电条件并确保充电参数（即电流、温度和最大电压）严格在规定的范围内。

4）不允许在使用中由任何单体导致串联不匹配。

5）制定适当的充电电流限制。

6）涓流充电模式下充电电流应足够小，以防止最坏情况下的任何危险。

7）确保 BMS 适用性，并且在充电期间应具有适当警报和抑制能力。

8）在对高容量锂离子电池充电时应设置冗余报警系统，即过电压和过温报警。监测电池温度，特别是充电期间（如快速升温是对即将到来的热失控的警告），并设置适当的控制措施。

9）避免在没有 BMS 的情况下对高容量或高电压电池充电。

10）制定适合于单个单体电池监测和控制的锂离子电池操作和存储的指导方针。

充放电对保证电池的性能非常重要。即使单体电池严格筛选，但仍不能保证电池组在长期使用过程中保持稳定，由于单体电池的充放电效率、自放电率等的变化，容易造成单体电池性能的差异，这种差异表现为各单体荷电状态的不平衡，从而导致单体之间的电压发散越来越大，这种离散性在充放电后期表现尤为突出。例如，各串联单元的单体充电电流在整个充电过程中始终是一致的，先充满电的单体端电压迅速上升，而未充满电的单体电压仍较低，但它们的电压之和可能已达到了要求值，其结果轻则导致整体电池组充电不足，造成电池组容量下降，重则发生个别单体电池过充。这种状况是不可逆的，且会不断恶化。因此，充电时要求保证每个单体电池都能达到满充状态，而放电时每个单体都能完全放电。因此，在充电过程中应增加均充功能，其原理是先串联大电流恒流充电，当充电容量达到约 95％ 以上时，改为小电流均衡充电；对已充满电的单体停止充电，而对个别未充满电的单体继续小电流充电，直至电池组各单体荷电状态平衡。这需要对充电电路和电池组的连接关系做一些改进，本节不再展开介绍。

（3）应用分析

均衡充电对于确保电池性能和使用安全至关重要。图 4 - 68 是某未经均衡充电的电池组各单体电池在充放电后期电压离散情况，该电池组由 18 个 3.2 V/20 Ah 锂离子单体电池通过 2 并 9 串组成，经过半年串联充电使用。从图中可以看出，该电池组的单体电池在充放电后期，电压存在明显离散。在放电结束时，最大单体电压差值约 400 mV。而在充电恒流转恒压时，最大单体电压差值约 250 mV。

图 4 - 69 是同一电池组经均充技术一次均衡充电后的单体电池充放电特性试验曲线。从图中可以看出，电池组在充放后期，单体电池的电压离散性明显改善，且容量增大约 5％。

4.3.4.3 电缆的制造

（1）经验

电缆的故障主要是由于线束材料在使用环境中劣化，或者导线和连接器由于电流过载、过大的应力以及窜扰和电弧等引发故障而失效。正确地设计、制造、测试和认证电气电缆，能显著降低运载火箭发生故障的可能性[76-78]。

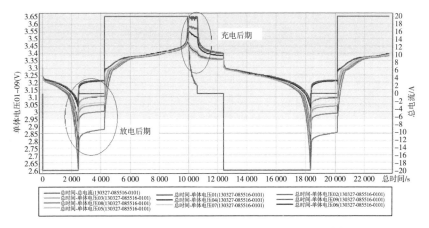

图 4-68　未经均充的电池组各单体电池在充放电后期电压离散情况（见彩插）

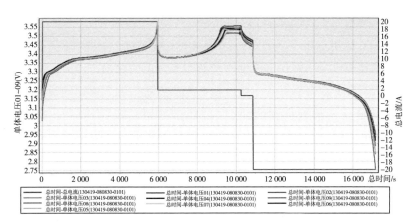

图 4-69　经过均充的电池组各单体电池电压离散性明显改善（见彩插）

（2）基本原理

在电缆的制造过程中，应关注以下事项（部分事项与设计也有关联，此处一并描述）：

1）合理选择线径。

针对最大的载流容量来选择导线的尺寸，确保导线的总温度不超过导线的额定工作温度值，导线的总温度包括环境空间温度和由于电流流动引起的温度升高。

线径的选择还要考虑电源和负载之间的最大电压降，这是由导线和接地返回路径的阻抗、负载的工作特性等共同决定。

要限制单根导线的最小尺寸，不同场合下要求可能略有不同。

2）确保装配图和工艺计划包含完整、清晰、详细的说明。

在工艺方案中应有详细的指导，使得任何一个技术人员都应该能够执行所需的装配过程，而不能仅仅依赖有经验的人员。例如，在装配方向很重要时，在装配图中应包含连接器的面视图。对于一些微型接插件，在电缆装配图上应明确连接器与直角后壳方位关系的细节，避免连接器在装配过程中不正确地定向。对于一些小的附件，例如在插头后盖安装时用于保护电缆的热塑套管，也要有完整的说明。

3）污染控制。

使用合适的清洁技术来控制线束的污染，这些污染可能会导致硬件的损坏和故障，特别是许多精密的设备。

基本上所有的装具都有严格的污染控制和认证要求。为了满足这些要求，一般使用乙醇进行焊后清洗，用经批准的溶剂对屏蔽编织物进行超声波清洗，电线和电缆用干净的无绒布和批准的溶剂擦拭，然后再制造成线束。在线束制造完成和认证后，将完整的线束用批准的溶剂清洗，可用黑色和白色的光进行检查。装配后可按照一定的温度（如 60 ℃）和时间（如 8 h）进行烘烤（注意：不要在烘烤后再用酒精擦拭电缆）。

在焊后使用酒精清洗的过程中，要注意避免酒精被聚四氟乙烯绝缘层过度吸收，这会逐渐损坏电缆，有可能导致绝缘击穿。

4）满足使用过程中的物理限制要求。

应在电缆设计和制造标准中定义物理参数和限制条件。线束的直径应有所限制，不能过大，以满足安装操作的要求。线束的长度应留有余量，提供至少一次重新焊接（或压接）的可行性。要明确最小弯曲半径，将电线电缆定位并固定一次（不要反复），并尽可能避免弯曲。线束需用系带、电缆夹等固定，注意控制松紧程度。

5）电磁兼容性设计。

应使线束组件内导线之间的电磁耦合度最小。在可能的情况下通过使用单独的线束和连接器，从低电平和连续波信号中分离出不同的信号类型，例如高电平和脉冲信号等。当这些不同类型的信号必须包含在同一电缆内时，通过将信号线束分组以获得最好的隔离。双绞线引线应用于功率和平衡信号电路时，应进行屏蔽处理。线束可以单独或分组屏蔽，并在可能的情况下使用单独的连接器。射频信号应使用射频电缆[79-80]。

6）对电缆的检查。

检查内容包括技术文件、使用材料、设计和制造方法、工艺文件以及电缆实物。线束组件应根据接线图或接点图测试点对点电气连续性，在同一线束内的相同导体线径和长度的线缆阻值偏差必须在10%以内。在导体之间和导体与屏蔽层之间测量绝缘电阻，在500 V 直流电压范围内的绝缘电阻必须大于 100 MΩ，最大测量时间为 1 min。

必要时采用时域反射测试（Time Domain Reflectometry，TDR）设备对 10 ft 以下长度电缆进行检测，这可用于确定导体中间歇性短路的位置。

7）连接器类型、保护盖、密封垫圈、电线接头、灌封化合物等的选择要互相匹配。例如，如果单根导线上的聚四氟乙烯绝缘层非常软，就有可能在非常轻的点压下损坏导线。此外，当使用新的电缆连接器，可联系其他用户咨询可能遇到的问题。如果没有实施上述做法，在运载火箭和仪器上使用的电缆就有可能不符合其电气和飞行环境要求。在安装之前，线束也可能没有被正确地测试、清洁和认证。这都可能导致任务失败。

（3）应用分析

某型号运载火箭首次在靶场测试时，发生了多起电缆断线或绝缘下降的故障。

1）异常外力对电缆损坏。

①某发动机电爆管控制电缆阻值测试异常。

在火工品回路阻值测试中，发现某发动机燃料隔离阀分支阻值测试异常。这是一款双桥钝感电爆管，每个电爆管有两个桥路，其两路阻值测试结果应一致。而测试数据显示，其中一个桥路的电阻为 1.06 Ω，而另一个在四次测试中分别为 1.36 Ω、1.28 Ω、1.58 Ω 和 1.08 Ω，一直处于变化中。

经复查，该电缆参加过多次试验，有可能存在碰撞、拽拉等因素，导致插头接点连接状态异常。

②某温度传感器信号异常。

某助推器发动机氧入口温度传感器信号异常，经查看实物，当打开接插件尾部的压板时，电缆与接插件已经脱离，电缆中 2 根导线在焊点根部断裂。从 X 光透视看，在接插件焊杯位置处 2 根导线断裂并与焊杯脱开。

对断面观察，导线内部有 7 根芯线，2 根芯线部分区域存在低周疲劳迹象，其他区域呈现韧窝形貌；另外 5 根芯线明显塑性变形且端口呈锥形。上述说明，导线受到了较大外力作用，在铺设、防松紧固等过程中可能操作不当而断裂，人员进舱操作时可能也会碰触及压迫电缆。

③数据综合器通信电缆短路故障。

在测试中，某数据综合器通信异常。经查，通信电缆在进行防护或安装时受损，导致内部连线断路。

④对全箭进行漏电检查，发现某爆炸螺栓绝缘阻值为 0（即对地阻值为 0）。

经查，该电缆外护套破损，屏蔽层断裂。主要由于该电缆经历了反复安装与拉伸，在电缆上多处有挤压痕迹，导致线缆变形、开裂，部分屏蔽网线散开。该电缆两端的屏蔽层均采用固定元件分别与固定帽压接，使连接器壳体、导线屏蔽层、点火组件壳体导通形成等势体，具有电磁屏蔽功能。但电缆内绝缘层破损，使得芯线与屏蔽层金属丝接触，导致对地短路。

最终问题归结为受到异常外力，尤其是在固定电缆的过程中，后续除操作要规范外，还要增加橡胶垫等保护措施。

2）线缆捆扎和固定。

某信号转接装置部分连线断路。在对该设备测试的过程中，发现部分接点不导通，经开盖检查，这部分导线已断开。

经复查，这些导线的绝缘层比较光滑、坚硬，不易捆扎成型，在布线空间紧张的情况下，线束不能完全贴合在卡槽内。同时，未对捆扎线束进行固定防护，使得线束处于悬空状态。经过长时间的运输，线束在转换装置内部晃动，致使导线焊点根部受力断开。

改进措施：

a）线束捆扎位置尽量在整条线束的上部，避免根部受力。

b）在线束汇集捆扎的部位增加卡箍，进行固定防护，每条线束中间点硅胶固定，防止线束悬空导致根部折断。

c）对应力以及截面积比例悬殊较大的导线，尽量不要绑扎在一起，避免相互受力影响。

3）电缆防潮的防护。

活动发射平台电缆绝缘下降。经查，问题定位于"摆杆摆开好"的信号电缆绝缘下降。由于沿海发射场的自然环境，电缆在安装和存放中长期处于湿热环境，电缆内部进入水汽。由于电缆有一定的密封性，电缆内形成了一定的空隙环境，长时间腐蚀灌封蜡和连接器，导致绝缘下降。

改进措施之一是增强电缆灌封的防护能力，由灌蜡改为有机胶，减小潮气聚集的可能。

可以看到，仅在一次靶场的试验，就发生了多起电缆断线或绝缘下降的问题，由于很难追溯到源头，经分析判断，均认为在电缆铺设、固定、防护、连接等过程中，使电缆受到了不恰当的外力。这一缺陷并不立即表现为故障，随着使用中应力的积累，最终在某个时刻断线。最后一个问题则属于电缆防护未考虑到高温高湿的自然环境。这些故障均提醒我们要关注电缆使用中的安装工艺。

4.3.4.4　流体密封的处理

（1）经验

O 型圈是常用的密封方式，被设计用来防止液体或气体经由硬件匹配件之间的间隙通过。其与安装 O 型圈的密封压盖要配合工作，密封压盖有不同的类型，压盖和 O 型圈必须一起设计以获得最佳性能。要综合考虑密封材料兼容性选型、尺寸匹配设计、密封形式对材料的影响等诸多因素，必要时应采用双道密封。在安装密封材料时要制定详细的规范和检查措施，避免由安装造成 O 型圈的损坏。

（2）基本原理

O 型圈是圆环形，虽然 O 型圈可以由塑料甚至金属材料制成，但一般只关注橡胶、弹性体等材料及其独特的设计和性能[81]。静止时，O 型圈位于密封压盖的中部。然而，随着密封系统的压力开始升高，O 型圈移到压力的相反侧。由于材料是软的，O 型圈被机械地挤压以阻断两个匹配的硬件之间的间隙（图 4 - 70）。O 型圈必须反复重复此过程，直到发生某个失效[82]。

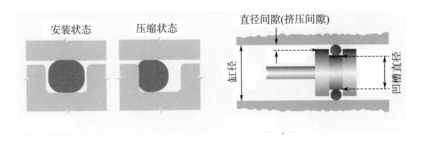

图 4 - 70　O 型密封圈

1）尺寸设计。

O 型圈有 3 个主要尺寸：内径（ID）、外径（OD）和横截面（CS）。任何 O 型圈的 ID 必须小于配合硬件，以允许 O 型圈在凹槽内伸展。推荐的拉伸百分比通常为 2%，理论上的范围为 1%～5%。较高的初始拉伸水平会随着时间的推移降低 O 型圈的性能[83-84]。

$$D_O = \frac{D_{GROOVE}}{1 + s} \tag{4-46}$$

其中，D_O 为 O 型圈内径，D_{GROOVE} 为 O 型圈安装部位的凹槽内径，s 为拉伸度（％）。例如，如果 D_{GROOVE} 为 200 mm，s 取 1％ ～ 5％，则

$$D_O = \frac{200}{1.01 \sim 1.05} = 190.5 \sim 198 \tag{4-47}$$

O 型圈截面设计取决于压盖的大小。为了产生适当的挤压量以产生足够的密封，O 型圈的横截面高度必须高于压盖高度。"直径间隙"（Diametrical Clearance）是两个匹配的硬件表面之间的间隙，也称为挤压间隙（extrusion gap）。O 型圈挤压集中在挤压间隙和密封件上，O 型圈截面的大小在静态应用或动态应用场合有显著的差异。为了减小动态应用中的摩擦，需要较小的横截面。其截面的上、下限计算如下

$$A_{CS,min} = \frac{\dfrac{D_{BORE,min} - D_{GROOVE,max}}{2}}{1 - s_{min}} - A_{tol} \tag{4-48}$$

$$A_{CS,max} = \frac{\dfrac{D_{BORE,max} - D_{GROOVE,min}}{2}}{1 - s_{max}} + A_{tol} \tag{4-49}$$

其中，$A_{CS,min}$，$A_{CS,max}$ 分别为横截面的最小和最大值，$D_{BORE,min}$ 和 $D_{BORE,max}$ 分别为缸径的最小和最大值，$D_{GROOVE,min}$ 和 $D_{GROOVE,max}$ 分别为凹槽内径的最小和最大值，s_{min} 和 s_{max} 分别为拉伸度的最小和最大值，A_{tol} 为横截面的容差。

2）密封形式。

静态轴向密封：在设计静态轴向密封沟槽时，首先考虑的是压力向内还是向外。当压力向外时，沟槽的外径是主要的；对于向内压力，内径是主要的，如图 4-71 所示。这确保 O 型圈只需移动最小距离来密封挤压间隙。

往复动密封：O 型圈用于动态往复应用，最常见的是液压、气

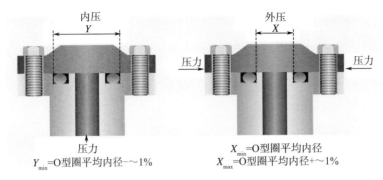

图 4 - 71　静态轴向密封

动活塞或杆密封。对于短行程应用，较小直径的 O 型圈性能良好；较长行程应用需要更大横截面的 O 型圈。在动态密封应用中出现了许多失效模式，这对于静态 O 型圈不是问题。

　　硬件表面处理对提高密封寿命和性能至关重要。理想的表面光洁度介于 10～20 微英寸（1 英寸＝2.54 厘米）之间。任何 5 微英寸以下的设计都会导致表面的固有润滑在行程的末端被擦掉。往复应用中的摩擦力问题十分关键。

　　旋转密封：在适当的条件下 O 型圈可以用于旋转密封件。硬度值、硬件配置和转速值必须与合适的 O 型圈相匹配。

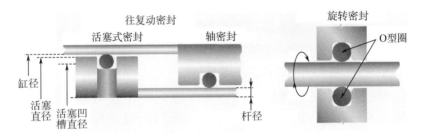

图 4 - 72　动密封

　　3）O 型圈失效的常见原因。

　　O 型圈在应用中的失效通常是由于多种环境因素的联合不利影响而造成的。最常见的原因是[83,85-88]：

①压盖设计不当导致过多或过少的压缩，没有足够的空间用于密封扩张，公差堆叠。

②O 型圈尺寸不正确。

③O 型圈弹性体与所处环境不相容性。

④O 型圈安装不当。

⑤O 型圈润滑不当。

密封泄漏的常见原因是：

①O 型圈在安装时被切割或损坏。当使用 O 型圈安装在接近尖锐的边缘时，容易被锋利的边缘磨损。

②压缩 O 型圈的金属表面施加了不适当的压力。在计算密封压缩时，必须考虑 O 型圈公差和金属加工零件公差叠加。弹性体密封件的欠压或过度压缩有可能导致泄漏。

③由于热膨胀或化学膨胀，O 型圈在应用温度下过度填充沟槽，并发生挤压，导致泄漏。

④O 型圈被过度拉伸，例如大于 5％的拉伸将导致 O 型圈过应力，并可能导致过早发生部分故障和随后的泄漏。

⑤O 型圈由于环境而受到损坏，出现裂开、裂纹或一般退化，从而导致泄漏。

O 型圈上的应力组合复杂且难以评价。因此，在实际使用环境中对 O 型圈化合物成分和尺寸进行测试是非常重要的。

4）O 型圈失效的典型案例。

表 4－4 列出了失效的典型案例[89]。

虽然 O 型圈为液压密封提供了合理的方法，但它们不应被认为是所有密封问题的直接解决方案。它们的使用有一定的局限性，如在高温、高摩擦速度等场合就不太适用。使用 O 型圈作为主密封件有明显的局限性，包括但不限于：转速超过每分钟 1500 英尺（FPM），不当的硬件配合设计，不相容的温度、压力和流体化学相容性，等等。

表 4-4　O 型圈典型失效案例

类型	描述	失效分析	预防/纠正措施	标识
压缩形变	这可能是 O 型圈失效最常见的原因。一个有效的 O 型密封圈需要在密封表面之间形成一条连续的"密封线"。这种"密封线"是压盖设计和密封横截面的函数，它决定 O 型密封圈上的挤压（压缩）量，以保持密封完整性，同时不会导致密封元件的过度变形	1) O 型圈材料压缩性能差； 2) 压盖设计不当； 3) 过高的温度导致 O 型圈硬化并失去其弹性性能（高温可能是由系统流体、外部环境因素或摩擦积聚热引起的）； 4) O 型圈由于系统流体导致体积膨胀； 5) 由于可调节的压盖过度收紧而导致过度挤压； 6) 生产过程中 O 型圈材料硫化不完全； 7) 引入了与 O 型圈材料不可兼容的流体	1) 尽可能使用"低压缩形变"的 O 型圈材料； 2) 选择的 O 型圈材料要兼容预期的工作条件； 3) 降低系统运行温度； 4) 检查密封界面的摩擦热积聚，如果过热则采取降低温度措施； 5) 检查 O 型圈物理性能是否正确	O 型圈不再是"O"形，而是永久变形成扁边的椭圆形，其平出的侧面是在失效之前的原始压缩的密封界面

续表

类型	描述	失效分析	预防/纠正措施	标识
挤压与啮咬	这是液压杆和活塞密封等动态应用中密封件失效的主要原因。在受高压脉冲作用下的静态的失效，也会发现这种形式的失效。这会导致装配法兰的打开和关闭，将O型圈夹在配合表面之间	1) 间隙过大； 2) 高压（超过系统设计或较高的压力偏离）； 3) O型圈材料太软； 4) O型圈材料在系统流体中的降解（溶胀、软化、收缩、开裂等）； 5) 偏心引起的不规则间隙； 6) 由于系统压力过大而增加间隙； 7) O型圈压盖加工不当（锋利边缘）； 8) 尺寸不适当（太大）的O型圈安装导致沟槽的过度填充	1) 通过减小加工公差来减小间隙； 2) 检查O型圈材料与系统流体的相容性； 3) 提高金属构件的刚度； 4) 用更硬的O型圈取代现有产品； 5) 将锐边去除； 6) 确保安装适当尺寸的O型圈	O型圈的低压侧或下游侧呈现出"咀嚼"或"碎裂"的外观。在啮咬能够失效的O型圈中，能够发现有许多小块从低压侧被去除。在某些挤压中，超过50%的O型圈可能在发生灾难性泄漏之前被破坏
磨损	这通常只存在于动态密封件中，无论是往复运动、摆动运动还是旋转运动	1) 与O型圈动态接触的表面处理不合适。这种表面处理可能大粗糙，进而充当磨料；或表面光滑，表面不能保持润滑剂，进而导致润滑不足； 2) 系统流体提供的润滑不合适； 3) 过高的温度； 4) 磨料颗粒对系统流体的污染	1) 表面光洁度要适当； 2) 使用合适的流体提供足够的润滑； 3) 使用内部润滑的O型圈以减小摩擦和磨损； 4) 检查流体的污染源并消除。必要时安装过滤器； 5) 改为具有改进磨性的O型圈	

续表

类型	描述	失效分析	预防/纠正措施	标识
安装破坏	这可直接归因于安装不当。尽管它的外观简单，但 O 型圈是一种精密装置，在安装过程中需要小心操作	1) 在配合金属部件上有锐角，这些尖角位于装配过程中 O 型圈压盖必须通过的螺纹上； 2) 引入倒角不足； 3) 多端口阀的盲槽； 4) 在活塞密封中的 O 型密封圈过大； 5) 在轴密封中的 O 型圈尺寸过小； 6) 安装过程中 O 型圈扭曲或夹持； 7) 安装前 O 型圈未正确润滑； 8) 安装时 O 型圈污染杂质； 9) O 型圈压盖或其通过的其他表面存在金属颗粒多余物； 10) 粗心	1) 去除金属部件上所有尖锐的边缘； 2) 提供 20°引入倒角； 3) 安装前检查所有部件是否清洁； 4) O 型圈要通过的所有螺纹套在一起； 5) 如果不会污染系统，使用 O 型圈润滑剂； 6) 双重检查 O 型圈，确保正确的尺寸和材料； 7) 细心	

续表

类型	描述	失效分析	预防/纠正措施	标识
螺旋失效	常出现在长行程液压活塞密封件上，在轴向密封件上失效程度较小。这是由于密封件在其直径的某一点上"挂起"（靠着气缸壁）而同时滑动和滚动。O型圈作为密封装置扭曲最终导致密封件在表面形成一系列深螺旋切割（通常在45°角）	螺旋失效通常是由于O型圈同时滑动和滚动引起的。 1) 部件偏心； 2) 宽间隙和侧向载荷同时作用； 3) 表面处理不均匀； 4) 润滑不足或不适当； 5) O型圈太软； 6) 动作速度不当（通常太慢）； 7) 安装不当（O型圈短缺缺少滚动）	1) 改进动态界面（缸套、活塞杆）上密封组件的表面处理； 2) 检查不圆的部件； 3) 提供合适的润滑，考虑使用内部润滑的O型圈； 4) 用更硬的O型圈代替	存在典型的切口
卸爆效应	随着系统压力的增加其故障频率更高，也称为O型圈栓塞。在高压气体作用下一段时间后快速降低时，被困在O型圈内部结构中的气体迅速膨胀，导致O型圈表面小破裂或栓塞	由困在弹性密封元件内部结构中的高压气体引起。压力迅速降低导致被困气体膨胀以匹配外部压力，致使密封表面气体出现水肿和破裂。如果密封表面捕获气体的体积小，水肿可能会随着体积的平衡而退缩，而对密封完整性的影响很小。过多捕获的气体可能导致密封件完全破坏	1) 增加减压时间以允许被困气体从密封材料中排出； 2) 选用耐泄爆性好的密封材料； 3) 如果问题持续存在，压力很高，请考虑使用金属密封件	通常会在其表面上出现小坑或水泡

（3）应用分析

1）液压锁零位锁定超标。

某伺服机构关机后，在发动机偏心力作用下偏转 0.7°，不满足活塞杆伸和缩两个方向关机后零位 ≤0.3°，且一天偏移量 ≤0.3°并保持稳定的指标要求。

由于发动机偏心较大，为了避免在断电后，伺服机构在发动机自重的带动下偏离零位，设计了液压锁进行零位锁定。液压锁的工作原理是，在断电情况下，其液压锁高压端和低压端的压力均维持在相同的低压，从而使得液压锁的单向阀处于关闭状态，进而隔离作动器两腔与伺服阀两腔的油路。此时，即使作动器受到外力，其两腔中某腔的压力升高，油液也不能流通，被封闭在腔内，从而起到作动器锁定的目的。当伺服机构工作后，液压锁的高压端油压迅速上升，而低压端仍维持原有的压力，单向阀迅速打开，作动器两腔与伺服阀控制腔两腔沟通，构成液压控制闭环通路，伺服机构受伺服阀控制摆动发动机。而在锁定情况下发生偏转，说明作动器与伺服阀的两腔并未完全隔离，存在渗漏情况。

经解剖，发现液压锁的 O 型密封圈的密封面有磨损现象，检查液压锁壳体密封部位尺寸，发现壳体同轴度、圆柱度、表面粗糙度等略有超差。伺服机构长时间工作后，密封圈会逐渐磨损。而当伺服机构启动时液压锁处的密封圈承受了较大的高压，内部密封磨损部位会在高压油的作用下逐渐扩大，内渗漏逐渐扩大，故障呈累积趋势。

在发动机自身重力作用下，活塞杆向缩回方向运动，缩回方向腔压力升高，与其相连的液压锁通路的压力也升高，在微渗漏的情况下，液压油通过伺服阀内部油路流回油箱，使活塞杆缓慢向缩回方向移动，造成超标。

2）油滤漏油。

某伺服机构在地面测试中发生漏油情况，经查，漏油是从油滤处产生的。经解剖发现，油滤的密封结构存在设计薄弱环节，加工尺寸偏大，密封槽与外密封面之间存在 0.2mm 的间隙。油滤装配时，密封圈又发生扭转现象。在多次和较长时间的工作过程中，密封圈在高压油的反复异常挤压下，部分挤入缝隙，如图 4-73 所示。随着时间的累积，密封圈切损开裂，进而导致密封失效。

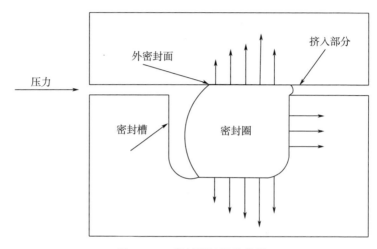

图 4-73　密封圈切损示意图

参 考 文 献

［1］ NASA Engineering and Safety Center Technical Report，Design，Development，Test，and Evaluation（DDT&E）Considerations for Safe and Reliable Human Rated Spacecraft Systems ［R］. Volume Ⅱ，June 14，2007，NESC Request Number：05－173－E.

［2］ 钟元. 面向制造和装配的产品设计指南（第 2 版）［M］. 北京：机械工业出版社，2016.

［3］ 杰弗里·布斯罗伊德，彼得·杜赫斯特，温斯顿·奈特. 面向制造及装配的产品设计 ［M］. 北京：机械工业出版社，2015.

［4］ DI PIETRO，DAVID A. Techniques for conducting effective concept design and design－to－cost trade studies ［C］. 25th Anniversary Annual INCOSE International Symposium；13 － 16 Jul. 2015；Seattle，WA；United States.

［5］ JOSEPH CRUDELE. Design for manufacturability ［DB/OL］. Benchmark Electronics，April 19，2016，https：//www. smta. org/chapters/files/Uppermidwest _ Benchmark _ DFM _ Presentation _ SMTA _ April _ 19 _ 2016 _ Post. pdf.

［6］ 李英，蒲国红，张宇红，等. 浅议面向装配的电子产品设计 ［J］. 电子质量，2014（4）：67－68.

［7］ 王志兵，魏海红，李杏清. 电子产品 PCB 设计及其可制造性分析 ［J］. 电子世界，2016（11）：142－142.

［8］ GLENN MINER. PCBA design guidelines and DFM requirements ［DB/OL］. Benchmark Electronics，March 6，2014. https：//www. smta. org/chapters/files/Houston _ PCBA _ Design _ Guidelines _ and _ DFM _ Requirements－Glenn _ Miner. pdf.

［9］ ORCAD，CADENCE PCB SOLUTIONS. Understanding DFM and its role in PCB layout ［DB/OL］. White Paper. https：//www. orcad. com/sites/

orcad/files/resources/files/Understanding _ DFM _ and _ Its _ Role _ in _ PCB _ Layout. pdf.

[10] REINALDO PEREZ. Handbook of electromagnetic compatibility [M]. ACADEMIC PRESS，INC.，San Diego，California. 1995.

[11] 周志敏，纪爱华. 电磁兼容技术：屏蔽·滤波·接地·浪涌·工程应用 [M]. 北京：电子工业出版社，2007.

[12] 王志强，陈启忠，顾幸生. 某航天系统控制器的电磁兼容设计 [J]. 宇航学报，2009，30（3）：1159 - 1163.

[13] 刘静，周丽萍. 航天器屏蔽电缆的电磁兼容性设计 [J]. 航天器环境工程，2015，32（1）：77 - 82.

[14] 徐逸飞. 多电飞机电气线缆互联系统电磁兼容性仿真研究 [D]. 南京航空航天大学，2016.

[15] L HASSELGREN，J LUOMI. Geometrical aspects of magnetic shielding at extremely low frequencies [J]. IEEE Transactions on Electromagnetic Compatibility，Vol. 37，N - 3，pp 409 - 419，August 1995.

[16] TAYLOR C，HARRISON C，YOUNAN N. On predicting the effectiveness of magnetic shields at low frequencies [C]. Proc. IEEE International Symposium on Electromagnetic Compatibility，pp 176 - 178，August 1993.

[17] R SCHULZ，V C PLANTZ，D R BRUSH. Shielding theory and practice [J]. IEEE Transactions on EMC，Vol 30，N - 3，pp. 187 - 201，August 1988.

[18] KOPASAKIS，GEORGE. Wiring design for the control of electromagnetic interference (EMI) [C]. Third NASA Workshop on Wiring for Space Applications；p. p 231 - 236，Nov 01，1995.

[19] ARTHUR T BRADLEY，RICHARD J HARE. Effectiveness of shield termination techniques tested with TEM cell and bulk current injection [C]. IEEE EMC 2009 Symposium；17 - 21 Aug. 2009；Austin，TX；United States.

[20] 李瑛，冯立杰，邱凯，等. 浅谈弹上电缆组件端接装配及屏蔽线处理工艺 [J]. 电子制作，2017（14）.

[21] VANASSE，M A. Improved shielding termination adapter for electrical cable

connectors〔DB/OL〕. NASA Tech Brief，MSC－15565. https：//
ntrs. nasa. gov/archive/nasa/casi. ntrs. nasa. gov/19700000209. pdf.

〔22〕 WILLIAM G DUFF. Designing electronic systems for EMC〔M〕. Chap.
5，GROUNDING FOR THE CONTROL OF EMI. IET，London，
UK，2012.

〔23〕 IEC 61000－5－2 Electromagnetic compatibility－Part 5：Installation and
mitigation guidelines－Section 2：Earthing and cabling〔S〕. IEC/TR
61000－5－2 Ed. 1. 0 b：1997，1ST EDITION，Nov. 1，1997.

〔24〕 李文洁. 电子测控系统的屏蔽及接地技术〔J〕. 电子技术与软件工程，
2016（19）：122－122.

〔25〕 P VAN DER LAAN，M VAN HOUTEN，A VAN DEURSEN. A
grounding philosophy〔C〕.Electromagnetic Compatibility 1987，7th
International Zurich Symposium and Technical Exhibition on
Electromagnetic Compatibility. Zurich，Switzerland. 3－5 March 1987，
p. 567－572.

〔26〕 ELECTRICAL，ELECTRONICS ENGINEERS，Inc. （IEEE）. IEEE
1100－2005 recommended practice for powering and grounding electronic
equipment，Chapter 8：Recommended design/installation practices〔S〕.
Publication Date：2005.

〔27〕 FORSYTH，T J，BAUTISTA，AL GROUNDING. Bonding and shielding
for safety and signal interference control〔C〕. 36th International
Instrumentation Symposium；May 6－10，1990；Denver，United States.

〔28〕 秦文娟，王海波. 导弹感性负载驱动电路浪涌防护技术探讨〔J〕. 电子
产品可靠性与环境试验，2008，26（6）：9－12.

〔29〕 高宇翔，荣超群. 星载继电器抗浪涌能力研究〔J〕. 数字技术与应用，
2015（4）：108－108.

〔30〕 张波，黄静. 自动控制系统中感性器件干扰成因及抑制措施的研究〔J〕.
工业控制计算机，2010，23（1）：47－48.

〔31〕 姜东升，张翼，柳新军. 航天继电器触点粘连故障机理分析及保护技术
〔J〕. 航天器环境工程，2016，33（6）：653－656.

〔32〕 刘明泽. 航天继电器瞬态粘连特性研究〔D〕. 华中科技大学，2012.

[33] 齐亚琳，柳新军，刘艳丽，等. 提高继电器触点抗浪涌能力的一种新颖旁路保护电路 [J]. 电子元器件应用，2012 (5)：5-7.

[34] 康红贤，康明才. 电磁继电器触点保护浅析 [J]. 机电元件，2016，36 (6)：30-32.

[35] 单文锋，张东来，秦海亮，等. 基于 DSP/FPGA 高精度测量系统中多电源可靠性设计 [J]. 电子技术应用，2006，32 (7)：104-106.

[36] QADEER A KHAN, G K SIDDHARTHA. A sequence independent power-on-reset circuit for multi-voltage systems [C]. 2006 IEEE International Symposium on Circuits and Systems, 21-24 May 2006, Island of Kos, Greece.

[37] GREG RACINO. Resetting microcontrollers during power transitions [R]. Motorola Semiconductor, Application Note AN1744, 1998.

[38] BILL LAUMEISTER. Scaling power-supply slopes with a reliable power-on reset (POR) [R]. Maxim integrated™ APPLICATION NOTE 5555, Jun 12, 2013.

[39] SAMI SIRHAN, SUREENA GUPTA. Power-supply sequencing for FPGAs [R]. TI Analog Applications Journal, AAJ 4Q 2014, 19-21.

[40] Xilinx application note. Designing CPLD multi-voltage systems [R]. Application Note：CPLD XC9500/XL Family, March 14, 2000.

[41] 陈广辉，曾敏，魏良红. 无位置传感器永磁同步电动机矢量控制系统综述 [J]. 微特电机，2011，39 (12)：64-67.

[42] 张海燕，刘军，兖涛，等. 永磁同步电机在全速范围内的无位置传感器矢量控制 [J]. 电机与控制应用，2014，(7)：1-5.

[43] 刘月. 永磁同步电机无位置传感器矢量控制系统研究 [D]. 南京理工大学，2015.

[44] RAN GINOSAR. Metastability and synchronizers: a tutorial [J]. IEEE Design & Test of Computers, September/October 2011, 23-35.

[45] 杨岩岩，司倩然，马贤颖，等. FPGA 设计中的亚稳态问题及其预防方法研究 [J]. 飞行器测控学报，2014，33 (3)：208-213.

[46] ALTERA WHITE PAPER. Understanding metastability in FPGAs [DB/OL]. July 2009, ver. 1.2. https://www.intel.com/content/dam/

www/programmable/us/en/pdfs/literature/wp/wp - 01082 - quartus - ii - metastability. pdf

[47]　黄隶凡，郑学仁. FPGA 设计中的亚稳态研究 [J] . 微电子学，2011，41 (2)：265 - 268.

[48]　STEVE GOLSON. Synchronization and metastability [C] . 2014 Synopsys Users Group Conference (SNUG Silicon Valley 2014)，March 24，2014.

[49]　吴小蕻. 跨时钟域若干问题的研究-同步与亚稳态 [D] . 中国科学技术大学，2008.

[50]　赵旸，梁步阁，杨德贵，等. 多时钟系统下跨时钟域同步电路的设计 [J] . 电子技术应用，2018，(2)：6 - 9.

[51]　CĂLIN MIRCEA MONOR，MIHAI TIMIS，ALEXANDRU VALACHI. Study of metasta - bility in digital systems [DB/OL] . Bul. Inst. Polit. Iasi，t. LXI (LXV)，f. 1，2015，51 - 60. http：//www12. tuiasi. ro/users/ 103/buletin _ 1 _ 2015 _ 51 - 60％20 _ 4 _ TIMIS _ verific. Ac _ 1 _ 2015. pdf.

[52]　RANKIN，J P，WHITE，C F. Sneak circuit analysis handbook [R]. NASA - CR - 108721，D2 - 118341 - 1，Jul 15，1970.

[53]　AIAA Standard：Performance - Based Sneak Circuit Analysis (SCA) Requirements [S] . AIAA S - 102. 2. 5 - 2009.

[54]　Office of the assistant secretary of the navy. NAVSO P - 3634：Sneak Circuit Analysis：A Means of Verifying Design Integrity [S] . 1987，8. http：//www. bmpcoe. org/library/books/navso％ 20p - 3634 /index. html.

[55]　严殿启，孟鹏飞. 火工品控制及供配电系统减少潜在电路的设计规则 [J] . 航天控制，2016，34 (3)：83 - 88.

[56]　严殿启，孟鹏飞. 几种典型电路防潜在电路的设计规则 [J] . 航天控制，2016，34 (4)：95 - 100.

[57]　P L CLEMENS. Sneak circuit analysis [DB/OL] . http：//www. rdrop. com/users/larry/download/sneak％ 20wire. pdf，April 2002.

[58]　JAMES LI. Sneak circuit analysis：lessons learned from near miss event [J] . International Journal of Mathematical，Engineering and Management

Sciences, Vol. 2, No. 1, 30 - 36, 2017.

[59]　GLASSCOCK, BARBARA H. Cavitation effects in ultrasonic cleaning baths [C]. 1995 NASA/ASEE Summer Faculty Fellowship Program; 1 Jun. - 9 Aug. 1995; Merritt Island, United States. NASA - CR - 199891.

[60]　FUCHS, F JOHN. Ultrasonic cleaning: fundamental theory and application [C]. NASA. Marshall Space Flight Center, Aerospace Environmental Technology Conference; p. p 369 - 378, Mar 01, 1995.

[61]　刘宏，王赫. 超声波清洗技术工艺研究 [J]. 科技资讯，2015，13 (30): 89 - 89.

[62]　SKINNER, S BALLOU. Precision cleaning verification of nonvolatile residues by using water, ultrasonics, and turbidity analyses [C]. University of Central Florida, NASA (ASEE Summer Faculty Fellowship Program. 1991 Research Reports; p. p 441 - 468.

[63]　MALONEY, PHILLIP R, GRANDELLI, HEATHER EILENFIELD, DEVOR, ROBERT, et al. Alternative, green processes for the precision cleaning of aerospace hardware [C]. 2014 International Workshop on Environment and Alternative Energy; Oct. 21 - 24, 2014; Cocoa Beach, United States.

[64]　GRANDELLI, HEATHER, MALONEY, PHILLIP, DEVOR, ROBERT, et al. Alternative solvents and technologies for precision cleaning of aerospace components [C]. ACS Green Chemistry & Engineering Conference; 17 - 19 Jun. 2014; Bethesda, United States.

[65]　SAE AS 598 - 2012. Aerospace microscopic sizing and counting of particulate contamination for fluid power systems [S]. US - SAE, 2012 - 01 - 23.

[66]　EDWARDS, KEVIN FOX, ERIC, MITCHELL, MARK, et al. Cleaning and cleanliness measurement of additive manufactured parts [C]. 2017 Contamination, Coatings, Materials, and Planetary Protection Workshop; 18 - 20 Jul. 2017; Greenbelt, United States.

[67]　冯永星，牛红燕，徐传义，等. 陀螺仪精密零件水剂清洗技术研究 [J]. 航天制造技术，2014 (6).

［68］ 丁忠军，丁宇亭，杨增辉，等. 伺服阀多余物控制技术［J］. 液压气动
与密封，2015（7）：5 - 8.

［69］ 王威，付军峰，陈广宇，等. 活塞杆表面小孔下封闭腔体结构多余物控
制技术研究［J］. 航天制造技术，2017（1）.

［70］ 杨德才. 锂离子电池安全性：原理、设计与测试［M］. 成都：电子科技
大学出版社，2012.

［71］ DARST，JOHN J，THOMAS，JAMES C，FINEGAN，DONAL
P. Guidelines for safe，high performing li - ion battary designs for manned
vehicles［C］. Power Sources Conference；11 - 14 Jun. 2018；Denver，
United States.

［72］ 黎火林，贾颖. 锂离子电池失效机理分析［C］. 2007 全国可靠性物理学
术讨论会，2007.

［73］ 赵春阳，徐伟，张凤惠，等. 航天锂离子电池充电技术研究［C］. 中国
宇航学会空间能源学术年会，2002.

［74］ 彭健，鄢婉娟. 航天用锂离子蓄电池使用与管理技术研究［C］. 小卫星
技术交流会，2011.

［75］ 杨帆. 锂离子电池管理系统的设计与实现［D］. 浙江大学，2015.

［76］ 吴文单. 航天用电缆组件的可靠性技术研究［J］. 机电元件，2013（3）：
3 - 6.

［77］ 赵晋龙，李树，马延成，等. 大型载人航天器电缆网铺设工艺优化方法
探究［J］. 航天制造技术，2018（3）.

［78］ SPACECRAFT ELECTRICAL HARNESS DESIGN PRACTICE［R］.
NASA Reliability preferred practices，practice no. PD - ED - 1238，
October 1995.

［79］ 刘昊，刘宁，刘毅，等. 屏蔽式电连接器环接工艺技术研究［J］. 航天
制造技术，2017（5）.

［80］ Manufacture and quality control of interconnecting wire hardnesses［R］.
NASA - TM - X - 64685 - VOL - 1，NASA Marshall Space Flight Center；
Huntsville，United States.

［81］ 张翠彬. 橡胶 O 型圈的材料选择分析［J］. 中国设备工程，2017（21）.

［82］ 龚步才. O 型圈在静密封场合的选用［J］. 流体传动与控制，2005（4）：

49 - 53.

[83] The Definitive O – Ring Design Guide [R] . GALLAGHER Fluid Seal，Inc.

[84] Клитеник Г. С，Ямова Л. П，刘印文 . O 型圈的几何尺寸对密封装置可靠性的影响 [J] . 橡胶参考资料，1984 (11)：35 - 37.

[85] 雷晓娟 . O 型橡胶密封圈的失效分析及预防 [J] . 特种橡胶制品，2015 (3)：60 - 62.

[86] 余勃彪，宋太亮，王琴琴 . 弹用 O 型硅橡胶密封圈失效机理及模型 [J]. 装备环境工程，2016，13 (4)：131 - 135.

[87] 覃瑜 . 发动机研发过程中的 O 型圈故障分析和解决方案 [J] . 装备制造技术，2016 (2)：131 - 133.

[88] CLINTON，R G，TURNER，J E. Long – term compression effects on elastomeric O – ring behavior [C] . AIAA PAPER 90 – 1110，31st AIAA/ASME/ASCE/AHS/ASC Structures，Structural Dynamics and Materials Conference；Apr. 2 - 4，1990；Long Beach，United States.

[89] Failure modes for elastomers in the semiconductor industry [R] . GALLAGHER Fluid Seal，Inc. ，white paper. March 13，2018.

第 5 章　验证与确认

　　验证与确认在质量保证体系里的含义不尽相同，在本章中是对系统（产品）是否满足任务要求（需求）的检查活动的统称。这类活动有如下特点：它们可以分层开展，尽管在多数场合下指的是系统级的检查活动，但单机级、模块级的检查也是适用的；它们不仅是对最终实物的检查，也包含对各种设计文档的检查；它们不仅包含最终的检查环节，也包含对研制、生产过程的审查；它们不仅是对某个具体产品或系统的检查，也是对本批产品的评估。可以看出，验证与确认贯穿于产品或系统研制的全流程、覆盖所有设计产出。

　　测试是这些检查活动常用的手段，但不是唯一的手段。产品的功能或性能并非均能测试，即使可以测试的物理量也会由于传感器安装的结构尺寸或重量的限制、经济性等原因而不能直接测量，因此对于不能通过测试手段来检查的功能和性能指标，需要在制造过程或者在关键检测点上进行检查（inspection），这种检查往往是定性的，用来旁证产品的质量特性。对于可以开展测试的项目，其工作也并非想象中那么简单。其中，测试覆盖性是基础性要求，一般应满足单机测试状态覆盖系统测试状态、总装测试状态覆盖靶场测试状态、地面测试状态覆盖飞行状态等要求。NASA 也提出了"像飞行一样测试、像测试一样飞行、像飞行一样操作"等经验。

　　然而完全满足上述要求难度很大。对电气系统而言，主要有两个方面的因素影响测试覆盖性：输入信号（电气激励）是否覆盖所有工况，环境条件是否覆盖飞行条件。前者需要考虑边界条件、极限条件以及各种条件的随机组合，会导致工作量的大幅增加；而后者，真实的环境条件（如过载、振动、空间电磁环境）很难提前预知，并且许多环境条件还难以模拟。对于不能覆盖的测试，要辨识出残余风险，必要时通过仿真分析来弥补难以开展实物测试的不足，但只有在"逼真度"较高的情况下仿真才有意义。测试需要关注的另一个要素是选择何种测试方法，每种测试方法都是在一定约束和假设下的，例如，如果仅考虑一度故障，测试方法和设备均会大大简化，但故障隔离率会受到影响。

测试获取了大量数据，只有通过数据分析才能得出产品是否满足要求的结论。传统的分析手段可以判断产品是满足要求还是超差，但目前越来越关注性能的预测，也就是说分析产品随时间表现出来的趋势性特征。即使当前测试结果满足要求，但是否有性能退化的趋势？如果有，还有多久的寿命？预测是健康管理的重要特征，否则只能称作为故障检测。

本章首先从系统的角度介绍验证与确认的相关活动，同时兼顾产品的验证与确认的流程。随后对最佳实践进行了归纳总结，并对产品检查/检验和像飞行一样测试这两个专题进行了讨论。在具体案例中，关于电气系统测试方法的文献有很多，仅选取极性检查和冗余功能验证进行介绍，重点放在数据分析环节，通过一些容易疏忽的表象，来说明数据分析的重要性。

5.1　验证与确认的基本流程

验证与确认的基本流程如图 5 - 1 所示[1]。首先开展系统级的集成测试，包括软硬件的集成、子系统设备的集成、功能测试等，需要重点关注端对端的极性测试。控制系统包含了各种控制算法，因此还应开展端对端的"硬件在回路"仿真。仿真中包含飞行软件、飞行控制计算机、运载火箭的模型、任务剖面、传感器/执行器实物或模拟器，以及其他部件的模型（根据需要）等。控制系统最终还将与其他电气子系统、地面测发控系统等集成测试，如瞄准功能测试等，检查彼此的接口关系和匹配性。

随后开展全箭的综合测试，包括发射演练、对人员的培训等。

在射前要开展功能检查，确定调平、瞄准等初始状态，以及进行异常检测；飞行过程中自主开展冗余管理等工作，也参与人在回路或完全自主的安全控制。每次飞行结束，对飞行结果进行分析，并更新系统的可靠性评估值。

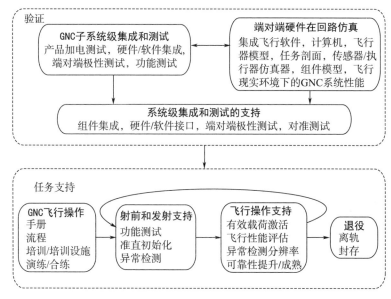

图 5 - 1　验证与确认基本流程

系统级的测试主要起到验证和确认的作用。验证测试涉及到已批准的需求集，并且可以在产品生命周期的不同阶段执行。验证测试是对系统执行的正式的"记录性"测试，以表明其满足分配的需求或规范，包括物理和功能接口。验证测试通常由工程师、技术人员或操作员、维护人员在受控环境中完成，以便于故障分析。验证测试的流程如图 5 - 2 所示，在验证测试工作结束后进入确认流程。

确认测试涉及到任务或利益相关方所期望的基线。确认测试是在任何最终产品的实际情况（或模拟条件）下进行的，以确定产品的有效性和适用性，供典型用户在任务操作中使用，并评估此类测

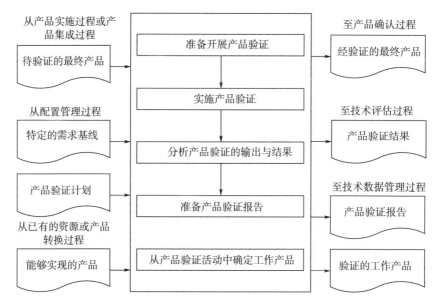

图 5 - 2 产品验证流程 (Product Verification Process)

试的结果,确保系统在实际环境中按预期运行。流程如图 5 - 3 所示,过程基本同验证测试,但输入约束不同。

5.2 验证与确认的基本要素

5.2.1 最佳实践

1) 测试并不能发现所有的缺陷,因此检验非常重要。

这其中的原因包括,部分缺陷无法通过测试及时发现,例如多余物,多余物的活动性造成了这一缺陷被发现的随机性。如果单纯依靠测试来验证,将会耗费大量的经费和时间,例如产品可靠性指标。此外,许多产品在性能退化前,从测试结果的表现上很难区分,例如因装配应力不当造成的损伤等。另一个问题是,如果依靠测试才发现缺陷,经常为时太晚。

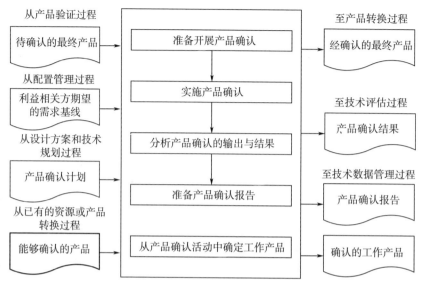

图 5-3　产品确认流程

为了及早发现缺陷，从元器件至部件生产、到产品装配以及最终的系统集成，均应开展检验。检验是对过程的控制，过程可控确保了产品性能指标满足要求；而反过来，产品在测试中表现出来的优异性能，并不能完全说明过程的可控。

对检验活动而言，"有依据、可量化、有记录"是确保实效的三个主要因素。

2）要做到像飞行一样测试，需加强系统级测试的力度。对控制系统而言，重点要模拟闭环飞行过程、冗余设计效果和综合环境条件。要提升系统的可测试性，使之适于在不同场所开展系统级测试。

系统工程和技术集成关心的是分析、测试和仿真的有效性。软件和硬件集成、接口协调以及相互作用等要尽可能按照实际飞行中的状态来开展系统级的验证。对控制系统而言，飞行是闭环反馈的控制过程，要按照这一特点设计测试用例。开环状态的静态参数测试和有限系统功能性匹配的运载火箭总检查测试，与系统真实飞行工况差距较远，为了更好地满足控制系统总检查测试的有效性和覆盖性要求，采用迭代制导的控制系统总检查应采用闭环模飞[2]。火箭飞行中需承受复杂多变的自然环境及诱导环境构成的综合环境，要尽可能采用综合环境的模拟来考核，以减少天地差异。对于制导和姿态控制交联严重的情况，要开展制导和姿态控制的联合设计，建立包含质心运动、绕心运动的六自由度火箭运动模型和控制模型，进行联合六自由度仿真测试。冗余设计是应对可能出现的故障而采取的措施，要创造无损的故障模拟条件来考核其真实效果。

在传统的工作中，越是底层单元级的测试，测试工作越丰富；越是顶层系统级的测试，测试工作量反而降低。因此要调整重点，提高系统级测试的强度，测试用例的设计应不受场所限制、不限定状态。这一要求也可以映射到分系统或某个具体设备，即加大产品最终使用状态的测试。要充分发现和收集安全性下降和风险发展的预警标志和先兆，并将其迭代到风险控制的流程中。

单元测试要按系统使用状态来检查，例如：控制器要在系统运行环境下集成嵌入式软件，在单元测试中就要开展硬、软件的联合测试；设备开展电磁兼容试验的状态要与系统中的接地、屏蔽以及是否包覆铜网等保持一致。

3）要开展端对端的验证与确认，避免在过程中各种传递环节造成不一致性。这种端对端的检查在分析、设计和实物确认等不同活动中均适用。

常见的端对端检查有极性的测试，即从物理运动的感知至最终执行机构（如发动机喷管）的摆动方向。端对端的检查还包括从顶层用户期望至最终实现情况的确认，虽然在分析中已经将任务方的期望量化为具体的需求，但这种确认可以预防需求分解中的遗漏。

当火箭存在多个飞行段时，如一级飞行段、二级飞行段、上面级飞行段，要开展从起飞至入轨的全程端对端的仿真验证。分段仿真验证虽然方便易行，但段与段之间的交接条件难以确定，无法真实模拟每一段的起始条件，容易造成保守设计或验证不充分。

4) 选择合适的可靠性试验方法、条件和量级，确保可靠性、成本、进度等约束的平衡。

为了快速找到设计和制造的薄弱环节，可以选择可靠性强化试验[3,4]；为了持续提高可靠性，可以采用可靠性增长试验。

如何选择试验产品数是关键。试验产品多，在试验中投入的费用就高；但若产品少，每台产品需要通过的试验时间就大幅增长，产品设计的方案就会偏于保守，当这种设计方案最终通过测试而固化时，易造成飞行产品的价格十分昂贵。

另一个关注点是，如何区分相关和非相关故障，尤其当只采用一台样品开展可靠性试验时，是否允许在一定连续可靠工作时间后出现的失效器件更换，即认为在一定连续可靠工作时间后的失效为非相关故障，将对平衡各种设计约束起到意想不到的效果。

要合理确定试验的量级，开展精细化分析，量级的放大对设计难度和经费的影响同样十分显著。

5) 要理解测试和任何假设的局限性，全面掌握和分析所有测试数据的变化趋势，采用量化手段进行数据的比对。

当测试数据体现出明显的变化时，一定要特别关注。尤其在剔除试验条件的差异性之后，测试数据若呈现单调变化趋势，则可能会在后续的应用中发生异常。要采用定量而不是定性的分析方法，尤其当测试数据中包含测量误差（要对原始数据进行滤波）、缓慢的性能退化等情况。要对测试到的信号特征进行敏感度分析，同样幅度的偏差，在一种场合中可能仅仅是测量噪声引起的，而在另一种场合则是异常，即要确定差异分析的合理度。

6) 强调采用技术手段减少人为的验证与确认中的失误。

常见的问题发生环节，或者一旦发生后风险较大的环节主要为：发射前火箭最终状态的检查确认、设计结果和测试数据的确认、与安全性有关的人为操作，等等。任何失误均有可能造成有缺陷的产品用于飞行，因此这个环节需要经验丰富的人员把控。但是，只要是有人参与的检查活动，人就有犯错的可能，因此提倡采用技术手段来减少或消除人为犯错的几率，例如采用自动化手段来代替手动操作。

　　验证与确认不能单纯依据最终的测试数据。如果能够根据相同的设计输入，独立地复现某一实现过程，并与原实现过程的结果对比，将是一种更有效的验证与确认手段。例如，在各种系统级测试中，采用地面"数字孪生"的手段来复现箭上控制系统的处理过程，进而与真实系统进行对比评估。

　　这一概念也可以推广到对系统设计的检查确认活动中，即由独立团队对原问题进行"复算"，避免个体认知和设计的局限性，相对于传统的同行查阅设计文档的评审类检查（或称之为"复核"），其技术性特征更明显，也更易于发现问题。

5.2.2　产品检查/检验

　　检验是验证的重要手段，因此有必要利用经验丰富的检验员进行安全关键检查。检查从一个零件开始，直至集成和发射。在某些情况下，设计师自身更适合进行检验，尤其考虑到他们的知识背景时，例如，零件工程师通常对零件检验有专门的知识。因此，多方参与的检验是十分必要的。

　　零件、单元、子系统和系统检验是重要的安全性和可靠性活动，有助于识别和减轻人为因素引入产品的可变性。检验不仅可以在产品生产过程中进行，也涉及到子系统或系统，至少需要在组装和测试过程中设置关键/重要点进行检查。对于制造过程，首件的检查/检验是强制性的[5]。下面重点介绍电气产品的检验要点。

　　（1）零件/元器件的检验

　　根据项目需求，检验代表按需访问供应商，开展生产制造的原始、最终和批量数据审查。检验也作为验收的一部分，以检验零件的完整性。在整个产品构建周期中要维护零件/元器件的可追溯性。早期检查、测试和审查有助于避免隐藏或潜在的问题。

（2）印制线路板（PWB）试件分析

试件分析先于电路板装配，可以识别 PWB 的通用性制造问题。如果 PWB 含有可能影响多个冗余单元的一般性问题，这种检验就显得非常重要。检验的目的在于保证制造的品质，在外观上不会产生缺陷。检查人员检出的缺陷局限于功能缺陷，与功能无关的变形、变色或者损伤等不良也有检出的必要性，高集成度多层印制板的过孔质量也是重点检验内容。某些情况下可以增加显微剖切检验，以更多地检验出 PWB 制造缺陷，如贯穿性裂纹、包覆铜厚度超差、外层导体厚度超差、凹蚀不符合要求、塞孔饱满度不满足要求、介质层厚度超差、阻焊膜厚度超差等。因此设定合理的缺陷检查规则很有必要，以便实现检查系统有效利用、品质保证和降低成本的统一。

（3）电路板装配检验

典型的装配缺陷分为短路、开路、对位不齐、焊点缺陷、元件装反、错件、焊料不均等，与电路板装配相关的强制性工艺检验包括焊接、组装等，这些装配检验是非常重要的，并应作为早期减轻异常和潜在缺陷的第一道防线。焊接过程是最常出现缺陷的过程之一，焊盘、元器件引线或引脚可焊性差是主要原因，焊料也是相关因素，常造成虚焊；焊接还可能出现针孔现象，BGA 封装易发生焊点空洞。器件配置可能限制焊料视觉检查能力，因此需使用 X 射线进行检查，并应根据检测内容选择适宜放大倍率的放大镜。此外，许多零件依靠螺钉紧固来减小零件密封、引线和焊点的应力，缺少紧固螺钉或不正确使用螺钉的部件可能疲劳并成为潜在缺陷。

（4）布线和互联

线束制造需要保持最高的标准。在许多情况下，与其他飞行硬件相比，线束的测试时间更少，而且在大多数情况下电缆只会经过最少的热极限测试（该测试用于暴露工艺问题）。检查必须彻底，以帮助减小风险和确保高质量水平。一些关键的检查点包括卷曲、焊锡、接触保持力、连续性、绝缘电阻、耐压、路由、内部和外部包装，以及灌封（如适用）等。接头在任何线束中均应该有最高数量的限制，并采用减少潜在故障的机制，如交错并联连接、双层热缩管等。检验员应具有良好的知识深度并理解材料和工艺的局限性。

（5）单元级的组装

在单元级装配过程中进行检查是十分重要的。一些单元组件包括布线和印制板装配，线束需要根据工艺标准进行测试（包括连续性、绝缘电阻和耐压），然后安装电子设备。检验应见证所有装配过程，除维护硬件可追溯性外，检验员还将验证所有配对触点，并见证所有力矩。

（6）子系统和系统的检查

检验员在整合和测试工作中需要保持独立。检查组应避免过分参与帮助操作员和测试工程师，他们需要充当一组独立的眼睛，以确保所需的步骤被正确且以适当顺序进行。特别提醒注意的是，要确保测试程序设置经过验证且准确。

测试过程中的检查还需要跟踪测试的进展，并有助于定位结果与预期有偏差的部位。在故障报告系统中记录差异，以便进一步跟踪和解决。

（7）工程师同行和用户的走查

独立的走查是一种"增值"工具。在子系统和系统的集成和测试中设置关键节点，在这些关键节点开展独立的走查，并尽早建立沟通渠道，以便在需要时进行更改和落实纠正措施。每一个支持子系统，连同检查人员和外部专家，均应根据各自的责任范围开展检查工作。这种活动已多次证明是非常有效的，并使所有各方都有归属感。

（8）图纸/文档的符合性检查

对建成产品的配置与设计文档进行一致性检验，旨在发现配置中是否存在差异，并确保差异得到适当处理和批准。对已形成文件（电气和机械）的审查也应保证可追溯性。所有测试的差异必须附有报告，具有合理性解释或结束处理或批准的结论。

零件可追溯性和安装需要对照图纸得到确认，并作为装配检验记录，必要时应有多媒体记录。

5.2.3　像飞行一样测试

采用"像飞行一样测试"的策略，可以用于验证系统，并发现未曾预料的相互作用及耦合关系。实施这种方法的重点，是根据需求规格预测系统性能，并验证系统是否按预期表现。运载火箭控制系统使用之前，技术必须经过充分验证，而通过真实飞行进行技术验证的风险和成本很高，因此"像飞行一样测试"的地面测试就显得尤为重要，也被火箭工程师视作确保质量的重要手段[6,7]。

验证计划的一个重要部分是确定要收集和分析的系统状态数据，选择状态以提供潜在故障的可见性，通过状态数据的趋势还可以发现性能下降、交互作用或功能缺陷，这些都可能是失败的前兆。

测试环境越接近操作环境，测试的保真度越高[8]。如果相关的硬件或软件不能被测试，那么系统的可靠性将会降低，因为无法验证这些产品在真实运行场景中的性能。因此，在产品的设计早期，应该对系统进行可测试性审查，并制定初步测试计划，以准确地模拟或约束测试过程中的飞行环境。

在飞行产品的设计中，开展面向测试的设计（DFT）是很重要的。DFT 可能包括无需重新配置且已处于待飞状态的测试接口，或者那些允许在特定任务阶段进行快速重新配置的接口。此外，箭上 BIT 自测试逐渐成为简化测试、快速发射的选择方案，特别适合于飞行前还需要验证的功能，并简化了地面测试设备。但 BIT 自测试会对质量、体积、功耗或可靠性造成"惩罚性"影响，因此应在方案或任务需要的范围内权衡 BIT 的包容性和复杂性。

如果在开发周期结束时进行测试，满足进度和降低成本的压力会增大。因此，为确保进行适当的测试，良好的初始准备是必要的。系统测试的概念应该在每个系统和（或）系统组成部分的第一个正式设计评审时就明确，且测试系统的设计与飞行产品开发并行。在开发过程中，测试系统应该得到与飞行产品设计相同的严格评审，因为不恰当的测试操作会影响到项目进度。

鉴定验证测试（Qualification test）是对火箭产品/系统做出最终评估的重要活动，各国火箭均积累了宝贵的经验[9]，并且要尽可能开展系统级的验证[10-11]，避免人为隔离各组成部分之间的关联性。系统级鉴定验证测试应关注以下要素：

1) 最大限度地模拟设备在其寿命周期受到的各种环境条件。主要包括：振动、真空、机械应力、热、电源电压、电磁兼容和外界干扰等。

2) 明确系统的性能在所有工作剖面如何被测量和描述。

3) 要考虑在最坏条件的组合下检验设备性能。

4) 明确用于表征设备在测试中性能降级的特征。

5) 设定预期环境与鉴定级测试环境之间的余量。

6) 明确参与测试的产品状态及其后续处理，例如被测产品是否会被分解并有部件用于飞行等。

7) 制定成功通过测试的标准。

确定何时和在何种环境下测试是一项关键的决策，并有可能在开发过程结束时显著影响成本和进度。在系统研制的后期阶段，随着进度和成本压力的增加，测试方案很容易接受妥协。如果不透彻了解由此新增的风险和对可靠性的影响，就不应允许妥协发生。

测试不仅验证产品，而且还可验证设计过程中的模型和假设。建模已经成为运载火箭控制系统设计的关键部分，并且经常被用来降低和消除早期设计阶段的测试成本。测试的减少更加强调精确的建模和对假设的仔细评估。在设计过程中大量使用建模技术，其本质是实现了焦点转移，即从测试飞行系统到测试验证建模假设和结果。而当模型准确时，基于模型的测试验证方案也会逐渐得到应用。

与"像飞行一样测试"相对应的，是"像测试一样飞行"。这是一种理念，避免系统在未经验证的状态（环境、配置和操作方式等）下运行。

当正确地实现时，系统将在验证过的状态下运行，在验证过程中进行的测试也将被仔细地选择来代表实际的飞行操作序列和场景。然而，一旦运载器投入使用，就有可能将功能扩展到新的状态，必须非常谨慎以确保新的状态不超过原始设计和经过验证的性能包络。

新的状态可能会出现未预料到的接口或功能交互，这些均可能导致意想不到的危险。而使用相似性验证是一种危险的做法，未经验证的操作序列和功能可能会导致意想不到的行为。由于这些原因，应尽可能将有可能发生的新状态及早地识别出来，提前开展地面验证，确保飞行中系统按预期的方式运行。

5.3　案例分析

5.3.1　试验方案的确定

5.3.1.1　可靠性增长试验的产品数确定

（1）经验

要合理选择可靠性增长试验的产品数量，尤其避免仅采用一台产品进行试验，这会造成过设计而导致成本大幅增加。

如果仅选用一台产品参加可靠性增长试验，为了保证该台产品通过所有的测试时间，就会采用十分保守的设计，例如，多重冗余、高可靠的器件，等等；而这种设计最终决定了产品状态，导致产品成本大幅增加[12]。

（2）基本原理

可靠性增长试验用于检验产品的可靠性，发现和暴露薄弱环节，并进行故障分析，继而采取有效的改进措施和再试验，使产品的可靠性得到增长。可靠性增长试验将飞行可靠性指标折算成多个试验周期，每个周期进行综合环境试验，在综合环境条件下对功能和性能进行考核。

可靠性增长试验中的通电测试时间、试验循环数以及随机振动时间按照下述方案计算[13]：

1）电子产品通电总时间。

单个产品可靠性增长试验中，通电工作总时间 $T_{通电}$ 可以按指数定时截尾方案确定，见公式（5-1）

$$T_{通电} = \frac{1}{n} \cdot \left[-\frac{\chi^2_{\gamma,2f+2}}{2\ln R_L} t_{t0} \right] \qquad (5-1)$$

式中　$T_{通电}$ ——试验中单个产品通电工作总时间；

　　　R_L ——可靠性增长目标值；

　　　γ ——置信度；

　　　f ——失效数，按 $f=0$ 考虑；

　　　$\chi^2_{\gamma,2f+2}$ ——置信度为 γ 的 χ^2 分布下侧分位点，$\chi^2_{0.7,2}=2.41$；

　　　t_{t0} ——产品温度循环任务时间，箭上电子设备为飞行工作时间；

　　　n ——参试产品数。

2）试验循环数。

单个产品试验循环数 N ，见公式（5-2）

$$N = \frac{T_{通电}}{T_{0通电}} \qquad (5-2)$$

式中　$T_{通电}$ ——试验中单个产品通电工作总时间；

　　　$T_{0通电}$ ——单个温度循环中通电工作时间。

3）随机振动时间。

工程上目前根据电子产品安装部位随机振动总均方根加速度 G_{rms} 取值的不同，随机振动试验时间的计算模型分如下两种情况：

①若电子产品安装部位的振动形谱总均方根加速度 $G_{rms}>10g$ ，则单个产品每方向随机振动总时间 T_V 按威布尔分布模型确定，见公式（5-3）

$$T_V = \left(\frac{\ln(1-\gamma)}{n\ln R_L} \right)^{\frac{1}{m}} t_{v0} \qquad (5-3)$$

②若电子产品安装部位的振动形谱总均方根加速度 $G_{rms} \leqslant 10g$ ，

则单个产品每方向随机振动总时间 T_V 按指数分布模型确定，见公式（5 - 4）

$$T_V = \frac{1}{n} \cdot \left[-\frac{\chi^2_{\gamma,2f+2}}{2\ln R_L} t_{v0} \right] \qquad (5-4)$$

式中　R_L ——可靠性增长目标值；

　　　m ——威布尔分布形状参数，控制系统电子产品一般按 $m = 1.2$ 考虑；

　　　γ ——置信度；

　　　f ——失效数，按 $f = 0$ 考虑；

　　　$\chi^2_{\gamma,2f+2}$ ——置信度为 γ 的 χ^2 分布下侧分位点，$\chi^2_{0.7,2} = 2.41$；

　　　t_{v0} ——产品随机振动任务时间（箭上产品一般按 1 min 计算）；

　　　n ——参试产品数。

按威布尔分布模型计算的 T_V，应在第 1 个循环内施加完毕。如确实有困难，也应相对集中在前面几个试验循环内平均分配施加完毕。按指数分布模型计算的 T_V，可在第 1 个循环内施加完毕，也可在前面几个试验循环内平均分配施加完毕。

（3）应用分析

按 $f = 0$，$r = 0.7$，$t_{t0} = 625$ s，$m = 1.2$，$t_{v0} = 60$ s，计算某运载火箭控制系统飞行产品的试验时间，见表 5 - 1。参试设备数量不同时的试验应力时间见表 5 - 2。

表 5 - 1　可靠性增长试验应力时间

序号	设备	可靠性指标	电应力时间/h	振动应力时间/h	飞行时间/s
1	配电器 1	0.99992	2597/n	755.2/n	625
2	配电器 2	0.99992	2597/n	191.1/n	625
3	配电器 3	0.99997	3404/n	450.8/n	300
4	驱动器	0.99992	1656/n	755.2/n	625

表 5 - 2　参试设备数量不同时的试验时间　　　　（单位：h）

设备	n＝1		n＝2		n＝3		n＝4	
	电应力	振动应力	电应力	振动应力	电应力	振动应力	电应力	振动应力
配电器 1	2 597	755.2	1 298.5	377.6	865.67	251.73	649.25	188.8
配电器 2	2 597	191.1	1 298.5	95.55	865.67	63.7	649.25	47.78
配电器 3	3 404	450.8	1 702	225.4	1 134.67	150.27	851	112.7
驱动器	1 656	755.2	828	377.6	552	251.73	414	188.8

为简化分析，仅考虑元器件总成本，分别考虑仅用 1 台产品参与可靠性增长试验（方案 1）和 n 台产品参与可靠性增长试验（方案 2）。

$$C_1(m) = C_0 + mC_0 \qquad (5-5)$$

$$C_2(m) = n \cdot (\eta_n \cdot C_0) + m \cdot (\eta_n \cdot C_0) \qquad (5-6)$$

其中，C_0 表示方案 1 条件下参与可靠性增长试验的单机产品元器件总费用，C_1 为采用该状态的产品参与 m 次飞行后的总费用；方案 2 条件下由于多台产品参与试验，每台产品的试验应力大幅下降，为此可以考虑成本适度的器件，相应的成本因子为 η_n，且 $\eta_n < 1$，C_2 为采用方案 2 后，经过 m 次飞行后元器件的总费用。

根据式（5 - 5）、（5 - 6）可得出

$$\frac{C_2 - C_1}{C_0} = \eta_n(n+m) - (1+m) \qquad (5-7)$$

假设 $n = 4$，$\eta_n = 0.6$，则

$$\frac{C_2 - C_1}{C_0} = 1.4 - 0.4m \qquad (5-8)$$

当 $m = 4$ 时，上式已为负值，即方案 2 开始体现出成本优势。主要原因：方案 1 的元器件成本过高，每发射一次，都要多支付费用；而方案 2 虽然在试验产品上花费了更多，但这之后的每一次发射均可节省费用。

假设 $m = 6$，则 $C_1 = 7C_0$，而 $C_2 = 6C_0$，C_2 相对于 C_1 节省约 14.3%；而 $m = 30$ 时，C_2 相对于 C_1 节省约 34.2%，成本优势愈发

明显。

但是，采用 4 台产品参与可靠性增长试验，确实导致前期投入成本过高。我们注意到，如果仅用一台产品试验，试验时间将超过 1 600 h，而实际飞行时间仅 600 s 左右，试验时间已经远远超过飞行时间。如果针对 600 s 的飞行时间设置一个可接受的连续无故障工作时间，例如 8 h（这也将近是任务时间的 48 倍），那么也可以采用一台产品参与测试，但：

1）允许试验过程中器件失效并更换，失效器件在更换前必须至少通过 6 h 测试且未发生故障；

2）试验末期最后更换的器件必须至少连续工作 6 h 以上。

满足上述两个条件的，视作有效，试验可以继续。采用这种方式，实际上限定了 MTBF 为 6 h。在器件允许更换的条件下，有可能用一台合适质量等级的器件完成可靠性增长试验，既节省了试验费用，也避免了器件选型的过设计。

在实际工程中，MTBF 可由产品在发射前系统中的总测试时间以及飞行时间综合确定。

5.3.1.2　极性的检查

（1）经验

在极性检查中，端对端的确认最为关键。因为中间部段的极性可以有不同的方案。所谓端对端，指的是从传感器实际敏感的信号，即初端，检查最终执行机构的执行情况，即末端。极性不仅仅反映在信号的正与负，还与极性的定义、控制通路的对应有关。对通路的检查可以看成是广义的极性检查。

俄罗斯曾经发生极性错误而坠毁的故障。2013 年 7 月 2 日上午，俄罗斯质子-M 火箭搭载三个 GLONASS 导航卫星升空，但在发射后不久空中解体，坠地并且爆炸。事故调研的原因在于，敏感火箭姿态的速率陀螺安装颠倒，导致极性错误[14]。2016 年 4 月底，日本 JAXA 宣布其 X 射线卫星瞳已彻底失效。导致卫星解体的最后原因，是在进入安全控制模式后，用于消旋的喷气指令极性设计反了，结果起到了加速旋转的效果，最终导致卫星结构破损而失效[15]。

由于在系统静态测试条件下许多信号处于零位状态，其极性特征不强，给检查带来了不便。

（2）基本原理

控制系统的极性包含在设计的各个环节，主要有：

1）惯性测量设备。

惯性测量设备包括惯组、速率陀螺、横法向加速度表等。这些测量信号的极性均与各自的测量坐标系相关，其测量坐标系可以与导航坐标系一致，则测量结果可以直接使用；也可以不一致，例如在多表冗余惯组中，为了安装方便，仪表的敏感轴与导航坐标轴可能相反，此时测量信号要取反后才能参与计算。

图 5 - 4 中给出了火箭竖立在发射点时，发射点惯性坐标系（$OXYZ$）与箭体坐标系（$Ox_1y_1z_1$）之间的关系。显然，OX 轴的定义和 Oy_1 轴的定义正好相反，沿这个轴向的同一物理量在两个坐标系中的极性相反。A_{s1} 加速度表是斜置的冗余加速度表，但并没有沿着 x_1，y_1，z_1 三轴的等角度方向排列，而是出于安装的方便，沿着 x_1，$-y_1$，$-z_1$ 的方向，其测量值与其他三个加速度表的投影关系为

$$A_{s1} = \frac{\sqrt{3}}{3}(A_{x1} - A_{y1} - A_{z1}) \qquad (5-9)$$

即在 y_1，z_1 轴的投影变号后（取负）可参与冗余判断。

2）制导参数。

制导参数包括惯组安装误差、不水平度偏差、瞄准误差等。上述误（偏）差均为相对偏差，要明确相对的基准，否则极性正好相反。

在摄动制导中还要检查导引的极性，即当飞行轨迹偏离时，导引信号应起到消除偏差的作用。

其他物理量，包括速度、位置、加速度等，与导航坐标系密切相关。

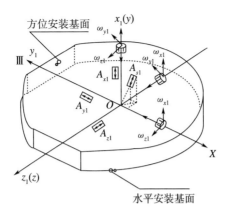

图 5 - 4　惯性测量设备测量配置图

3）姿控参数。

姿控参数包括姿态角、角速率、姿态角偏差等参数，以及伺服机构控制指令、发动机摆角等。

姿态角偏差可以定义为程序角减去姿态角，也可以定义为姿态角减去程序角，但两种定义对后续控制律和伺服机构控制指令的极性有截然相反的影响。尽管如此，总极性的定义是明确的，即姿态控制信号应起到减小姿态角偏差的效果，否则将是正反馈，系统发散失稳。

4）通道的检查。

通道的检查是一种广义的极性检查。例如，考虑某级火箭发动机的配置为"＋"型安装，则控制俯仰运动为摆动 2、4 号发动机，控制偏航的为 1、3 号发动机。如果通道搞错，将俯仰控制指令施加到 1、3 分机而产生偏航运动，这也属于极性错误，可能引发飞行失败。

又如，助推器关机一般采用耗尽关机，同时为了避免对稳定性的影响，往往是相对称的两台发动机同时关机，即 1、3 分机同时关机，或 2、4 分机同时关机。但是如果耗尽信号的通道搞错，当收到 1 或 3 分机的耗尽信号而关闭了 2 和 4 分机，或者控制通路有错而关闭了 1 和 2 分机的发动机，这都有可能带来灾难性故障。其他故障场景包括在末修调姿系统中将俯仰通道正、负极性的关系搞反，或者将俯仰通道的指令误连至其他通道，等等。

鉴于此，通道检查应包括不同助推器通道、同一级并联的不同发动机通道、同一发动机不同控制阀门和火工品通道、不同发动机的增压控制通道、不同发动机的耗尽测量与控制通道、姿控喷管的控制通道等。如果控制指令与反馈信号位于同一根电缆内，则要特别关注测试的有效性。

（3）应用分析

1）端对端及其中间部件的极性

以伺服回路控制为例，将姿态控制指令分解到"X"型安装的四个伺服机构，其原理框图如图 5-5 所示。

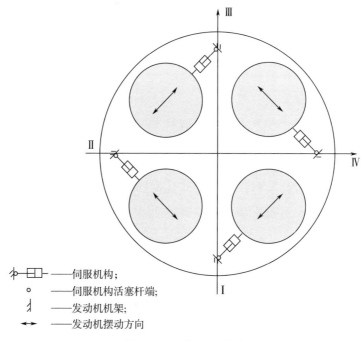

　　　　　——伺服机构；
　o　——伺服机构活塞杆端；
　　　——发动机机架；
　　——发动机摆动方向

图 5-5　伺服回路控制

当伺服机构安装形式（"X"）确定后，姿态控制指令与发动机各个喷管的摆动方向也就唯一确定了。而发动机的摆动是通过伺服作动器的伸与缩来实现的，即姿态控制指令与伺服机构的伸缩是一一对应的。在本例中，如果俯仰控制信号 U_ϕ 为正，则四个伺服机构的作动器的动作分别为伸、伸、缩、缩。其中，四个伺服机构的设计是完全一样且可互换的，当电流从伺服阀线圈的 a 端流向 b 端时，作动器伸；反之，作动器缩，这个关系也是唯一确定的。各信号的极性如图 5 - 6 所示。

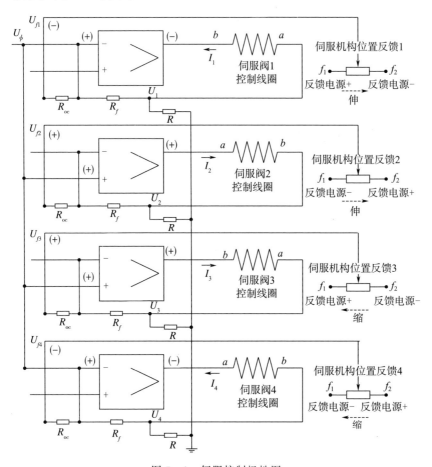

图 5 - 6　伺服控制极性图

作动器的伸缩会在反馈电位计端产生反馈电压，反馈电压与俯仰控制信号形成负反馈，从而将作动器控制一定的位置，即将喷管摆动到一定位置，这个关系也是确定的。但在具体实现中则有不同的实现方案，图 5 - 6 仅是其中的一个方案。图中控制信号接往放大器的某一端、放大器的输出与伺服阀线圈的连接、反馈电位计供电的连接，以及反馈信号接至放大器的某一端，这四个环节的极性均可以调整以满足"控制指令—发动机摆角"的总极性要求。

以图 5 - 6 第一路伺服机构为例，控制指令接在放大器的负端，假设指令为正，则放大器输出为负，按照第一路伺服阀线圈的接点，电流从 a 流向 b，伺服机构作动器伸出，根据其反馈电位计的供电，反馈电压为负，该反馈电压也接往了放大器的负端，即与控制信号在同一端，且极性与控制信号相反，满足负反馈要求。

现在看第二路伺服机构，控制指令接在放大器的正端，放大器输出为正，但通过调整放大器输出与伺服阀线圈的接点（其接点与第一路相比正好颠倒，在第一路中，放大器输出接向 b，而在第二路中放大器输出接向 a，提供这种调整来控制电流在伺服阀中的流向），电流仍然从 a 端流向 b 端，于是伺服机构作动器伸出。但反馈电位计供电的接法也发生了变化，在第一路中 f_1 和 f_2 分别为正、负端，而第二路中 f_1 与 f_2 则为负、正端，因此第二路在伺服机构作动器伸的情况下反馈电压为正，但反馈电压接至了放大器的负端，即与控制信号分属于异相端，且极性相同（均为正），也同样满足负反馈的要求。

第三、四路的分析类似。

这个示例很好地解释了端对端极性检查的重要性，因为只有端对端的极性是确定的，也是最终需要的，而中间的极性是可以根据需要调整的。比如，图 5 - 6 在控制信号引至放大器正端或负端的过程中进行了变换，图 5 - 7 则是另一种看上去很统一的接法，即控制信号全引至放大器的负端，而反馈信号全引至放大器的正端。需要注意的是，为了实现总极性要求，第二、三路伺服阀线圈的接法，

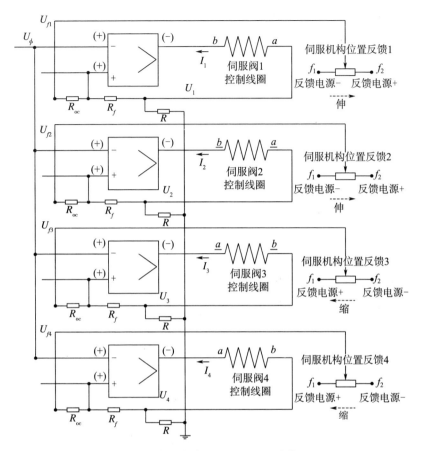

图 5 - 7 伺服控制极性图（另一种接法）

以及第一、四路反馈电位计供电极性，均与图 5 - 6 相反。

在实际的极性设计中，不仅要考虑俯仰信号，偏航与滚转控制信号和发动机的摆角也有明确的关系，要保证伺服反馈信号的极性能同时满足这三个控制信号的要求。此外，在图 5 - 7 中，四路放大器与四路伺服阀的电流均为同极性，这容易在地线上产生较大压降。而图 5 - 6 中，电流的极性正负比较均衡，地线上的干扰信号起到了一定的抵消作用。因此在实际应用中存在一个最优的极性设置。

2）极性检查的有效性

某型号在动力系统试车摇摆发动机检查时，对照计算机发出的摇摆指令，发现其摇摆方向与设计不一致。经分析为摆动极性错误。

根据姿态控制系统的设计要求，安装在Ⅱ、Ⅲ象限间的伺服机构为A1、B1分机，安装在Ⅰ、Ⅳ象限间的伺服机构为A2、B2分机，如图5-8（a）所示。

发动机采用双摆模式，每个方向的摆动配备一台伺服机构来实现，因此一台发动机的摆动需要两台伺服机构，标记为A、B，其中伺服机构A提供主能源，伺服机构B与A通过金属软管共用能源。

A状态的伺服机构，其产品代号为39；B状态的伺服机构，其产品代号为40；同种状态的伺服机构的产品代号是一样的，且出厂时第一个接插件的编号也从A开始，因此在总装过程中，将四台伺服机构的插头分别标识为X39A（1）、X39A（2），X40A（1）、X40A（2）。其中X39A（1）、X40A（1）分别对应A1、B1分机，X39A（2）、X40A（2）分别对应A2、B2分机，其对应关系见表5-3。

表5-3　伺服机构各分机与接插件对应关系

A1	B1	A2	B2
X39A（1）	X40A（1）	X39A（2）	X40A（2）

但是，在总装电缆铺设的过程中，设计人员将（1）的电缆布置到Ⅰ象限的伺服机构，将（2）的电缆布置到了Ⅱ象限附近的伺服机构，最终连接状态如图5-8（b）所示，连接错误。

在这种情况下，假设姿控系统发出B1伺服机构作动器的正指令，则Ⅱ、Ⅲ象限间的发动机喷口应摆向Ⅲ象限；但该指令加到了Ⅰ、Ⅳ象限的B2作动器上，导致Ⅰ、Ⅳ象限间发动机喷口摆向Ⅰ象限，二者产生的俯仰控制力矩正好相反，这在飞行中将是致命的故障。

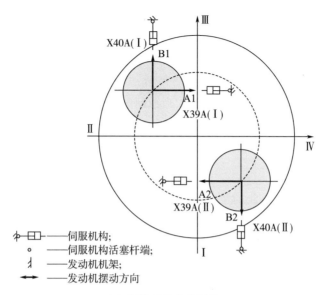

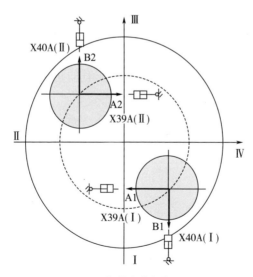

（a）姿控系统定义极性

（b）仪器安装极性

图 5-8　伺服控制极性

在开展动力系统试车之前，系统开展了大量的测试。但在测试中，伺服机构并没有与发动机连接，而是竖直放置在工装上，通过观察作动器的伸缩来判断，而作动器的伸缩最终转换为位置反馈电位计的电压信号，由箭上采集并判断。由于伺服控制指令与位置反馈信号位于同一接插件，因此，当控制器将 B1 的指令由于电缆误连至 B2 而导致 B2 作动器动作时，B2 位置的反馈信号也将通过该电缆被控制器采样，控制器由此判断 B1 正确执行了指令，因此极性的错误未能被检测出。

5.3.1.3　冗余功能的验证

（1）经验

加强冗余部件的检查，尤其是在系统使用条件下，通过无损的故障模拟，考核冗余设计的真正效果。如果未能起到应有的作用，冗余设计反而会降低系统可靠性。同时，要重点识别共因失效模式，避免共因失效导致整个冗余设计均无法发挥作用[16,17]。

（2）基本原理

冗余设计提高可靠性，其前提是在冗余部件故障后，其他部件能够弥补故障件的影响。如果冗余设计不完善，当某一部件故障后，导致系统性能大幅下降，则不能起到应有的作用，系统的可靠性反而会降低。

以三模冗余（TMR）为例，假设单个部件的可靠性为 R，$R \in$ （0.9，1），则 TMR 系统的可靠性为

$$R_{TMR} = 3R^2 - 2R^3 \qquad (5-10)$$

显然，$R_{TMR} \gg R$。

但是，如果仅一个冗余部件故障即导致整个系统性能大幅下降，意味着需要三个冗余部件全部可靠工作才能满足要求，则实际可靠性为

$$R_r = R^3 \qquad (5-11)$$

显然，$R_r \ll R$。

冗余设计还带来一个新的问题，即冗余系统在地面测试过程中

即使表现正确，也不能代表三个冗余部件均正常，有可能其中一个部件已经异常，但冗余功能发挥了作用，所以其整体对外表现仍显得正常。这种情况如果没能在飞行前提前发现，则飞行中 TMR 系统剩下的两个部件均不能发生异常，其飞行可靠性为

$$R_{2/3} = R^2 \qquad\qquad (5-12)$$

显然，$R_{2/3} < R$。

即如果有冗余部件的故障在射前测试没有被发现，飞行的可靠性反而会降低。因此，应强化冗余系统的测试性设计，在射前测试中，冗余的效果以及各个冗余部件的工作状况均应通过考核并确保正常。

在运载火箭的飞行控制系统中，可以采取的冗余容错设计包括以下几类：

1）故障诊断。

故障诊断效果，取决于故障模式。如果故障模式考虑不全，则有可能漏判。另外，典型的故障容易处理；而一些特殊的故障，其判别的准则较难设计。

一般判断工作正常与否需要一个故障诊断门限。但是无论门限值如何设计，均存在一种极限情况，即故障件的特性恰好比故障门限略低，并且持续了很长时间，这就导致故障件在很长的时间内没有被判别出来，且还参与了控制。这种情况在惯性器件的冗余诊断中十分常见。常见的处理措施，是采用多重门限，例如有短周期的门限，还有长周期的门限；在短周期诊断中漏判的故障，通过长周期判断来实现；但实际上还是导致故障信号在一个较长的时间内参与了工作，因此长周期的门限决定了故障件参与工作的时间，其对系统的影响需要通过分析或试验来评估。

当发生故障后，为了避免误判，往往需要对故障现象进行多个周期的确认，此时可能存在另一种极限情况：设备时好时坏，总是未能满足连续故障次数的限制，即无法将其彻底隔离。可以采取的措施是，仅在每次判断出故障的当前周期不再采用其信号参与控制；

并且当累计故障次数（而不是连续次数）也达到一定阈值时，将其彻底隔离。

由于故障模式主要体现在产品的输出层面，所以对故障检测与隔离（FDI）功能的测试可以不用关注具体产品失效的机理，而是通过数据仿真模拟来实现。正如上文所述，要模拟故障的发展过程，这样冗余系统在发生故障时的影响才能考核充分。

2）多数表决。

多数表决的 FDI 技术更加直观，尤其在离散量输入/输出控制方面比较容易实施，因为其值域仅有"T/F"两种。一般这样的设计需要一个表决系统，而表决系统容易成为共因失效的"单点"。常见的解决措施是避免专用的表决功能，因为这串联了一个环节。简便有效的一种措施是在输出级电路中融合多数表决功能，同时起到输出和冗余管理的效果。例如，对于离散量输出控制，输出级采用光耦隔离是常见的接口方式，那么可以在输出隔离电路中集成表决功能，如图 5 - 9 所示。

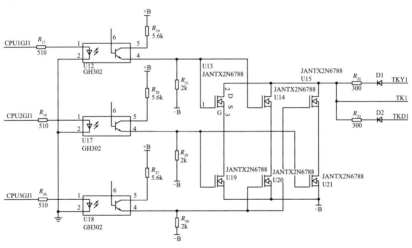

图 5 - 9　输出级电路融合多数表决功能

由于离散量的状态只有两种，因此在测试时可以通过状态设置来模拟故障。但是如果不是离散量，则多数表决也需要一个故障门限，这样的处理就会面临上文故障诊断提到的同样问题。

3）故障吸收。

发生故障后，利用冗余部件的补偿和反馈控制能力，自动吸收故障件的影响，无须定位或隔离故障件。这种方式简化了 FDI 工作，但参数匹配设计的难度较大。此外，由于故障件与其他模件的功能深度耦合，使得在实物中模拟故障不太方便，往往开展局部的模拟或用电路仿真来替代。

4）参数冗余。

故障发生后，由于系统设计留有了足够的设计余量，对故障件可以不用处理（无需定位、隔离，也无需其他部件去补偿），对系统的影响只是降低了设计裕量。

对其效果可以按照最坏情况来分析和模拟故障。

5）器件级冗余。

这主要指串联、并联、串并联或并串联等局部的冗余设计。图 5 - 10（b）给出可测试性设计的考虑，即将内部的并联信号连至外部。采用这种方式，单机至少可以对冗余功能进行测试，而采用图 5 - 10（a）所示的设计方案，整机出厂后其冗余部件已无法单独测试，仅能验证整体效果。根据前面的分析，存在降低飞行可靠性的可能。尽管连接至外部看似增加了系统的复杂度，但其可靠性是可控的。事实上也没有足够的统计数据表明系统电缆连接的可靠性要低于仪器内部的导线连接。

（3）应用分析

1）伺服控制器未能起到应有的故障吸收效果。

在某冗余姿态控制电路进行故障模拟测试时，针对三冗余的伺服控制设计[18,19]，其中两个冗余模块发出相同的指令，如 2°摆角指令，另一个模块发出幅值相同、但极性完全相反的指令，如 -2°指令。根据三冗余电路的设计规范，极性相反的指令将被视作故障信号且不会对系统输出有影响。但实际测试结果发现，系统输出为 1.7°，与期望的 2°差 0.3°，冗余效果未达到（未体现表决结果）。

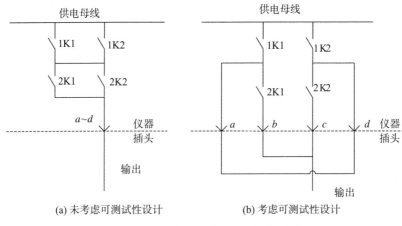

(a) 未考虑可测试性设计　　　(b) 考虑可测试性设计

图 5-10　器件级冗余的可测试性设计

伺服控制器与伺服机构的三冗余设计原理框图如图 5-11 所示。

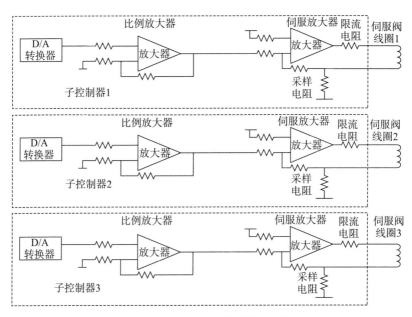

图 5-11　某三冗余设计原理框图

三路完全独立，仅在伺服阀端进行故障吸收式的表决。三路指令、三路子控制器的一度故障，与伺服阀前置级一路故障的影响相同，其基本原理是：

①利用子控制器和伺服阀前置级环节的输出饱和特性，将一路指令或一路子控制器的故障影响等效为一路伺服阀前置级故障影响。即伺服阀自身故障，与收到错误的指令/驱动时的表现是等效的，故障影响相同。

②一路伺服阀前置级的故障，可以利用伺服阀阀芯位置闭环和伺服机构位移位置闭环的双重负反馈作用，将故障控制在最小限度。

正由于"最小限度"不是完全隔离的设计思路，使得在一路故障下系统输出会有偏差。当故障信号与正常信号的差别越大（比如极性相反），这种偏差也越大。

对控制系统而言，允许在伺服阀一度故障的情况下有一定偏差（这是由伺服阀的机电特性决定的），但不希望三冗余控制电路在一度故障下有偏差，即三冗余控制电路应能完全吸收自身的一度故障。为此采取如图 5 - 12 的改进措施。

在指令电路的 D/A 输出与伺服放大器之间的比例放大器输出端，增加调整电阻，调整电阻位于比例放大器的反馈环内；同时将伺服放大器的输入端短接，对三路 D/A 输出的差异性进行调整平衡。

通过上述改进，实现故障吸收，其利用了三个相同的伺服放大器的限流保护功能（最大输出电流为 40 mA）：当某子控制器出现故障或输出异常时，该路运放输出将等效为其他两路正常子控制器输出的等效负载，由于该路放大器最大的输入/输出电流为其他两路电流之和的一半（由该放大器限流保护电流确定），故该等效负载不会影响正常输出，即可保持正常输出电压。

更改后开展如下试验验证：两路正常指令为频率为 0.2 Hz，幅值分别为 1°、5° 的正弦信号，而剩下一路模拟故障信号，频率为 0.2 Hz，幅值分别为 -5°、-1° 的正弦信号。测试结果分别为 0.97°、4.95°，其输出偏差分别为 0.03°、0.05°，这是系统固有的偏差，与一路故障指令无关。

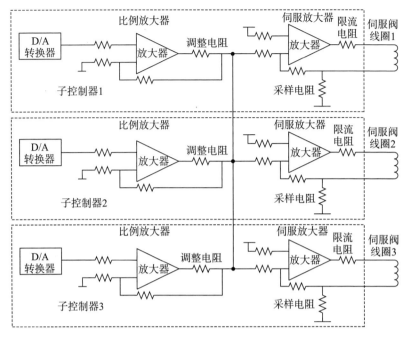

图 5 - 12　改进的三冗余设计原理框图

2) 相同摆动角度一度故障下采样偏差大。

在伺服子系统中,伺服机构动作后,作动筒位移传感器的电压体现了伺服机构摆动的角度,这个电压由伺服控制器采样,从而构成伺服子系统的闭环控制。为了避免位移传感器反馈电压失效从而导致开环或正反馈,位移传感器采用三冗余设计,并分别被伺服控制中的三个子控制器模块采样,系统原理框图如图 5 - 13 所示。

图 5 - 13 中所示为三个子控制器的第一路 A/D 采样第一个反馈电位计的电压。测试中发现,当三路电压均为 -8.46 V 时,控制器采样并表决后的信号与此相同;在此状态下模拟某子控制器掉电故障,结果控制器表决出的电压仅为 -8.03 V,偏差约 430 mV,未能起到预期的冗余效果。而当调整极性,三路反馈电压均为 8 V 时,无论是否有一路子控制器掉电,控制器表决结果均为 8 V,满足冗余要求。该电路对正负电压的采样在一度故障下体现出了较大的差异。

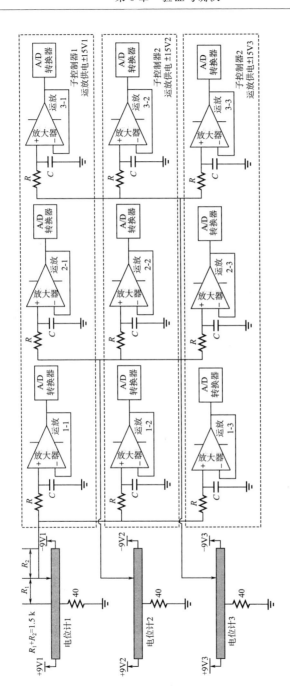

图5-13 伺服控制位移反馈信号三冗余设计

　　分析反馈电位计输出为负值时的电路。其中子控制器断电后，运放的等效电路如图 5 - 14 中虚框所示。

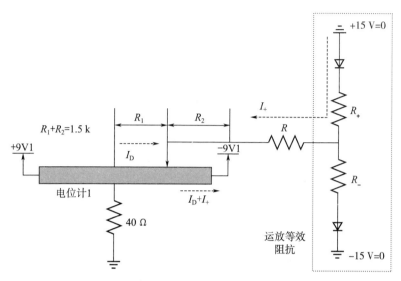

图 5 - 14　子控制器断电状态的等效电路一

　　从图 5 - 14 中可以看出，反馈电位计中 R_2 部分阻值的压降，增加了由电流 I_+ 产生的分量，因此压降增大，导致反馈电压增大（绝对值降低），这一点与测试结果类似。而当运放带电时，其输入阻抗近似无穷大，不存在 I_+ 的电流通路（正负电流通路均不存在），即采样电路不会引入新的电流，因此测试电压也不受影响。

　　当运放加电时，反馈电位计的电压为

$$U = -\frac{9R_1}{R_1 + R_2} \qquad (5 - 13)$$

　　当运放断电时，电流 I_D 为

$$I_D = \frac{9 - I_+ R_2}{R_1 + R_2} \qquad (5 - 14)$$

　　此时反馈电位计电压

$$U' = -I_D R_1 = -\frac{9 - I_+ R_2}{R_1 + R_2} R_1 \qquad (5 - 15)$$

$$\Delta U = |U - U'| = \frac{R_1 R_2}{R_1 + R_2} I_+ = \frac{R_1 R_2}{R_1 + R_2} \cdot \frac{|U'|}{R + R_+} \quad (5-16)$$

很显然，在 R_1、R_2、R_+ 无法改变的情况下，要降低 ΔU，提高电阻 R 的阻值无疑是有效的。

而当反馈电位计位于正信号端时，其电流流向如图 5-15 所示。

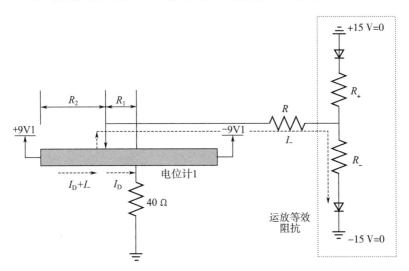

图 5-15　子控制器断电状态的等效电路二

经测量，当运放断电时，实测 $R_+ \not> 10$ kΩ，而 R_- 几乎是无穷大，因此当电位计处于正端时，断开一路伺服子控制器，对测量没有影响。

复查电阻 R 的阻值，约 3.48 kΩ，与反馈电位计的阻值 3 kΩ 很接近。更换为 200 kΩ 的阻值，相同反馈电位计负端处的测量结果偏差 $\not> 15$ mV，远小于 0.43 V。

该问题为阻抗不匹配所致，导致在一度故障下不能满足冗余效果。

3）加速度表故障诊断。

加速度表的"长周期一致性判别"，与"短周期一致性判别"手段相结合，可以利用前者来判别小偏差故障（慢漂误差），利用短周期判别瞬时大偏差故障，从而进一步完善惯组冗余管理算法。

短周期一致性判别，是一种快速判别方案，利用 100 ms 的加速度表输出，折合成视加速度，判断是否正常。由于门限只有 0.04 m/s，如果故障显著，那么很快就能判断出来，反应迅速，是判断加速度表故障的主要手段。

长周期一致性判别，则是为了针对加速度表性能下降，其输出有一定偏离，但还没有达到门限时，经过长时间积累，对总的偏差量进行判别，达到门限时进行切除。以某火箭为例，累计时间可以取 20 s，门限是 0.6 m/s。如果折合到 100 ms 误差，则相当于 0.003 m/s。该方法相对而言反应慢，但对故障的灵敏度高，是对短周期故障判别手段的有效补充。

根据某加速度表故障后的误差量，认为该量是加速度表比例系数变化的原因造成的，将这样的误差叠加入到某飞行轨迹中。下例中故障信息叠加到 B 惯组 x 加速度表上，进行冗余判别。此次加速度表故障持续时间大约为 97 s，加入不同的飞行段，有如下结果：

①故障发生在游机段。

因为游机段推力很小，按比例加入的误差不足以让短周期一致性判断方法判出故障（故障值小于 0.04 m/s），而长周期一致性判断方法只需要 20 s 内的累积值达到 0.6 m/s 即可判出故障。经计算，图 5 - 16 中约在 525 s 后，其累加值可达到 0.6 m/s，可以判出故障并切除加速度表。

②故障发生在主机段。

主机段推力较大，按比例加入故障后，短周期一致性判断方法可以在 413 s 判断出故障并切除故障加速度表，而长周期一致性判断方法同样可以在 370 s 判出故障并切除加速度表。其结果如图 5 - 17 所示。

长周期判出故障的时间更早，是因为此次故障的影响不是均匀的，有一个逐渐增大的过程，在故障不是十分明显的时候，长周期一致性判别已经能判出。当故障影响增大到一定程度后，短周期一

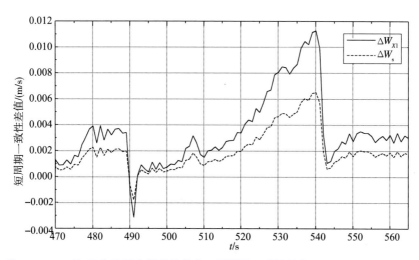

注：1. ΔW_{X1} 是 X 向的两个测量轴的差，即同轴一致性差值；

　　2. ΔW_s 是斜置表在 X 轴的投影与 X 轴测量值的差，即投影一致性差值；

　　3. 当同轴一致性和投影一致性均判为故障时，可定位故障部位。

图 5 - 16　在游机段加入故障后产生的短周期一致性误差量（470 s 以后加入）

致性判断才能敏感到。

　　③加速度表瞬时故障仿真分析。

　　在闭路仿真中，选取两个典型的用例，来说明两种方法对瞬时故障的适应程度。

　　瞬时故障与慢漂误差非同时出现：对惯组 A 的 y 轴加速度表在 140～170 s 之间添加 0.05 m/s² 的视加速度慢漂误差，并对惯组 B 的斜置 s 表在 370～400 s 之间添加 5.5 m/s² 的视加速度瞬时故障，通过仿真计算，结果见表 5 - 4。

表 5 - 4　瞬时故障与慢漂误差非同时出现

	短周期一致性判断	长周期一致性判断
慢漂误差	无法判断	154
瞬时故障	370	371

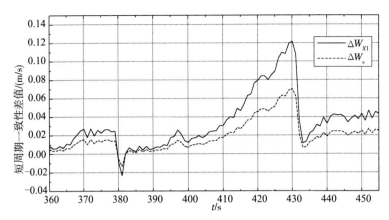

注：1. ΔW_{X1} 是 X 向的两个测量轴的差，即同轴一致性差值；

2. ΔW_s 是斜置表在 X 轴的投影与 X 轴测量值的差，即投影一致性差值；

3. 当同轴一致性和投影一致性均判为故障时，可定位故障部位

图 5-17　在主机段加入故障后产生的短周期一致性误差量（360 s 以后加入）

可以看出，长周期对慢漂误差可以判别，而短周期则不适应。在瞬时故障方面，二者能力相当，短周期发现故障的时刻要略早一些。

瞬时故障与慢漂误差同时出现：对惯组 A 的 z 轴加速度表在 $290\sim320$ s 之间添加 5.5 m/s^2 的视加速度瞬时故障，同时对惯组 B 的 y 轴加速度表添加 0.05 m/s^2 的视加速度慢漂误差，通过仿真计算，结果见表 5-5。

表 5-5　瞬时故障与慢漂误差同时出现

	短周期一致性判断	长周期一致性判断
慢漂误差	无法判断	314
瞬时故障	290	291

其结论同上。

对于慢漂误差，长周期一致性判别的累积周期长，通过累加将故障特征放大，因此对这类故障有更好的检测能力。对于特征显著

的故障，二者都能判出，但短周期一致性判别门限较小（在同等累积时间的条件下），故其判出的时间要短，进而可以减小系统受干扰的程度。二者具有很好的互补性。

5.3.2　数据的分析

5.3.2.1　趋势分析

（1）经验

硬件测试及飞行中获得的数据是了解实际系统的关键。如果数据不符合预期，设计师第一反应常常是假设数据有误，而这是数据深入分析、了解实际系统的最大障碍。不要为测试数据的异常或波动找辩解，否则我们可能失去系统实际表现的答案。通常测试的表象下蕴含了更多的关于真实系统的信息，要坚信数据通常是有效的，并且借助统计、滤波、对比等数学方法，深入挖掘数据背后潜藏的信息。

趋势分析法通过对均值和标准差等的监控，分析数据序列的变化趋势，并预测可能出现的发展结果，从中发现潜在的问题，是系统评估的一种有效的数据分析方法。

（2）基本原理

趋势分析最初由 Trigg's 提出[20,21]，采用 Trigg's 轨迹信号（Trigg's Tracking Signal）对测定方法的误差进行监控。此种轨迹信号可反映系统误差和随机误差的共同作用，但不能对此二者分别进行监控。其后，Cembrowski 等单独处理轨迹信号中的两个估计值，使之可对系统误差和随机误差分别进行监控，其一即为"准确度趋势"（均值）指示系统：Trigg's 平均数；其二即为反映随机误差的"精密度趋势"（标准差）指示系统：Trigg's 方差。于是发展为，趋势分析用平均数来监测系统误差，而用极差或标准差来监测随机误差。在趋势分析中，一种做法是：平均数（准确度趋势）和标准差（精密度趋势）的估计值通过指数修匀（exponential smoothing）方法获得，指数修匀引入权数来完成计算，而测定序列的每一次测定中，后一次测定的权数较前一次为大，因此增加了对刚刚开始趋势的响应，起到了"预警"和"防微杜渐"的作用；另一种做法是，采用平均加权的方法，计算平均数和标准差的估计值。

（3）应用分析

某惯组在进行短期稳定性测试时，G_y 陀螺的零漂系数 D0x2、D0z2 稳定性 6 次测试统计值分别为 0.105°/h、0.143°/h，超出短期稳定性 < 0.1°/h（1σ）的要求。其中 D0z2 的 6 次测试值见表 5 - 6 的 G4 行数据。重新补测短期稳定性的 6 组数据，其结果见表 5 - 6 的 G5 行数据，稳定性为 0.161°/h，不但超标，且误差有扩展的趋势。

表 5 - 6　某惯组 D0z2 系数

	1	2	3	4	5	6	均值/（°）/h	1σ/（°）/h
G1	−0.195	−0.171	−0.057	−0.084	−0.024	−0.107	−0.106	0.066
G2	0.389	0.335	0.444	0.506	0.555	0.541	0.462	0.088
G3	0.507	0.570	0.667	0.662	0.743	0.694	0.640	0.086
G4	0.450	0.572	0.669	0.734	0.734	0.859	0.670	0.143
G5	0.669	0.734	0.734	0.859	0.843	0.943	0.797	0.161

注：1. G1 两个月稳定性测试（T0）天；

2. G2 短期稳定性测试（T1，T0+60）天；

3. G3 短期稳定性测试（T2，T1+14）天；

4. G4 短期稳定性测试（T3，T2+60）天；

5. G5 短期稳定性测试（T4，T3+1）天

该陀螺仪为双轴陀螺仪，其中 G_y 陀螺的 D0z2 参数表示 G_y 陀螺仪 z 轴零漂系数，即零位。影响陀螺仪零漂的因素包括：测试环境、I/F 变换零位变化、伺服回路零位变化、前置放大器桥路电阻阻值变化、陀螺仪表头变化。影响陀螺仪表头变化的包括电磁干扰力矩、整流干扰力矩、多余物、弹性约束力矩等。弹性约束力矩的影响因素则包括转子不调谐剩余刚度变化、挠性支承的内耗阻尼变化、电磁涡流阻尼变化、气隙阻尼变化等，这些都会对

零漂产生影响。

　　经最终解剖分析，发生问题的陀螺仪力矩器定圈组件内壁有凹坑，该组件由可加工陶瓷骨架和线圈组合后灌胶再加工成力矩器组件，凹坑最大直径为 0.39 mm。从形貌分析，凹坑为可加工陶瓷材料烧结过程中形成的气泡，经骨架的表面加工后露出。

　　陀螺仪小型化设计，结构紧凑，其转子与力矩器定圈组件、传感器、电机底座、密封壳体等形成气隙。陀螺仪内部充 200 Pa 的惰性气体，陀螺仪转子以 15 000 n/min 的角速度高速旋转，与气隙形成气隙阻尼力矩。此表面缺陷会导致风阻增大，使气隙阻尼力矩幅值及波动性增大，并且凹坑降低了力矩器结构刚度，使其抗环境应力应变能力减弱；当有外部应力作用时，零件微量变形，使得气隙阻尼力矩变化增大至超过漂移精度要求范围。

　　该陀螺仪在发生问题前已进行了大量的测试，其短期稳定性测试结果一直未超标。但是检查历次测试的零位结果，可以看出明显的单调增长的趋势，如图 5-18 所示。

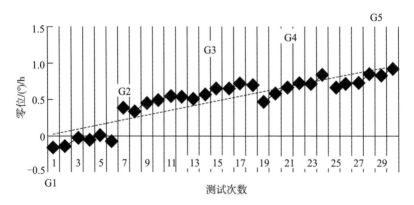

图 5-18　某惯组 G_y 陀螺仪 z 轴零漂系数 D0z2 趋势分析

　　这种零位趋势体现了 G_y 陀螺仪 z 轴内部应力逐渐释放的过程，与其对比看另一个测量轴 D0x3 参数的数据变化趋势，历次测试中零位变化波动较小，且无单向变大或变小的趋势，如图 5-19 所示。

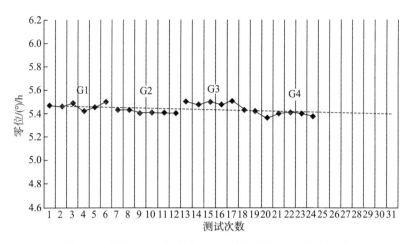

图 5-19　某惯组 G_z 陀螺仪 x 轴零漂系数 D0x3 趋势分析

从图中可以分析，z 轴的测量值随着时间的延长有明显单调变化的情况。尽管这是事后分析的结果，但如果工作中及时地开展趋势变化的分析，就可以发现故障的前兆，并及时预警。

5.3.2.2　差异性分析

（1）经验

在测试数据处理过程中，时常会出现两种或者多种不同的试验结果。可以尽量排除随机误差的影响以突出测试效果，但由于测试无法避免的差异，以及诸多无法控制的因素，使得同一系统在不同时间、不同环境，甚至不同批次产品及其组成的系统在同一测试环境下，得到的测试结果总是存在差异。对数据进行比较分析时，不能仅凭两个结果的不同就作出结论，而是要进行统计和数据差异性分析，分析差异是由于随机误差还是本质不同引起。前者通常表明系统正常，而后者则偏离了预期，往往对应着系统特定故障的反映。

（2）基本原理

差异性分析主要包括差异显著性检验和成功数据包络分析。

1）显著性检验

显著性检验是事先对总体（随机变量）的参数或分布形式作出

一个假设，然后利用样本信息来判断这个假设（原假设）是否合理，即判断总体的真实情况与原假设是否存在显著差异。这时我们要做两种检验，一种是检验数据是否是属于母体内抽取的样本，即检验总体参数与样本统计量之间是否存在显著的差异；另一种是检验数据的统计量是否存在显著的差异。显著性检验是针对我们对总体所做的假设做检验，其原理就是利用"小概率事件实际不可能性原理"来接受或否定假设；该方法是分析实验组与对照组之间是否有差异，以及差异是否显著的方法。常把要检验的假设记作 H0，称为原假设，与 H0 对立的假设记作 H1，称为备择假设，并做如下定义：

①在原假设为真时，决定放弃原假设，称为第一类错误，其出现的概率通常记作 α。

②在原假设不真时，决定不放弃原假设，称为第二类错误，其出现的概率通常记作 β。

通常只限定犯第一类错误的最大概率 α，不考虑犯第二类错误的概率 β。这样的假设检验又称为显著性检验，概率 α 称为显著性水平。最常用的 α 值为 0.01、0.05、0.10 等。一般情况下，根据研究的问题，如果放弃真假设损失大，为减少这类错误，α 取值小些，反之 α 取值大些。

检验模型根据样本特点选取，正态分布、方差具有齐性的两组间小样本比较可以选择 t 检验；正态分布、方差不齐的两组间小样本比较可以选择 t' 检验，t' 检验的计算公式实际上是方差不齐时 t 检验的校正公式；U 检验应用条件与 t 检验基本一致，只是当大样本时用 U 检验，而小样本时则用 t 检验，t 检验可以代替 U 检验；方差分析用于正态分布、方差齐性的多组间计量比较，常见的有单因素分组的多样本均数比较及双因素分组的多个样本均数的比较。方差分析首先是比较各组间总的差异；如总差异有显著性，再进行组间的两两比较，组间比较用 q 检验等 。两个总体的方差是否有显著性差异所进行的检验称为方差齐性检验，需进行 F 检验。上述检验模型在教科书中多有介绍[22-27]，本书不再赘述。

2）产品成功数据包络分析。

产品成功数据包络分析方法基于小子样数据分析理论和小子样统计过程控制理论，利用有限子样的数据表征和分析，识别可能影响任务成败的风险因素并进行评价，以确定产品能否满足发射飞行任务要求，从而解决大系统全特性的技术风险应对问题[28]。通过历史数据的积累，形成产品特性指标的数据包络线，新品测试的特性指标应在数据包络线之内，一般归纳为 4 类：包络/合格（Ⅰ类包络）、不包络/合格（Ⅱ类包络）、包络/不合格（Ⅲ类包络）、不包络/不合格（Ⅳ类包络）。理想的包络模型应该是一个多维空间向量，成功数据包络分析就是通过对历史数据的分析，提炼先前的经验信息，根据信息建立以往成功数据参数构成的包络线、包络面、包络域，超出上述包络范围则判定数据样本与对照组之间存在显著差异。数据包络分析遵循以下原则：

①对控制系统而言，主要关注产品设计关键特性，即使满足Ⅰ类包络，也应对关键参数进行离散度分析，确定参数的变化在合理范围内。

②对于Ⅱ类包络的系统关键参数，应进行相应的接口批判性分析，确定此项参数变化对其他单机和系统没有影响方可继续使用。

③对于Ⅲ类及Ⅳ类包络的系统关键参数，应进行超包络的差异原因分析、影响域分析，并给出明确结论。

产品成功数据包络分析主要包括以下步骤：

①定义对照组和试验组。

②数据预处理，扣除测试状态差异导致的测量差，将测试状态归一化。

③计算对照组平均值，并将对照组最小值作为包络下限，将对照组最大值作为包络上限。

④将试验组测试数据、对照组平均值、包络下限、包络上限画图，找出Ⅲ类和Ⅳ类包络数据，作为差异数据。

⑤作出数据包络分析决策。

在上述差异性分析基础上，对于有差异结论的数据，还要深入查找导致差异产生的原因。

（3）应用分析

火工品回路静态阻值测试是控制系统的关键测试项，回路阻值参数差异将导致火工品引爆电流变化，是控制系统关键参数。某型号进行火工品回路静态阻值测试，其中一项测试项的参考点取 X_t/g，测试点分别取测试插头 X_t 的其余点，如图 5-20 所示。历史测试数据和本次测试 1 数据、测试 2 数据见表 5-7。分别按显著性检验方法和产品成功数据包络分析方法分析火工品回路静态阻值测试参数。

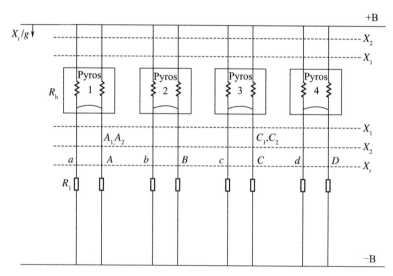

图 5-20　火工品线路原理图

表 5-7　火工品回路阻值测试

序号	测点	参考点	历史测试数据/Ω	测试 1 数据/Ω	测试 2 数据/Ω
1	X_t/a	X_t/g	1.42	2.00	1.32
2	X_t/A		1.43	1.60	1.15

续表

序号	测点	参考点	历史测试数据/Ω	测试 1 数据/Ω	测试 2 数据/Ω
3	X_t/b		1.41	2.00	1.40
4	X_t/B		1.40	2.00	1.41
5	X_t/c	X_t/g	1.40	2.00	1.33
6	X_t/C		1.40	1.50	1.11
7	X_t/d		1.39	2.00	1.37
8	X_t/D		1.39	2.00	1.39

1）显著性检验。

①建立假设。

原假设 $H_0: \mu_1 = \mu_2$，则 $H_1: \mu_1 \neq \mu_2$。

②收集样本数据，构造检验统计量。

图 5-20 中，火工品保护电阻设计相同，参数相同，线路中导线长度相同，产品为同一厂家生产，另外测试 1 数据增加了 0.6Ω 的工艺电缆。为便于分析，扣除测试状态差异导致的测量差，测试状态归一化后，将测试 1、2 数据作为两个测试子样，分析序号 1～8 的测试数据均值是否存在差异，并且认为两个总体的方差没有显著性差异，构建 8 组测试样本，见表 5-8。

表 5-8　样本数据

序号	历史测试 数据/Ω	子样 1 测试 1 数据/Ω	子样 2 测试 2 数据/Ω
1	1.42	1.40	1.32
2	1.43	1.00	1.15
3	1.41	1.40	1.40
4	1.40	1.40	1.41
5	1.40	1.40	1.33
6	1.40	0.90	1.11
7	1.39	1.40	1.37
8	1.39	1.40	1.39

采用双总体 t 检验，显著性水平 α 取值 0.1。

③确定临界值和拒绝域。

根据 t 检验界值表，$t_{0.1/2,2}=2.920$，因此当 t 统计量的计算值大于 $t_{0.1/2,2}$ 时，拒绝 H_0。

④计算检验统计量的值 t。

$$t=\dfrac{\overline{X}_1-\overline{X}_2}{\sqrt{\dfrac{(n_1-1)S_1^2+(n_2-1)S_2^2}{n_1+n_2-2}\left(\dfrac{1}{n_1}+\dfrac{1}{n_2}\right)}} \tag{5-17}$$

其中　S_1^2 和 S_2^2——两样本方差；

　　　　n_1 和 n_2——两样本容量。

以序号 1 与序号 2、序号 1 与序号 3、序号 1 与序号 5 为例，分别计算这 3 对样本的 t 检验值，其余计算过程类似，计算结果如下：

$t_{1-2}=3.352941$；

$t_{1-3}=-1$；

$t_{1-5}=-0.9407$。

⑤作出检验决策。根据 t 检验结果：

$|t_{1-2}|=3.352941>t_{0.1/2,2}=2.920$，拒绝 H_0，即序号 1 与序号 2 的两个样本均值存在差异；

$|t_{1-3}|=1<t_{0.1/2,2}=2.920$，接受 H_0，即序号 1 与序号 2 的两个样本均值无差异；

$|t_{1-5}|=0.9407<t_{0.1/2,2}=2.920$，接受 H_0，即序号 1 与序号 2 的两个样本均值无差异；

同理分析可知，序号 2 和序号 6 的测量均值与其余样本存在差异，应进一步查找原因。

2）产品成功数据包络分析。

①将历史测试数据作为对照组，测试 1 数据作为试验组。

②数据预处理，扣除测试状态差异导致的测量差，将测试状态归一化，见表 5-9。

表 5-9　对照组和试验组数据

序号	对照组 历史测试数据/Ω	试验组 测试 1 数据/Ω	备注
1	1.42	1.40	
2	1.43	1.00	
3	1.41	1.40	
4	1.40	1.40	
5	1.40	1.40	
6	1.40	0.90	
7	1.39	1.40	
8	1.39	1.40	
平均值	1.405	—	
包络下限	1.39	—	
包络上限	1.43	—	

③计算对照组平均值，并将对照组最小值和最大值分别作为包络下限和包络上限，见表 5-9。

④将试验组测试数据、对照组平均值、包络下限、包络上限分别标出，作出包络范围，有理由信任包络范围内的测试数据，能够表征被测产品正常，如图 5-21 所示。

⑤作出数据包络分析决策。序号 2 和序号 6 的测试数据在包络范围之外，属于不包络/不合格（Ⅳ类包络），与历史数据存在较大差异，其余的测试数据在包络范围之内，因此需针对序号 2 和序号 6 的测试数据进一步查找原因。

3）差异性分析。

产品开盖检查，发现火工品线路存在错误的连接关系，火工品限流电阻交叉焊接错误，正常的连接关系见图 5-22（a），错误的连接关系见图 5-22（b）。

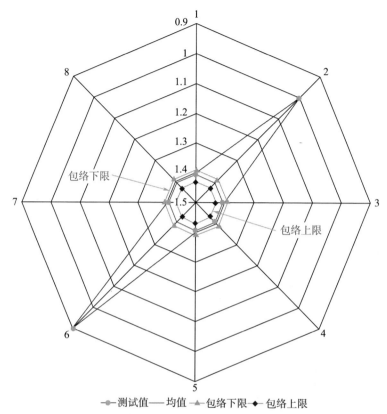

图 5-21　数据包络分析图（见彩插）

错误的连接方式将火工品 1、3 的负端并接到了一起，改变了阻值测试的电路模型，正常和错误焊接的等效电路模型如图 5-23 所示。

重新焊接后，经测试阻值正常。

5.3.2.3　数据背后的信息

（1）经验

数据是通过测试获得的观测值。由于存在噪声和干扰，或者由于缺少对比，测试数据提供的信息往往是隐藏的，需要采用方法对数据进行整理、筛选和加工，由此提取有用的信息。

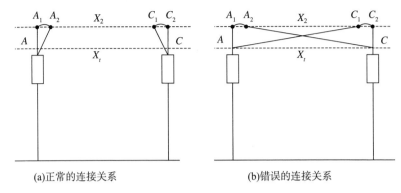

(a)正常的连接关系　　　　　　　　(b)错误的连接关系

图 5-22　火工品线路连接

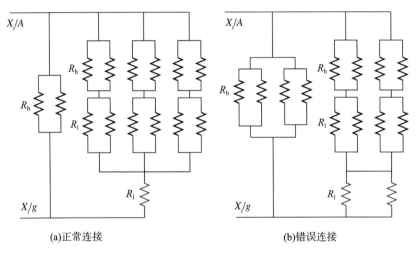

(a)正常连接　　　　　　　　　　　(b)错误连接

图 5-23　火工品线路等效电路模型

（2）基本原理

在检查测试数据时，由于系统中电磁环境复杂，测试数据中往往夹杂着各种干扰信号，同时测试设备自身的抗干扰设计也不尽完善，这均会导致记录的数据波动，或者观察到的曲线不是十分平滑。逐渐地，这种波动的曲线，一般会被当做干扰而忽略，尤其是在信号幅值较小的情况下。如果总是这么认为，就有可能遗漏故障。而通过滤波的方法过滤干扰和噪声，去伪存真，挖掘数据背后的信息，是常用的一种数据分析方法，滤波处理有时能得到数据的变化趋势，对产品开展预测和健康诊断。

在某些测试项中，单一的测试数据往往不能反映产品真实的状况，如果对于同源或同时激励的产品，将测试中获得的测试数据同时分析，可以通过对比发现产品之间的不一致性，这些不一致性往往是故障的征兆。

控制系统地面测试过程中，如果能够同时获得激励箭上系统的信息和数据，进而依据这些数据在地面开展平行镜像仿真或离线处理，控制算法与软件均与箭上产品类似，则这种地面的复现结果可以用来与箭上的数据进行比对，从而判断系统中有无故障发生。

（3）应用分析

1）伺服机构输出信息滤波。

在某运载火箭伺服机构测试过程中，其伺服阀电流测试曲线如图 5 - 24（a）所示，电流在零位附近上下波动。部分设计人员认为这些是干扰信号，产品工作是正常的。但也有测试人员认为仅从数据表征上难以做出判断，其信号波动的幅值比一般的干扰信号要大，应该继续分析。在对原始数据进行滤波处理后，伺服阀电流曲线呈现明显的异常跳动现象，如图 5 - 24（b）所示。经过排查，该伺服机构存在伺服阀滑阀挂边的缺陷，导致阀芯移动时出现短暂的卡滞。故障复现试验也表明，电流跳变正是卡滞的表现。

2）同时激励的多台伺服机构数据综合分析。

某运载火箭地面测试中，同时启动 4 台伺服机构，正常启动后伺服电机的额定转速约 7 000 n/min。单独分析 4# 分机启机数据，启动后转速稳定地达到额定转速，如图 5 - 25（a）所示，未见异常。但若同时将 4 台分机进行对比分析，如图 5 - 25（b）所示，发现 4# 分机电机启动较其他 3 台分机启动滞后约 4s，这显然是不正常的。经过排查，4# 分机存在离合器卡滞的缺陷。

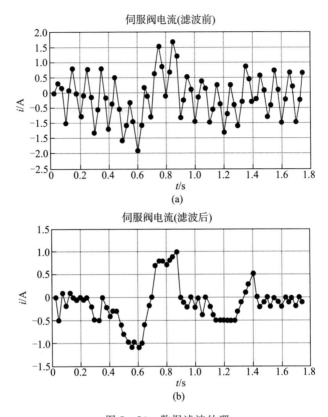

图 5 - 24　数据滤波处理

3）数据反算分析。

某运载火箭采用双惯组冗余方案，每套惯组内均采用双轴挠性陀螺仪，这样同一个敏感方向可以获得四组测量数据。以 X 测量轴为例，可获得四组脉冲数（陀螺仪采用脉冲输出方式），分别记为 X_1、X_2、X_3、X_4。在传统的测试数据分析中，主要检查脉冲数是否存在突变情况，以及脉冲数变化值是否在历史包络范围内。但由于陀螺仪零位和各项漂移系数的均值各不相同，对脉冲数的直接比较很难发现精度退化的情况。

为此，在地面测试分析软件中，按照箭上飞行软件计算角速度的方法，将脉冲数反算为角增量（本例为 580 s 内的角增量），然后将四个轴的输出进行两两对比（求取彼此的差值），其结果如图 5 - 26 所示。考虑陀螺的漂移指标为 0.1°/h（1σ），两个陀螺仪的极差按 6σ 计，超过 6σ 则说明存在精度超差的情况。因此，580 s 内两个陀螺仪角增量的极差为（0.1/3600×580×6≈0.1）°，将此作为诊断门限。

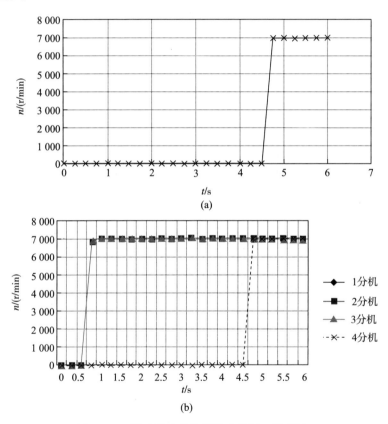

图 5 - 25　同时激励的数据综合分析（见彩插）

从图 5 - 26 可以看出，在第二次试验中，X_3 与 X_4 两组测量数据的差值超过了门限，X_1 与 X_4 两组测量数据的差值也超过了门限，因而可以判断，X_4 测量轴精度下降有较大概率的可能性。

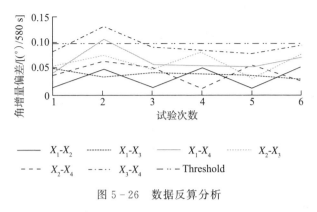

图 5 - 26　数据反算分析

5.3.2.4　漏电检查

（1）经验

对于采用测量漏电流来进行漏电判断的场合，要考虑不同电路拓扑结构对测量结果的影响。在考虑仅有一度故障的情况下，测量结果相对容易判断；但当有可能出现双端漏电时，要对正、负漏电测试结果进行综合评估。

（2）基本原理

在复杂的电气网络中，准确地定位漏电部位并进行测量是十分困难的，因此一般采用在供电母线端进行漏电流检测的方法。如果电源的某个负载相对某个参考点发生短路或绝缘强度不足，则也会导致该电源的供电端相对该参考点出现漏电的现象。

长征运载火箭控制系统一般采用浮地的设计方案，即正负母线对壳（地）绝缘。为了检测绝缘强度，常用的检测方法如图 5 - 27 （a）所示。为了检测负母线（－M1）是否对壳短路，可以将正母线（＋M1）直接接壳。如果 －M1 对壳是绝缘的，此时漏电表（PA）中不会有电流。如果 －M1 对壳存在阻抗 R_2（此称为绝缘阻抗或漏电阻），则 PA 会有电流指示；根据保护电阻 R 的大小，可以计算出漏电阻 R_2。该测量方法的等效电路如图 5 - 27 （c）所示。如果测量＋M1 绝缘情况，则将 －M1 接壳，其等效电路如图 5 - 27

（b）所示，R_1 为正母线的漏电阻。

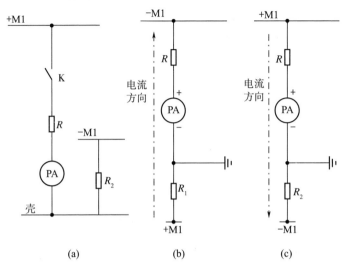

图 5-27　漏电检监测电路

上述电路在考虑单端对地短路时是有效的，但实际有可能双端对壳均有阻抗，如图 5-28 所示。这里考虑一个用例，假设 $R = 1\,\mathrm{M}\Omega$，$R_1 = R_2 = 100\,\Omega$，即意味着正负母线对壳的绝缘程度已经下降到近乎短路的状态。此时，$I_1 = I_2 = 13.9993\,\mu\mathrm{A}$。因此，若单纯考虑单端短路，比如根据 I_1 可以求出

$$R_1 = \frac{U}{I_1} - R = 1.0001\,\mathrm{M}\Omega \tag{5-18}$$

这一结果已经与 $100\,\Omega$ 大相径庭了，因此需要通过对正负母线电流的测量来综合分析判断。

（3）应用分析

以双端测量电路为例，可以通过两次电流的测量来计算绝缘阻抗，其中 R_1，R_2 分别为正、负母线对壳的绝缘电路，I_1，I_2 分别为测量正负母线漏电时的电流，则

$$I_1 = \frac{U}{R /\!/ R_2 + R_1} \cdot \frac{R_2}{R + R_2} = \frac{UR_2}{RR_1 + RR_2 + R_1 R_2} \tag{5-19}$$

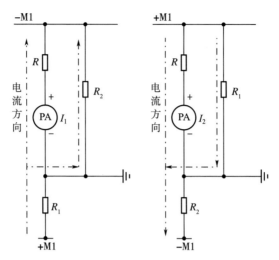

图 5 - 28　双端漏电的原理

$$I_2 = \frac{U}{R /\!/ R_1 + R_2} \cdot \frac{R_1}{R + R_1} = \frac{U R_1}{R R_1 + R R_2 + R_1 R_2} \quad (5-20)$$

$$\frac{I_1}{I_2} = \frac{R_2}{R_1} = a, R_2 = a R_1 \quad (5-21)$$

$$R_1 = \frac{U}{I_1} - R\left(1 + \frac{I_2}{I_1}\right) \quad (5-22)$$

$$R_2 = \frac{U}{I_2} - R\left(1 + \frac{I_1}{I_2}\right) \quad (5-23)$$

根据两次测量的电流，可以计算正负母线对地阻抗。

需要指出的是，上述计算中有假设作为前提，即 $I_1 \neq 0$，$I_2 \neq 0$。因此，下述几种特殊情况需要考虑：

1）若正负母线的绝缘性能很好，即 $R_1 \approx \infty$，$R_2 \approx \infty$ 时，$I_1 \approx 0$，$I_2 \approx 0$。但是，若正负母线对壳短路时，即 $R_1 \approx 0$，$R_2 \approx 0$，电流表几乎被短路，即同样 $I_1 \approx 0$，$I_2 \approx 0$。上述两种情况从电流测试值中无法区分，并且因为电流几乎为 0，无法直接套用上述计算公式。但是，如果正负母线均几乎对壳短路，供电电源会产生较大的短路电流，这与对壳绝缘是完全不同的表现，因此还是可以区分的。

2）如果对壳单端短路，比如 $I_1 \approx 0$，$I_2 \neq 0$，则可以利用公式（5-23）计算负母线对壳短路阻抗。反义亦然。

3）上述方法也存在不足之处，尤其是当 R 远大于 R_1，R_2 时，此时测量和计算误差可能会导致错误判断。同样以上例为例，要能精确地测量到 μA 级的电流，对仪表的要求很高。在图 5-28 的示例中，假设仪表的取值为 13.99 μA，将其代入公式（5-22）计算电阻，其阻值 $R_1 \approx 1.43$ kΩ，这是因为舍入误差导致的，与100 Ω已经有了很大的误差。如果调小 R 的阻值，例如 5 kΩ，则理论上的漏电流 $I_1 = I_2 = 2.77228$ mA。若以 2.77 mA 代入公式（5-22）计算，$R_1 \approx 108$ Ω，与 100 Ω 已经有了可比性。考虑到这种模式，可以在测试过程中切换测量通路的电阻，如图 5-29 所示。

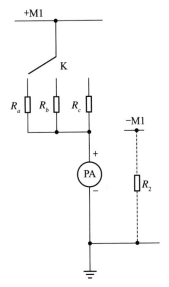

图 5-29　一种切换测量通路的漏电测试电路

R_a、R_b、R_c 代表不同挡的电阻，通过换挡测试，来较为准确地估算绝缘阻值。

4）另一个需要注意的问题是，上述测试均是在电源加电的情况下，因此如果对壳有短路情况，电流总是从＋M1 端流向－M1端。然而，也有可能存在如下情况：

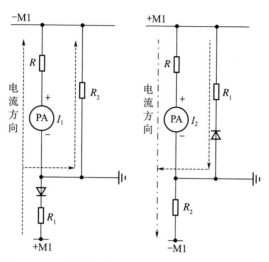

图 5 - 30　　母线与壳存在反向二极管的漏电测试电路

对比图 5 - 30 与图 5 - 28 可以看出，当＋M1 与壳之间存在反向二极管时，会导致采用上述方法测量的 $I_1 \approx 0$，从而认为正母线对壳绝缘良好，掩盖了真相。若要考虑这种情况，就必须在电源未加电的情况下，通过切换测试点的电源极性来检查。

由此可见，即使在电源供电母线端开展全面的漏电检查也不是一件简单的事，取决于电路的拓扑结构和假设。即使发现漏电情况，要确认漏电部位也并不容易，但这属于另一个问题，此处不再讨论。

参 考 文 献

[1] NASA Engineering and Safety Center Technical Report，Design，Development，Test，and Evaluation (DDT&E) Considerations for Safe and Reliable Human Rated Spacecraft Systems ［R］. Volume Ⅱ，June 14，2007 ，NESC Request Number：05 - 173 - E.

[2] 周欢，宋征宇. 基于 BMU/LVDS 总线的闭环总检查测试技术研究 ［J］. 航天控制，2013（31）：45 - 49.

[3] 范瑞祥，刘继忠，徐文彬，等. 新研火箭可靠性强化试验工程实践 ［C］. 成都：第三届载人航天学术大会，2014.

[4] WANG F F. Modified highly accelerated life test for aerospace electronics ［C］. The Inter - society Conference on Thermal and Thermomechanical Phenomena in Electronic Systems （ITHERM），San Diego，CA，USA，May 30 - June 1，2002.

[5] SAE. Aerospace First Article Inspection Requirement ［S］. AS9102B，2014 - 10 - 06.

[6] 'Test like you fly'：what qualification means for SLS rocket ［DB/OL］. https：//www. nasa. gov/exploration/systems/sls/what - qualification - means - for - sls - rocket. html，June 21，2016.

[7] "Test what you fly，fly what you test" keeping the ISS safe from collisions ［DB/OL］. https：//ai - solutions. com/about - us/news - multimedia/test - fly - fly - test - keeping - iss - safe - collisions/，October 18，2017.

[8] E STRONG. Development of environmental qualification and acceptance test requirements for the constellation program and comparison with MIL - STD - 1540E ［C］. 24th Aerospace Testing Symposium，April 6，2008.

[9] CHARLES E COCKRELL，JAMES L TAYLOR，ALAN PATTERSON，et al. Synergistic development，test，and qualification approaches for the ares I and V launch vehicles ［C］. 60th International Astronantical

Congress 2009，Oct，12 - 16，Daejeon，South Korea.

[10] ELSA MONTAGNON，PAOLO FERRI. A different approach to system tests [C]. June 2012，SpaceOps 2012.

[11] JAMES L TAYLOR，CHARLES E COCKRELL，MARGARET L TUMA，et al. Integrated testing approaches for the NASA ares I crew launch vehicle [C].58th International Astronantical Congress 2007，Sep. 24 - 28，Hyderobad，India.

[12] 胡海峰，宋征宇. 航天运载器飞行控制电子产品可靠性与成本分析 [C]. 航天一院六十年质量论坛之可靠性分论坛文集，北京，2017.

[13] 朱曦全. 可靠性增长试验在载人航天运载火箭电子产品研制过程中的应用 [J]. 导弹与航天运载技术，2004 (1)：61 - 66.

[14] Russia's proton crashes with a trio of navigation satellites [DB/OL]，Published：July 1，2013；updated：July 2，3，4，5，9，11，15，18，19；23；Aug. 11. http：//www. russianspaceweb. com/proton _ glonass49. html.

[15] JAXA. Hitomi experience report：investigation of anomalies affecting the X - ray astronomy satellite "Hitomi" (ASTRO - H) [DB/OL]. May 24，2016. http：//global. jaxa. jp/projects/sat/astro _ h/ files/topics _ 20160524. pdf.

[16] FRANK HARK，PAUL BRITTON，ROBERT RING，et al. Common cause modeling [C]. Huntsville Society of Reliability Engineers RAM Ⅷ Training Summit，November 3 - 4，2015.

[17] A MOSLEH et al. Procedures for treating common cause failures in safety and reliability studies [R].U. S. Nuclear Regulatory Commission and Electric Power Research Institute，NUREG/CR - 4780，and EPRI NP - 5613.

[18] 曾广商，沈卫国，石立，等. 高可靠三冗余伺服机构系统 [J]. 航天控制，2005，23 (1)：35 - 40.

[19] 赵守军，赵迎鑫. 液氧煤油载人运载火箭二级伺服机构系统方案 [J]. 载人航天，2012，18 (5)：5 - 11.

[20] TRIGG，D W. Monitoring a forecasting system [J]. Operational

Research Quarterly，1964，15：271 - 274.

[21]　TRIGG，D W，LEACH，A G. Exponential smoothing with an adaptive response rate ［J］. Operational Research Quarterly，1967，18（1）：53 - 59.

[22]　张世箕. 测量误差及数据处理 ［M］. 北京：科学出版社，1979.

[23]　徐伟，赵选民，师义民，秦超英. 概率论与数理统计（第 2 版）［M］. 西安：西北工业大学出版社，2002.

[24]　米曾马克，等. 概率与计算 ［M］. 史道济等译. 北京：机械工业出版社，2007.

[25]　盛骤，谢式千，潘承毅. 概率论与数理统计（新版）［M］. 北京：高等教育出版社，2010.

[26]　王信峰，李承耕. 概率论与数理统计 ［M］. 北京：清华大学出版社，2016.

[27]　孙慧，陈世勇，赵成鳌，赵淑珍. 概率论与数理统计 ［M］. 上海：同济大学出版社，2017.

[28]　荆泉，李京苑，胡云. 对产品成功数据包络分析方法的探索与实践 ［J］. 质量与可靠性，2014（4）：47 - 52.

附录 NASA GNC 最佳实践

1. 在设计、开发、测试和评估（DDT&E）过程中，要尽早进行全面迭代的 GNC 系统架构的开发活动。

1）驱动 GNC 设计的高层次任务目标应被定义、文档化并有清楚描述，实现 GNC 系统架构的子系统级功能、性能，接口需求也应同样被定义、文档化和描述。

2）确定贯穿于整个任务剖面的所有 GNC 子系统特有的操作状态/工作模式。

3）将支持任务目标的最小集 GNC 配置定义为系统架构开发的起点。

4）对每种 GNC 工作模式都要确定边界环境、性能和可靠性/容错要求。

5）定义并开发多个 GNC 候选体系结构，确定用什么样的过程、标准和效率度量等来评估参与竞争的体系架构。

6）了解所选择的 GNC 总体架构概念的基础和技术的基本原理，并知晓选择这种体系结构的特殊需求。

7）明确用什么样的流程来选择 GNC 传感器和执行器硬件的类型、大小和数量，明确如何选择 GNC 算法和飞行软件/地面软件单元。

8）基于性能需求选择 GNC 导航和姿态测量的设备，同时考虑传感器（测量设备）的多样性，以提供识别和消除故障传感器的能力。

9）确认 GNC 中所有的单点故障（SPFS）被文档化。

10）明确乘员与 GNC 交互的方式。

11）分析飞船的 GNC 系统是否利用了同一产品线中其他航天器

共同使用的硬件和软件单元，并对其适用性和成熟度进行评估。

12）明确选定的 GNC 架构中"永不放弃"的备份功能，以便在主系统失效或暂时无法使用时仍能保护乘员的安全。

13）分析 GNC 系统在失效、性能退化，以及与其耦合或其依赖的其他子系统发生故障时，是否对这些情况非常敏感或很容易受到损伤（影响）。

14）GNC 应不仅能补偿其部组件的硬失效，还能适应整个任务周期内性能的降级退化。

15）GNC 系统应利用风险评估和可靠性建模等技术识别出保证任务成功和安全的因素，对风险可能性及其后果有全面的了解和认识。

2. 搜索、识别和定义 GNC 系统和其他子系统之间存在的跨学科相互影响和关系。

1）清楚地定义 GNC 子系统和所有其他子系统之间的接口和相互影响并文档化。例如，是否需要 GNC 子系统控制导向/定向的航天器附件，如通信天线和太阳能电池阵列等。

2）分析所有的不确定性和模糊性，以及其他航天器子系统具体的硬件/软件失效、性能退化和故障，是否影响 GNC 系统（力求做到不受影响）。将这些潜在的影响纳入整体的 GNC 风险态势中。

3）生成 GNC 系统可交付和应接收的产品/文件清单，明确它们是如何产生的；了解并记录制定这些清单时发生的所有技术性互动并确保清单是全面的。

4）在各个子系统的负责人之间（也存在于子系统和系统工程的负责人之间）应保有正式的协议/承诺，以确保所需的产品既能准时交付又能将预算控制在要求的范围内。

5）列出的 GNC 交付产品均已合理估价并在项目的预算范围内。

6）识别所有必要的 GNC 基础设施（即基于计算机的分析工具、工程试验硬件单元、测试平台、动态模型等）并估价，同时要符合预算，以支持所有 GNC 产品的开发和交付。

7）制定针对可交付和应接收的所有产品的进度表。

8）进行产品交付关键路径分析，并明确产品的阶段调整是否可以接受。例如，是否要求将详细的质量属性信息及时递交给 GNC 团队，以便开展充分的稳定性和可控性能分析。

9）分析 GNC 系统可交付和应接收的产品是否均在关键路径中，并采取措施为 GNC 团队消除/缓解计划进度冲突。

3. 确保制定一套全面的"中止/安全"战略，并且能够在所有任务阶段实施。

1）明确任务各阶段的中止战略。

2）明确在哪些可行的情况下，可以采用被动中止方案，特别是在交会任务中。

3）在任务概念和需求中详细列出中止场景和安全模式。

4）明确安全模式是否需要自主激活。

5）确保安全模式简单，并仅需最小的硬件集来维持安全的航天器姿态。

6）明确在没有乘员或地面交互的情况下，飞船可以在安全模式下的工作时间。

7）明确控制系统从失控或失联状态中恢复是否需要乘员或地面的支持，以及是从冷启动中自主恢复还是采取其他手段；并对各种可选方案进行评估。

8）要避免一个可信的故障，既导致系统进入安全状态，又能引起其他安全状态的故障。

9）明确对于热、供电和通信安全等需求可接受的安全姿态，分析这些姿态是否能被动地稳定下来。

10）在任务仿真中验证安全恢复程序。

11）进行严格的风险评估，以支持开展在轨安全测试的顶层决策。

4. 主机任务关键的 GNC 飞行软件处理功能在航天器处理器上应具有足够的计算能力，分配足够的处理优先级，并在必要的工作频率下执行。

1）明确制定 GNC 飞行软件代码、数据和吞吐量要求的技术基础。

2）明确 GNC 计算能力和处理优先级等的要求以及验证方法。

3）确定选择 GNC 飞行计算机（即性能、继承性、实时操作系统等）的依据。

4）进行数据传输的电子元件，应在标称和实际应力条件下，满足 GNC 传感器采样和执行器指令的传输速率及数据延迟要求。

5）GNC 系统开发人员应熟悉飞行计算机硬件、RTOS（实时嵌入式操作系统）以及相关的软件开发和测试工具。

6）明确 GNC 代码、数据和吞吐量的设计余量，并分析在开发的各个阶段直至发射时的预计余量，确保能满足任务要求。

7）确定 GNC 代码、数据和吞吐量设计余量的最小可接受阈值。

8）制定风险缓解计划来确保余量能够达到。

9）在 GNC 飞行软件的设计余量偏离计划时要采取有效的纠正策略。

10）明确 GNC 飞行软件处理功能是在单个专用计算机上或多个专用计算机上，还是在共享的通用航天器计算机上执行，是否需要不同的计算机用于 GNC 处理等。

11）如果计算机被共享，应在测试过程中仿真或模拟其他进程的最坏情况以及彼此的交互影响。

12）通过测试确定每个 GNC 模式处理的最坏情况执行时间。

13）制定在轨 GNC 飞行软件的维护计划和程序。

14）采用专用的测试设施用于在轨飞行软件的维护和支持。

15）具备实现在轨代码补丁的能力。

5. 确保自主的 GNC 故障管理系统独立于可能导致故障或用于诊断故障的所有硬件和软件。

1）避免单一的故障（如故障陀螺仪）触发进入安全模式，或进而导致安全模式失效。

2）发生故障后，航天器自主管理系统和地面控制器应能提供正确的信息。

3）尽可能做到安全模式（"安全港"）无需地面干预。

4）总线中短暂的线路短路不应将所有继电器复位成不希望的配置。

5）明确系统是否需要被设计为恢复到"最后已知的好状态"，分析是否有系统元素可以忽略故障（fail silent）？

6）故障管理设计要考虑所有的操作可能性，如太阳能电池阵列错误指向、发动机中止或日食（月食）转换。

7）存在计算机冻结等重大异常时，故障校正软件应会执行。

8）发射前故障管理系统应已经在飞行航天器上进行测试。

9）故障管理系统不能仅在那些它将服务的任务阶段才可启用。

10）在规定的"不能点火"期间，要设计防止推进器误点火的安全联锁条件。

11）明确安全模式的时间限制和安全模式能维持的最长时间等系统要求。

6. 对于多航天器系统，必须在交会、接近、对接、分离，以及其他任务阶段过程中安全地相互作用，应确保通过合适的系统工程建立 GNC 需求及适当地降低高层次的 GNC 需求。

1）分析交会轨迹是否是被动安全的，以及在传感器、计算机或推进器故障的情况下，避碰是否是固有的。

2）分析闭环轨迹能否适应不同的航程、飞行速率和交叉轨道，开展可消耗的分配资源和交会对接的基线偏差对任务的灵敏度分析。

3）在交会、对接和接近操作过程中，自主控制和航天员控制之间应能无缝过渡。

4）GNC 执行机构应能适应航天员的直接指令，这些指令一般来自人类对瞄准数据的感知。

5）明确对接成组合体后，每个航天器 GNC 系统彼此之间如何相互接口和相互作用。

6）当多个系统组合在一起时，航天器 GNC 体系结构需要包括命令、数据和遥测接口，以允许使用不同舱段上的 GNC 传感器和执行器。

7）要事先分析和预判组合体的刚体质量特性和模态频率，以及 GNC 系统对参数变化的敏感性。

8）姿态/动量控制系统应能适应组合体的特性，包括估计组合体配置的质量特性。

9）分析交会传感器的功能是否退化，以及最大设计条件是否变化，而不能仅在传感器功能完全丧失时才进行评估。

10）明确实现交会的最小容错度。

11）使用独立的避碰传感器。

12）交会需求规格说明中应包含详细的故障检测、隔离和恢复要求。

7. 批判性地评估用相同 GNC 硬件组成的冗余系统，以确保系统可靠性的净效应是整体增大而不是减小。谨记冗余本身就增加了复杂性。

1）分析是否使用不同的 GNC 组件在系统中提供功能冗余，并且与所需要的资源，如鉴定、测试和集成等资源进行权衡。

2）分析是否使用不同的 GNC 组件提供功能冗余或降级的性能，确保降级是可接受的。

3）对所有可信的故障路径，冗余单元之间的切换应确保安全地转换（例如元器件故障、启动瞬态、锁存、过电压和 EMI、软件无休止循环等）。

4）GNC 系统架构师对常见故障和共模故障应给予足够重视，这可能会影响包括冗余部件在内的预期可靠性或安全改进效果。

5）GNC 系统架构师应对潜在失效模式进行自顶向下的评估，并知晓对系统可靠性和安全性的相关影响。

6）明确备份软件是相同还是通过独立开发和测试以提供功能等价性；并制定相应的风险控制措施。

8. 根据系统组成、飞行配置、任务特点、飞行环境和设计/操作团队的潜在差异，评估 GNC 架构中的所有沿用硬件和软件单元。确认飞行硬件或软件的相似度要非常谨慎。

1）进行沿用审查，以评估和记录当前任务的要求、环境、寿命，并与沿用硬件和软件的能力相比较。

2）所有沿用设备的测试和飞行异常都应得到解决。

3）分析灾难性故障是否涉及到类似被审查的技术并进行风险评估。

4）沿用设备中被替换的材料和部件应是完全合格的。

5）分析沿用硬件的组装方式是否与原件完全相同，还是由其他可能不等同于原件的生产过程来打印并建造的，并进行风险评估。

6）如果硬件或软件被重复使用，应制定重新鉴定计划和过程。

7）分析在异常情况下，沿用软件代码中原先被认为的废弃段是否有可能被执行。

8）对沿用部分与当前任务的相关性进行分析，特别要考虑到操作环境、部件、寿命和其他内在特征等方面。

9. 确定新的 GNC 技术是合格的，必须有足够的统计数据来显示可接受的安全余量。并且也要考虑一些备选方案，这些备选方案应是经过飞行验证的方案。

1）梳理本项目中技术成熟度（TRL）小于 7 的技术，并分析原因。

2）应对技术成本/收益进行权衡分析。

3）确定纳入基线架构的特定 GNC 技术及其包含的工程原理。

4）分析 GNC 体系结构中是否存在一种新技术依赖于另一种新技术才能实现期望的飞行性能，并进行风险评估。

5）制定 GNC 技术发展计划。

6）了解当前时刻 GNC 技术成熟度，明确在不同阶段必须达到的 TRL。

7）应有技术门槛并制定客观的标准来有意义地评估技术进步。

8）主承包商应熟悉每种备选的 GNC 技术。

9）分析这些技术是否由主承包商独自开发。如果不是，应了解主承包商和 GNC 技术提供商之间的关系（技术和业务）并进行风险评估。

10）了解 GNC 技术发展是如何得到资助的，例如，是否使用了承包商的独立研发基金，或是另一个政府或商业项目为开发提供资金，还是由本项目直接资助。分析这个项目对资金的控制程度以及是否计划了风险资金。

11）应预先计划更高 TRL（或理想的，飞行证明的）的替代方案，以降低基线中低成熟度的技术不能满足项目进度而带来的风险。

12）对于 GNC 和航天器有重大影响的部分，一旦不采用新技术而恢复到经过飞行验证的备选方案，由此带来的各种影响均要提前评估。

13）分析是否所有的测试设施都在内部提供或配套。

14）分析当规定的技术就绪门槛得不到满足时，项目是否准备停止开发并实施预先计划的替代方案。

15）明确所有新技术的准入标准。

10.“面向测试的设计”：在评估候选 GNC 系统架构时，要将地面验证测试和飞行前校准的难度考虑进去。

1）定义 GNC 测试计划和需求，辨识需要的测试设施，这项工作应与早期的 GNC 系统设计工作同时进行。

2）GNC 测试工程师应充分融入 GNC 设计过程中，能够定义所需的数据接口和需要值，明确满足要求的系统操作和变化趋势，并确定故障隔离方案。

3）分析专用的 GNC 测试设施是否足够、可操作和可用。

4）明确对现有 GNC 测试设备进行升级、改造和重新校准的计划、时间表和资源。

5）明确开发新测试设备的基础和依据。

6）明确开发新测试设施的计划、时间表和资源。

7）通过规划确保测试设备准备及时。

8）确定所有非飞行的专用测试设备（STE）、测试夹具和相关地面支持设备（GSE）的需求和要求。

9）分析减少非飞行的 STE、测试夹具和相关 GSE 需求的可行性。

10）明确可以在装运到发射场之前、在完全集成的航天器上进行的 GNC 测试项目，明确航天器在上述时间点测试的具体限制。

11）明确可以在发射处理设施上进行的 GNC 测试，明确在航天器发射前 GNC 测试的具体限制。

12）在已完全测试和准备飞行的 GNC 系统硬件/软件配置被改变的情况下，明确重新测试的要求和方法。

13）分析组件（器件）级、子系统级和系统级收集的测试数据是否可以集成到一个共同的性能趋势数据库。

11. 定义坐标系和单位系统（以及相关的转换关系）并以文档的形式明确，并严格遵守。

1）编写文档，指定这个项目中使用的单位和坐标系。

2）应使所有在惯性坐标系中交换信息的单元都使用相同定义的时间信息。

3）不同学科参考系之间的转换应明确定义它们的相对方位和坐标原点位置。

4）无量纲单元（例如在软件中）应根据各自的维度来标识并进行归一化处理。

5）明确哪些前缀可用于尺寸（例如，可以同时使用厘米和毫米）。

6）应定义航天器时间基准，或明确时间基准集（例如，UTC、UT1、GPS 时间、闰秒等）。所有时间参考基准都应形成文档并归档。

12. 必须高度重视稳定性等要素，诸如幅值和相位裕度、阻尼比、增益或相位补偿技术的选择等。

1）应考虑所有的时间延迟和数据时延。

2）分析多速率采样是否存在并给出对应的解决措施。

3）分析传感器/执行器是否成对搭配。

4）明确航天器及其附件所允许的最小一阶弯曲模态频率。

5）分析是否在任何控制模式下，结构模态频率均存在位于控制器带宽 10 倍频内的情况。

6）弹性模态与发出作动器命令的信号频率之间应存在至少 5% 的偏差带。

7）明确结构模型验证的方式。

8）在预期的温度范围内应有阻尼比的实验数据（以保证传感器的传递特性正确）。

9）通过严格的模态显著性分析以识别和保留具有显著模态振幅的各个弹性模态。

10）将结构模型数据集成到控制器线性模型中。

11）分析结构耦合项连接结构子单元的方式及其对控制的影响。

12）分析在任务过程中弹性动力学特性是否改变。

13）对可展开附件进行全方位的弹性体稳定性分析。

14）分析是否所有弹性模态的频率和振幅单独或同时变化，及不同模态对系统设计的影响。

15）如果使用数字滤波器（例如低通或陷波滤波器），分析执行机构的速率是如何影响频率响应特性的。

16）确定滤波器系数和初始化参数的改变是采用数据上传还是通过软件补丁来改变。

17）分析控制器中是否包含抗混叠滤波器及其影响。

18）是否采用了蒙特卡洛技术随机化弯曲模态频率、模态增益、阻尼比等并用于稳定性分析。

19）确定非线性时域仿真中稳定裕度的衡量标准，并通过硬件在回路的测试来确定。

20）结构分析应通过模态试验验证。

21）分析在闭环测试或仿真中是否存在持续小幅振荡，用描述函数研究非线性对稳定性的影响，以及出现极限环的可能性。

22）确定在多个输入和多个输出（MIMO）系统中稳定裕度是如何定义的。

13. 确保所有飞行阶段的动力学分析被完全理解（例如空气动力学、弹性、阻尼、陀螺动力学、羽流冲刷、运动机械组件、流体运动、质量特性的变化等）。

1）应使系统在期望的转动惯量范围内稳定。

2）分析存在哪些能量耗散源及其阻尼时间常数。

3）所选择的 GNC 体系结构或操作阶段应考虑了系统惯性比约束（或者反之亦然）。

4）分析线性控制/执行器是否需要简单的 Bang－Bang 控制就足够。

5）在传感器噪声和干扰力矩之间权衡确定控制系统带宽。

6）明确数字控制器的采样率和允许时延。

7）编写用于预测 GNC 性能和稳定性的仿真试验活动文档。

8）如果仿真活动涉及蒙特卡洛模拟，明确涉及多少随机变量，以及假设的分布和所需的用例数。

9）描述建立和验证模型不确定性的过程。

14. 确保为 GNC 硬件仿真开发数学模型的分析员能亲身体验并熟悉该硬件产品。在硬件测试过程中，所有非期望的结果或异常必须被解释和/或合并到仿真数学模型中。同样地，设计仿真和 V&V 仿真结果之间的所有偏差都应得到解释。

1）开发组件数学模型的分析员也应参与硬件测试。

2）GNC 硬件在所有相关任务阶段的所有特质和行为都应被很好地理解。

3）可以利用元件的数学模型预测期望的测试结果，但要讲清楚测试结果与预期值的关联。

4）分析测试结果与期望值之间存在的差异是否仅是由于参数变

化，且参数变化是否与元件制造商规定的公差一致。

5）分析 GNC 闭环系统的性能对执行器参数变化（如静摩擦力或间隙）的敏感性。

6）物理参数可用在基于实验数据的动力学和环境的数学模型中，并明确在任务期间这些物理参数的取值范围。

7）明确数学模型中用于产生压力（诸如空气动力学和太阳辐射压力）的计算单元尺寸，以及模型中是否包含阴影。

15．用于高逼真度仿真验证的真值模型（Truth Model）必须独立于设计仿真中使用的模型而开发。

1）如果模型被重复使用，应由最初始设计这个模型的分析员审查模型对这种重用的适用性。

2）在设计仿真中使用的物理参数（例如质量特性、增益、死区、气动密度等）应与验证仿真中的物理参数保持一致。

3）明确数学模型如何与硬件/软件测试数据相关联。

4）对相关的动力学特性均要建模（例如章动、多体动力学、相对运动、弹性、能量耗散、流体运动、磁学、辐射压力、空气动力学、热变形引起的惯性矩的变化、涡流阻尼、出气、冲击等）。

5）在构建模型中所使用的简化假设（例如小角度近似、线性、不存在交叉耦合等）应在模型使用的整个条件范围内都是合理的。

6）故障保护逻辑应被独立验证。

7）应通过真值模型（Truth Model）验证针对异常恢复的准备是否充分。

16．与 GNC 下一级组件（硬件和软件）供应商建立强有力的联系，并密切关注对方进展。

1）制定选择组件/供应商的过程和标准。

2）基于最低成本的选择应能满足最低技术要求。

3）分析能否以适度的成本改善性能。

4）知晓供应商过去的表现。

5）在由人定价的项目中，制定验证和确认零件、材料和工艺的准则。

6）应对 GNC 供应商提出任务保证要求，以及实施的具体措施。

7）应有满足绩效、成本和进度目标的激励。

8）分析是否有任何政府准入的限制，特别是针对测试验证有什么特殊要求。

9）明确组件测试的理念、标准和实现方法，以检测/筛选出每个组件的材料、零件、制造工艺和装配的缺陷。

10）劳动力应有适当的规模和技能组合。

11）明确测试偏差和异常如何报告、跟踪和解决。

12）明确所有的测试设备是内部还是外部的，并制定相应的质量控制措施。

13）分析是否需要优先在供应商处选定工程和任务保证人员。

14）了解供应商在自己的 DDT&E 过程中汲取了什么样的经验教训。

15）分析是否所有技术都成熟并评估风险。

16）分析组件的符合性和相似性。

17）判定需要重新鉴定的组件。

18）进行传感器信噪比退化的最坏情况分析。

19）测试应能保护飞行硬件设备。

20）分析是否将工程模型（样件）用于首次飞行试验。

21）要验证初始的上电测试（Initial Power - on Test，IPT）保护功能。

22）分析是否有特殊的测试夹具或设备尚未确定。

23）分析除了环境、压力、热循环之外，是否还进行热/真空测试。

24）明确部件寿命试验的场所。

25）分析加速寿命试验的可行性和有效性，加速寿命试验不应改变产品的失效机制。

26）分析供应商是否打算为发现问题做任何测试，并分析这种测试的理由。

27）明确文档控制和维护的方式，确保对部件、材料、工艺和测试的可追溯性。设置合格和可接受水平。

17. 必须坚持"像飞行一样测试"的信念。

1）GNC 的稳定性和性能应在飞行前的各种配置中得到验证。

2）测试计划应规定所有的测试活动、角色、职责、方法、设施和场地、模型、支持设备和时间表。

3）明确发射前完成的最小测试以及处理偏差的原则。

4）如果存在可以在地面上进行但将不会开展的测试，要给出原因。

5）GNC 测试的局限性和不确定性应被定义、记录并包含在风险中。

6）在测试中应使用实际的飞行硬件或非飞行的工程单元。

7）"像飞行一样测试"应贯穿于 GNC 测试中。

8）如果不能做到"像飞行一样测试"，应文档记录并评估风险。

9）在飞行配置中执行 GNC 端到端（传感器到执行器）的极性测试。

10）对所有任务关键事件，应在标称和应力条件下模拟 GNC 系统在轨寿命内的各项操作。

11）明确在热、真空或振动环境下进行的测试项目。

12）明确如何保持和控制测试配置，以及使用什么配置管理步骤来控制 GNC 的硬件和软件接口，以用于 GNC 测试。

13）分析测试是否需要独特的程序、特殊测试设备、GSE、设施或培训，并做出相应的对策。

14）在实际测试之前就应定义预期的结果。

15）由独立的 GNC 工程师为 GNC 认证提供足够的测试计划。

16）用于飞行操作的命令/遥测系统应该也用于测试。

17）在地面测试和在轨期间，相同的 GNC 趋势数据库用于关键部件功能和性能度量。

18）明确在发射之前可以完成的集成测试项目，分析测试的局限性，以及在发射台上可以进行的测试项目。

19）如果已经测试好并准备用于飞行的 GNC 配置被改变，制定需要重新开展测试的计划。

20）明确最后一次确保 GNC 系统工作正常的测试时机，并评估风险。

21）试飞计划应能填补地面测试的空白。

22）分析在进行下一个任务阶段之前是否要通过在轨测试。

23）GNC 飞行软件维护程序，包括实时代码补丁，应使用类似飞行任务中的通信链路来演示验证。

18. 在所有硬件/软件配置中开展真实的端对端、传感器到执行器的极性测试，涵盖所有的飞行线缆/数据通路。解决所有测试异常。

1）应有多媒体记录（如照片等）来证明传感器和执行器在极性测试中安装位置和方向（相对于航天器坐标系）上与飞行时一致。

2）应适当考虑由于轨道附件部署而导致的 GNC 传感器潜在的重新定向需求。

3）分析是否有任何特殊的非飞行用的测试电缆或数据通路在地面测试中使用，以及这种条件下测试结果的有效性。

4）应对飞行中使用的所有 GNC 操作模式都进行测试，涵盖所有开关和/或继电器。

5）测试计划应详细描述预期结果，并对预期测试结果与实际测试结果之间的偏差进行分析。

6）根据试验结果对设备或程序进行修改，然后重新测试。

7）早期在轨操作中发现的任何潜在的 GNC 极性问题，应可以较为容易地通过飞行软件代码或数据库的操作（例如，简单的数据表更新）来进行纠正。

19. 通过充分的"硬件在回路"的 GNC 测试，以验证在所有操作模式、模式转换和所有任务关键事件期间的预期硬件/软件交互作用。

1）严格控制配置，特别是硬件/软件接口。避免毛刺等干扰在接口界面上传播。

2）飞行关键功能的测试与对飞行电缆和数据系统硬件的测试一并进行。

3）测试计划应包括标称和异常操作场景，包括所有故障路径（例如，部件瞬变、闩锁、过电压和 EMI）。

4）测试应包括冗余组件或控制器之间的实际切换。

5）分析是否包含只有在测试中使用的测试点或软件，它们在飞行中的失效不应对系统有影响。

6）可以使用非飞行的工程单元来支持 GNC 的硬件在回路测试。

7）分析在测试中使用飞行单元与工程单元的成本和效益，评估硬件在回路测试中损坏飞行单元的风险。

8）管理好飞行单元和测试单元之间的配置控制。

9）硬件在回路测试过程中发现的 GNC 特性应被辨识、记录和提供给设计团队、地面操作团队和飞行操作团队。

10）在异常和偶然情景下，应有偏离标称的测试用例来严格地检查集成的 GNC 系统。

20. 采用与 GNC 飞行软件代码和数据处理相同的准则和要求，来处理 GNC 地面数据库及上传的命令脚本或文件等。

1）命令脚本应正式受控。

2）明确设置黄色警示和红色警报遥测极限值的准则，飞行前的极限值应独立分析。

3）明确更改数据库的过程。

4）分析集成测试中 GNC 命令和遥测系统是否与飞行操作一致，并评估测试有效性和风险。

5）确定在什么样的操作情况下必须通知 GNC 系统设计工程师。

6）明确给飞行操作团队提供的 GNC 培训类型和程度。

7）GNC 文件应详细说明姿态控制系统参数和操作程序的原理。

21. 确保在所有任务阶段，尤其早期在轨运行有许多故障发生时，有足够的 GNC 遥测参数被下行传输、处理，并可用于诊断异常。

1）有计划地将在轨趋势数据添加到在集成测试期间构建的 GNC 性能趋势数据库中。

2）确保有足够的遥测变量可用于正常操作和诊断，应留有备用数据存储单元。

3）明确正常的工程数据和诊断数据的采样率。

4）明确最坏情况下的最大角速度，诊断数据采样率应足够高，数据规模应合适，从而在极限情况下能够跟踪相关参数。

5）分析诊断数据自动缓冲还是需要命令，选择最合适的方案，明确在轨存储诊断数据的容量。

6）遥测应能获取非常规的 GNC 工程数据以满足鉴别异常所需的分辨率。

7）分析是否新的遥测点可以以高数据速率"驻留模式"在轨添加，包括重新标定所选择的遥测技术。

8）地面软件应可处理姿态遥测数据以支持应急操作。

9）操作计划应包括在早期轨道阶段和任务关键事件中对遥测数据进行全天候监测。

22. "像飞行一样训练"：使用专用的实时 GNC 模拟器设施，按照期望的飞行状态，以实际的方式训练和演练各种 GNC 操作运行模式。

1）分析承包商是否打算开发一个实时航天器模拟器，特别用于熟悉 GNC 的训练。了解模拟器的数量和场所以便安排相应的工作。

2）分析如何满足特殊乘员 GNC 培训要求和需求。

3）分析 GNC 系统仿真的逼真度并对仿真结果进行评估。

4）在回路测试中，乘员应明确测试范围（标称或远离标称）以确保设计稳健性。

5）使用飞行模拟器开发 GNC 应急程序，来演练关键任务阶段的各个方面。

6）通过模拟器测试，确定哪些是乘员实时了解飞行器状态所必需的关键信息。

7）确定哪些是乘员了解自动化状态所必需的关键信息。

8）通过使用模拟器来改进 GNC 显示和控制机制（例如，手动控制器、键盘等）。

参 考 文 献

[1] NASA engineering and safety center technical report, design, development, test, and evaluation (DDT&E) considerations for safe and reliable human rated spacecraft systems [R] . Volume II , June 14, 2007 , NESC Request Number: 05 - 173 - E.

[2] NEIL DENNEHY, DR KEN LEBSOCK, JOHN WEST. Guidance, navigation & control (GN&C) best practices for human - rated spacecraft systems [C] . Program Management Challenge 2008, Daytona Beach, FL, 26 - 27 February 2008.

[3] CORNELIUS J DENNEHY, DR KENNETH LEBSOCK, JOHN WEST. GN&C engineering best practices for human - rated spacecraft systems [C]. AIAA Guidance, Navigation and Control Conference and Exhibit, 20 - 23 August 2007, Hilton Head, South Carolina.

[4] CORNELIUS J DENNEHY, DR KENNETH LEBSOCK, JOHN WEST. GN&C engineering best practices for human - rated spacecraft systems [R]. NASA/TM - 2008 - 215106.

[5] CORNELIUS J DENNEHY. The NASA engineering & safety center (NESC) GN&C technical discipline team (TDT): its purpose, practices and experiences [R] . NASA/TM - 2008 - 215128.

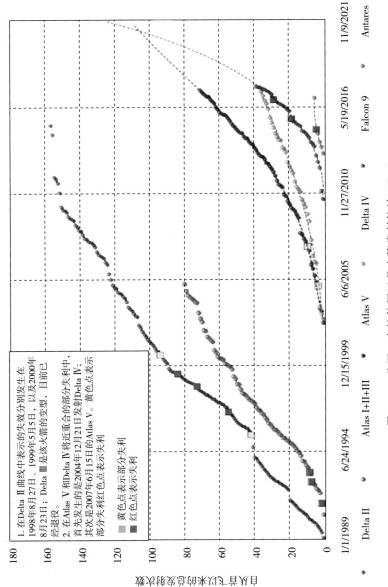

图 1-6 美国一次性使用运载火箭发射统计（P12）

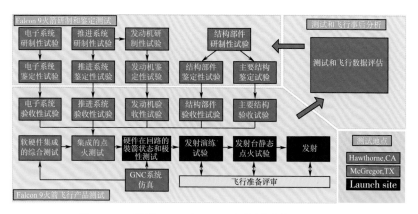

图 2-12　猎鹰 9（Falcon 9）火箭测试流程（P60）

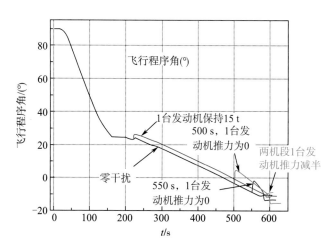

图 3-11　CZ-7 故障情况下制导控制仿真（P109）

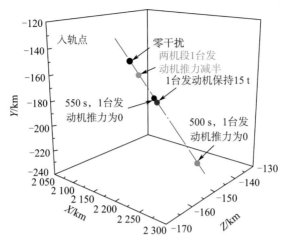

图 3 - 11 CZ - 7 故障情况下制导控制仿真（续）（P109）

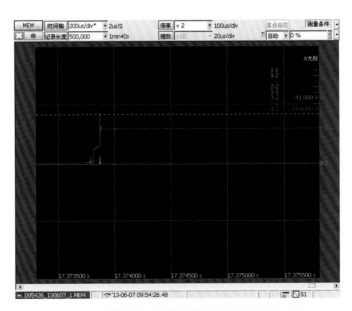

图 4 - 22 增加消反电势电路的监测电压（P192）

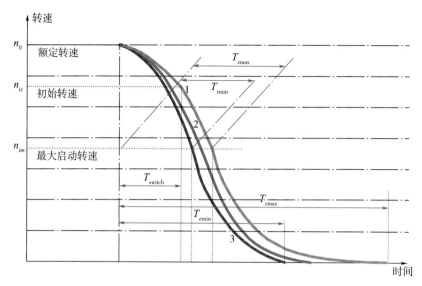

注：1机、2机、3机转速曲线不尽相同，转速下降存在差异。

图 4-32　一级中频切换启动过程（P214）

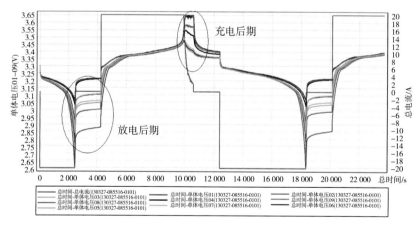

图 4-68　未经均充的电池组各单体电池在

充放电后期电压离散情况（P252）

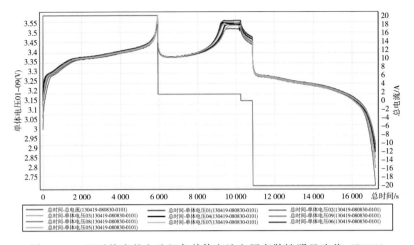

图 4-69　经过均充的电池组各单体电池电压离散性明显改善 （P252）

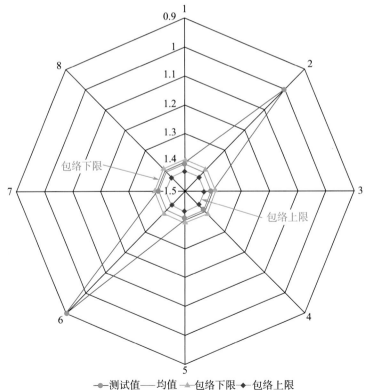

图 5-21　数据包络分析图 （P323）

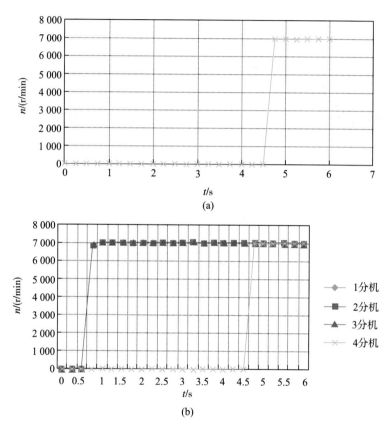

图 5 - 25 同时激励的数据综合分析（P327）